数学家题词作序

从问题出发

吴文俊

2008. 1. 29

吴文俊，著名数学家，中国科学院院士，因在拓扑学和数学机械化等方面的杰出贡献而获首届"国家最高科学技术奖"，曾担任2002年北京国际数学家大会主席。吴先生十分关心青少年成长和数学普及，相信读者能由他的题词得到启发，在欣赏趣美图形时"从问题出发"，深入思考，仔细品味。

数学创新需要灵感，灵感是客观存在的。

——谈祥柏

谈祥柏，我国著名科普作家，他知识渊博，通晓多种语言。发表了近千篇科普文章，著、译有数十部科普图书。曾被中国科普作家协会表彰为"成绩突出的科普作家"。谈先生阅读书稿后的一个深切体验是，美丽而直观的图形有助于激发数学灵感，进而启迪创新思维。

序 言

　　在很多人看来，数学是抽象、枯燥的代名词。可是，田翔仁先生的书稿放在面前，却以五光十色的图景，展示着数学的宏伟，散发着数学的芳香，渗透着数学的精神，令人愉悦地感受着数学的美丽，洞见数学的深邃。

　　数学可以用图进行阐释，确实别开生面。

　　物理学研究声、光、电、热的物理运动，化学研究物质的结构及其相互之间的化合与分解，生物学研究生命现象。这些都是可以用仪器观察、用实验证实、用实物核查的客观物质运动。而数学不以任何具体的物质运动为独特载体，是一种由人类概括现实而产生的思想材料。天下没有可以观摩的"方程"，没有可以触摸的"函数"，以至任何用笔画出来的三角形都不是数学上的三角形。数学是依赖人们的理性思维而存在的。

　　但是，数学和哲学有共通之处。数学又是所有科学在数量和形式方面的概括，反映着现实世界的数量变化规律。数学的原型是具体的、形象的。于是，这本《趣味数学百科图典》把数学和现实联系着的部分，通过图像反映出来了；把人类历史进程中人类文明中的数学文化，形象地展示出来了；把解决抽象数学问题过程中使用的具体模型，生动地描述出来了。数学，于是变成可以看的、视觉化了的形象。

　　以往也见过一些数学书籍的插图，例如黄金分割、蜂房结构、古籍插页等。这本图典，除了经典的图片之外，还包括一些现代的数学内容，诸如分形几何、算法世界、数理经济学、现代建筑、博弈论等，都能收入其中，显示出信息时代数学的某些特点。这，也是难能可贵的。

　　通俗数学，正像通俗"论语"那样的国学一样，应该大踏步地迈向公众。老是把数学说得抽象、难懂、形式化，把别人吓退，岂非作茧自缚？对于大多数人来说，不可能也不必像一些纯粹数学家一样，能够在充满符号、公式、推演的形式主义王国里徜徉，甘于寂寞地去探寻隐藏得极深的数学奥秘。一个现代公民，能够欣赏数学之美，领略数学的价值，喜爱它，培育它，支持它，也就够了。这本数学图典，正在为此创造条件。

　　上海教育出版社叶中豪编辑介绍田翔仁的书稿，阅后颇有感触，因此为之序。

张奠宙
于沪上　2008.1.27

　　张奠宙，华东师范大学数学系教授，国家义务教育数学课程标准研制组核心成员。专长算子谱论、现代数学史以及数学教育研究，1999年当选国际欧亚科学院院士。张先生认为，数学是有血有肉的生命，这里将她的美丽芳香，展示在公众的面前。

数学之源

原始人在采集、渔猎等活动中，就已经具备了识别事物多少、大小和形状的能力，逐渐形成了"数"和"形"的概念和认识。

数的概念的形成，可能与火的使用一样古老，大约发生在30万年前，它对人类文明的意义也绝不亚于火的使用。

手指与石子

怎样计算捕到多少猎物，采集了多少果实呢？人类最早使用的计数方式，就是运用自己的手指。当手指不够比划，随处可见的石子便成了当然的替代与补充。但是，记数的石子很难长久保存，于是便有了结绳记数和刻骨记数。

结绳记数

有关结绳记数，在我国古书《易经》中有记载，世界其他民族也大多经历过这个阶段。南美洲古代秘鲁的印加部落较长时间运用绳结记数、记事，用不同粗细、颜色的绳打大小不同的结，表示不同的事物和数量。

这是秘鲁的印第安人在16世纪所画的结绳图，左下角为计算盘，表示先用玉米粒来计算，而后转换为结绳。

刻骨记数

在大量的考古文物中发现，人类曾经在兽骨和龟甲上刻痕，用来记数、记事。迄今发现的最早证据，是在捷克出土的3万年前的狼骨，上面刻有55道刻痕，分刻于两侧，每侧又按5个一组排列，这种原始的五进位制源于人类手上的5根手指。

刻痕狼骨

这块刻痕鹿骨，是公元前15000年旧石器时代刻有信用合同的两块刻骨之一。据推测，两块鹿骨，买卖双方各持一块，作为交易的凭证，刻痕则是交易数量的反映。

结绳、刻痕记数的方法大约持续了数万年之久，才迎来书写记数的诞生。

书写记数

距今大约5000年前，人类历史上开始先后出现一些不同的书写记数的方法，随之逐步形成了各种较为成熟的记数系统，如古埃及的象形数字、古巴比伦的楔形数字、中国的甲骨文数字以及中美洲的玛雅数字等。在这些记数系统中，除古巴比伦采用六十进位制，玛雅采用二十进位制外，其他均采用十进位制。

大盂鼎

金文

我国殷商和西周时代，青铜器制作精美，上面铭刻了大量文字和数字，青铜器上的金文数字已与现行中文数字相近，这是当时的"大盂鼎"及其铭文。

看看，这是我们选出其中的数字加以比较。

甲骨文

这是我国河南安阳出土的殷墟甲骨文龟甲，从上面可以清晰地辨认出几个数字。

| 甲骨文 |
| 金文 |
| 一 二 三 四 五 六 七 八 九 十 百 千 万 |

早期的记数系统

埃及象形数字 约公元前 3400 年									
1	2	3	4	5	6	7	8	9	10
11	12	20	40	100	200	1000	10000	1000000	

巴比伦楔形数字 约公元前 2400 年									
1	2	3	4	5	6	7	8	9	10
11	12	20	30	40	50	60	70	80	120	130

中国甲骨文数字 约公元前 1600 年									
1	2	3	4	5	6	7	8	9	10	100	1000

希腊阿提卡数字 约公元前 500 年									
1	2	3	4	5	6	7	8	9	10
11	12	15	16	20	30	50	60	70	

中国筹算数码 约公元前 500 年	纵式								
	横式								
	1	2	3	4	5	6	7	8	9

印度婆罗门数字 约公元前 300 年									
1	2	3	4	5	6	7	8	9	10	20	30	40	50	60

玛雅数字 约公元 3 世纪								
1	2	3	4	5	6	7	8	9
10	20	40	60	80	100	120		

玛雅象形数字 主要用于记录时间								
1	2	3	4	5	6	7	8	9	10

爱尔兰巨石

这是欧洲爱尔兰博因河谷保存的新石器时代的巨石文化，巨石上清晰地雕刻了菱形、螺旋形曲线，优美而富有艺术魅力。

中国的规矩

规矩是中国传统的几何工具。在汉武梁祠中有"伏羲手执矩，女娲手执规"的浮雕。规和矩的使用，对后来几何学的产生和发展有着重要的意义。

游戏 Game **用手势猜成语**

从古至今，手指是最方便的计数工具。你一定知道这些手势各代表什么数字。你能否根据下列各组手势说出几个带数字的成语？

几何萌芽

数的概念逐渐形成的同时，人类也从自然界本身认识、概括了几何图形的存在。几何图形便在陶器、图腾、雕刻、绘画、装饰中加以运用。

上图是我国新石器时代的陶器，下图是印度、希腊的古陶器。由几何图形组成涡旋纹、水波纹、菱形纹、回纹等图案，具有简洁和谐之美。

这是我国西安出土的陶器残片，显示了人类早期的几何兴趣和原始的数形结合观念。

这是北美土著印第安人的图腾柱，他们用几何图案组成崇拜的图腾动物形象。

古埃及数学

数学也与其他人类文明一样，最早出现在位于几条大河流域的四大文明古国。就国外数学发展的源头而言，应该首推古埃及与古巴比伦。

尼罗河畔的测量

非洲的尼罗河是世界上最长的河流之一。尼罗河水经常泛滥，冲毁良田，冲走地界标识。洪水消退后，古埃及人需要重新勘测土地的界线。古埃及的几何学由此萌芽。

测量长度时，古埃及人以身体各部分的长度作为标准。他们最重要的测量基准是一肘的长（即前臂长）。但人的手臂长短不一，为了测量的精确统一，古埃及人制定了测量基准的"标准肘尺"。下面这根用黑色玄武岩制成的肘尺，是公元前 1500 年古埃及人使用的尺。

古埃及标准肘尺

这几件也是当时古埃及人的测量工具。

古埃及壁画

这是 5000 年前古埃及的一幅壁画。画面上方描绘了人们用打了结的绳子来测量土地的场景；下方表现的是人们将收获的谷物送往粮仓，记录员正在做统计的场景。

古埃及象形数字

计算方法围绕着 10 为基本单位，用不同的符号代表 1，10，100 等等。把这些符号相加即得出总数。

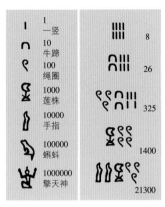

符号	含义	示例	数值
❘	1 一竖	❘❘❘❘	8
∩	10 牛蹄	∩❘❘❘❘	26
ℓ	100 绳圈	ℓℓ∩❘❘❘	325
↑	1000 莲株		1400
↑	10000 手指		
↖	100000 蝌蚪		21300
⚘	1000000 擎天神		

神奇的金字塔

提到古埃及，人们自然会想到世界七大奇迹之一的金字塔。埃及最大的胡夫金字塔，呈正四棱锥体，底面正方形边长 230.5 米，塔高 146.6 米。科学家通过精密仪器测量，惊奇地发现，金字塔底面边长的相对误差不超过 $\frac{1}{14000}$，即不超过 2 厘米；四底角的相对误差不超过 $\frac{1}{27000}$，即不超过 12″。这些都说明了当时埃及的几何学和测量技术已经相当高超。

古埃及地图

地中海

下埃及

吉萨

尼罗

红海

上埃及

开比斯

古埃及历

古埃及历

古埃及人在建造神奇的金字塔、狮身人面像以及神庙时，都十分重视阳光和月光如何以某一特殊方式通过它们，这促进了数学、天文学的发展。左图是古埃及历，以12个圆代表一年12个月，古埃及人以尼罗河泛滥那天作为一年的开始，左边4个圆表示泛滥季节，中间的4个圆是播耕季节，右边的4个圆是收获季节。

纸草书上的数学

古埃及人用尼罗河岸生长的纸莎草加工压制成可供书写的"纸"。"纸草书"便是用这种纸书写记录的古代文献。现保存较好的有莱茵德纸草书和莫斯科纸草书，其中都珍藏着公元前2000年前后古埃及重要的数学文献。

从现存的纸草书中，可以找到计算正方形、矩形、等腰梯形等图形面积的公式，还有方锥体的体积计算公式等。纸草书中还有许多有关计算问题、数列问题的记载。

伦敦大英博物馆收藏的莱茵德纸草书

纸草书上的《死者之书》

罗赛塔石碑

古埃及流传下来的古文字共有3种：1. 象形文字，约产生于公元前3000年；2. 僧侣文字，书写在上述的纸草书上；3. 通俗文字，民间书信、记账用。其中古老的象形文字长期以来一直是一个不解之谜。1799年，拿破仑远征军在尼罗河入海口的罗赛塔村，发现了一块黑色的石碑，上面刻着象形文、通俗体文和希腊文。三种文字铭刻着同一内容，使得精通希腊文的学者找到了解读古埃及文字的钥匙。经法国语言学家商博良的研究，为人们通过阅读象形文或僧侣文古文献，认识并理解包括数学在内的古埃及文明打开了大门。

思考 Think **计算财产**

纸草书上有一个阶梯图形，说明了一个等比数列：在一个人的财产中，有7间房子，每间房子里养7只猫，每只猫能捉7只老鼠，每只老鼠要吃7个麦穗，每个麦穗能长出7俄斗大麦，问这份财产总共有多少？

古埃及人的这个趣题，现在看来是不是有点问题？

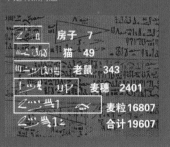

房子	7
猫	49
老鼠	343
麦穗	2401
麦粒	16807
合计	19607

罗赛塔石碑拓本

象形文字中的"Ptolemy"（托勒密）

商博良猜测，用椭圆形框圈住的可能是某个重要人物的名字，就像在希腊文字中提到的托勒密那样。

通俗文字中的"Ptolemy"（托勒密）

辨认出象形文字中托勒密的名字，为商博良破解所有象形文字，以及象形文字的简单书写法，提供了最初的线索。

ΠΤΟΛΕΜΑΙΟΣ

希腊文字中的"Ptolemy"（托勒密）

这位国王的名字在希腊文中是Ptolemaios（托勒密）。学者们阅读了希腊文，发现这块石碑是祭司们写给托勒密五世的感谢信。

打开古文字之谜，真是一件了不起的事！

古巴比伦数学

古巴比伦，位于亚洲西部的两河流域（幼发拉底河与底格里斯河），版图大体上相当于今天的伊拉克。大约在公元前3000年起，这里就建立起奴隶制王国，逐渐出现了繁华的城市，创造了辉煌的古代文明。

古巴比伦地图

泥板上的楔形文字

两河流域有取之不尽的优质黏土，聪明的巴比伦人独创性地把它制成泥板，当做书写材料。他们把芦苇杆削尖做笔，在黏土泥板上刻画下楔形的印痕。泥板晒干或烧烤后，便能长期保存。现在已出土的50万块泥板文书中，大约有300多块与数学有关。这些泥板上印有清晰的楔形数字。公元前2400年左右，巴比伦人就已完善了数学计算体系，采用六十进位制，就像我们计算时间的分秒进制一样。例如六十进位制的数 **2，34** 写成十进位制便是 154，运算方法是 $\mathbf{2 \times 60 + 34 = 154}$。

（注：本页的粗体数字表示六十进位制的数。）

泥板中的数学文献还记载着面积与体积的计算、联立方程组、纵数术和、勾股数、开平方等数学成就。

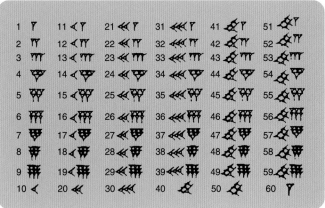

1		11		21		31		41		51	
2		12		22		32		42		52	
3		13		23		33		43		53	
4		14		24		34		44		54	
5		15		25		35		45		55	
6		16		26		36		46		56	
7		17		27		37		47		57	
8		18		28		38		48		58	
9		19		29		39		49		59	
10		20		30		40		50		60	

联立方程组

这块巴比伦泥板上写了一道数学趣题，我们先把前七行的内容翻译出来："长度、宽度。把长度和宽度乘起来就是面积，再把长度超过宽度的部分加到这个面积上，就得到 **3，3**。再把长度和宽度单独相加得27。请问：长度、宽度和面积各为多少？"

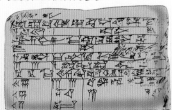

在列方程之前，我们先把六十进位制的 **3，3** 化成十进位制数 $3 \times 60 + 3 = 183$。

设长度为 x，宽度为 y，面积则为 xy。

$$\begin{cases} xy+(x-y)=183, \\ x+y=27, \end{cases}$$

$$x(27-x)+x-(27-x)=183,$$
$$x^2-29x+210=0,$$
$$(x-14)(x-15)=0.$$

当 $x=14$ 时，$y=13$，$xy=182$。（化为60进制为 **3，2**）

当 $x=15$ 时，$y=12$，$xy=180$。（化为60进制为 **3，0**）

我们对对泥板上写的答案。

泥板上最后三行为

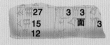

27	3	3
15		面 3
12		

泥板上只写了一个答案，长 **15**，宽 **12**，至于"面 **3**"，如用现在记法应为 **3，0**，但是在当时古巴比伦还没有相当于零的符号，所以只好认为它是在 **3** 后面空了一个字的位置。

正方形计算

美国耶鲁大学收藏了一块泥板，上面画有一个正方形。仔细辨认，其中有三组六十进位制的楔形数字。

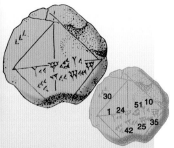

正方形对角上为 **1，24，51，10**，化成十进位制为 $1+\dfrac{24}{60}+\dfrac{51}{60^2}+\dfrac{10}{60^3} \approx 1.414213 \approx \sqrt{2}$，而以左上角的边长 **30** 乘以 $\sqrt{2}$ 就等于对角线长度，即下方的 **42，25，35**。

古人的智慧，真让人难以置信。

这是著名的"普林顿322号泥板",上面记载着15组"勾股数"。

这是古巴比伦学校用的数学书本。

古巴比伦的天文学

古巴比伦人很早就开始使用年、月、日的天文历法,他们的年历是从春分开始的,一年12个月,每月30天,一星期7天。这7天是以太阳、月亮和金、木、水、火、土七星来命名的,每个星神主管一天,如太阳神主管星期日。我们现在的"星期制"就是在古巴比伦时代所创立的。另外,圆周分为360度,每度60分,时间1小时等于60分,1分等于60秒的记法,也是来自古巴比伦。

通天塔

传说古巴比伦曾建过一座"通天塔",塔高288英尺,约88米,共8层,是当时人们观察天象,思索宇宙奥秘的场所。但由于历史久远,巴比伦几经浩劫,能留下的记载已是凤毛麟角。后来,欧洲文艺复兴时期的画家据此描述,绘制了他们想象中的通天塔。

后来,人们根据传说和名画修建了一座模拟的通天塔。

《通天塔》 勃鲁盖尔

空中花园

巴比伦的空中花园,被称为古代世界建筑七大奇观之一。传说是公元前605年巴比伦国王为了取悦宠爱的妃子而建造的。这座宏伟而芬芳的建筑建于巴比伦皇宫广场,是一个四角锥体层层加高的梯台式建筑,底部呈方形,每边长120米,高出地面25米。每一层平台就是一个花园,花园里种植大量的奇花异草,当年的巴比伦人安装压水机链泵等机械把水运到高处,以保证植物灌溉和王妃们的享用。

今天,在七大奇观中,除金字塔外,其他已在漫长的历史岁月中湮灭殆尽,或仅存废墟和遗迹。但人们根据遗址及对当年建筑学、几何学的研究,绘制出空中花园的想象画。

空中花园
想象画

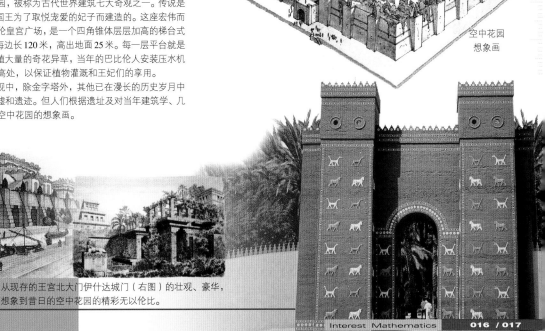

从现存的王宫北大门伊什达城门(右图)的壮观、豪华,
便可想象到昔日的空中花园的精彩无以伦比。

古希腊数学

古代希腊地处地中海之滨，包括希腊半岛、爱琴海诸岛及小亚细亚沿岸地区。古希腊人身处两大文明古国毗邻之地，极易吸取那里的文明。从公元前6世纪起，由于经济和政治的进步，希腊出现了欧洲文化的第一个高峰，希腊数学便是其中的重要成就。

古希腊地图

泰勒斯

享有"希腊科学之父"盛誉的泰勒斯（前636～前546）创立了希腊第一个数学学派爱奥尼亚学派。他在数学上最著名的成就就是测量金字塔的高度，以及发现了五个命题。

五个命题

1. 直径将圆平分；2. 等腰三角形底角相等；3. 对顶角相等；4.两角夹一边分别对应相等的三角形全等；5. 半圆上的圆周角是直角。其中最后一个命题被人们称为"泰勒斯定理"。

泰勒斯利用木棍的影子长度，计算出金字塔的高度，这个方法你会吗？

毕达哥拉斯

毕达哥拉斯（前572～前497）是古希腊哲学家、数学家。年轻时，他曾游历埃及和巴比伦，后来向泰勒斯学习几何、哲学，他广收门徒，建立了宗教、政治、学术合一的著名的毕达哥拉斯学派。

万物皆数

毕达哥拉斯学派信奉"万物皆数"，认为数是万物的本原，由1生成2，由1和2生成各种数目，由数目生成几何图形，由几何图形生成各种物体。这种"万物皆数"的观念，从另一个侧面强调了数学对客观世界的重要作用。

毕达哥拉斯学派常把数以点的形式排列成各种图形，研究图形数的规律。

毕达哥拉斯学派除了定义奇数、偶数外，还定义了完全数、亲和数等概念。

毕达哥拉斯定理

毕达哥拉斯学派还发现了勾股定理，西方人称之为毕达哥拉斯定理。据传，为庆祝这个定理的发现，曾宰百牛祭神，因此有人诙谐地称此为"百牛定理"。

（参阅 p.030 勾股定理和 p.168 悖论与危机）

在音乐研究中，他们发现，如果一根弦的长度是另一根弦的两倍，那么两者发出的声音就相差8度。利用简单的数量比，他们建立了音乐理论。

这是毕达哥拉斯纪念碑，碑体呈直角三角形状。

广角 **完全数**
Wide-angle

如果一个数的全部真约数（即本身不在内）的和等于这个数，那么这个数就叫完全数。

例如，28有五个真约数1、2、4、7、14，而1+2+4+7+14=28，28是完全数。最小的完全数是6，6=1+2+3，三位数的完全数是496，四位数的完全数是8128。

亲和数

如果一个数的全部真约数之和等于另一个数，而另一个数的全部真约数之和也正好等于前一个数，这两个数就称为亲和数。

例如220和284，220的真约数之和为1+2+4+5+10+11+20+22+44+55+110=284，而284的真约数之和为1+2+4+71+142=220。亲和数你中有我，我中有你，亲密和谐。

毕达哥拉斯

芝诺

针对当时对无限、运动和连续等人们认识模糊不清的概念，哲学家芝诺（前490～前430）提出了40多个违背常理的悖论，把矛盾充分暴露，引起数学界的震动。其中著名的有阿基里斯追龟悖论。

阿基里斯追龟悖论

阿基里斯是古希腊神话中的"神行太保"。这个悖论是说，乌龟尽管爬得很慢，但阿基里斯却永远追不上乌龟。因为乌龟的起跑点领先一段距离，阿基里斯必须首先跑到乌龟的出发点，而在这段时间里乌龟又向前爬过一段距离，如此直至无穷。

我就不信追不上你!

三大作图问题

正当芝诺悖论让古希腊人伤透脑筋的时候，巧辩学派提出了三大作图问题，又让人们陷入困惑。这三大作图问题是指，只允许用圆规和直尺的情况下：

1. 三等分角（三等分任一已知角）；
2. 倍立方体（作一个立方体，使其体积等于给定立方体的2倍）；
3. 化圆为方（作一个正方形，使其与给定的圆面积相等）。

尽管古希腊人所作的解答都无法严格遵守尺规作图的限制，但他们的探索却引出了许多重要的发现。2000多年来，三大作图问题花费了人们的大量心血，直到19世纪，数学家们才逐步利用现代数学知识，证明了这三大作图问题实际上是不可能的。

广角 Wide-angle 三大作图问题的非尺规作法

阿基米德三等分角的方法

求作红色任意角的三分之一角。
在直尺上取紫、蓝两点，
以蓝色为半径作绿圆。
移动直尺，使紫、蓝、绿三点一线，
则橙色角即为红色角的三分之一。

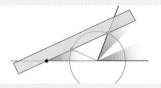

柏拉图倍立方体的方法

求作一立方体是红色立方体的两倍。
作两条垂直线，取红点，
使红线等于立方体边长。
取紫点，使紫线等于立方体边长两倍，
把三角板的两直角边重叠，
两直角顶点在两垂直线上，
另两条直角边分别通过红、紫点，
则橙色线长即为倍立方体的边长。

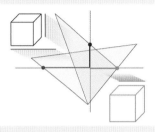

达·芬奇化圆为方的方法

求作面积等于红色圆形的正方形。
作红线等于红色圆形周长，
作蓝线为红色圆形半径之半，
以红、蓝线为直径作半圆，
作橙色线垂直于红蓝线，
则橙色正方形即与红色圆形等积。

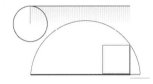

雅典学院

雅典学院又称柏拉图学派，由古希腊哲学家、教育家柏拉图（前427～前347）创办。传说学院大门口刻着"不懂几何者不得入内"。柏拉图重视数学教育，他认为数学是一切学问的基础。

意大利画家拉斐尔创作了名画《雅典学院》，展示了古希腊哲学家、数学家们的风采。画面中央为柏拉图和亚里士多德，左前看书的老人为毕达哥拉斯，右前用圆规作图者为欧几里得。

欧几里得

柏拉图

希腊三大数学家

公元前4世纪中叶，马其顿帝国征服了希腊。公元前334年，亚历山大举兵东征，后来征服了埃及、巴比伦等国，并定都于埃及北部海岸亚历山大城。这个庞大帝国在首都兴建图书馆和科研机构，提倡科学，网罗人才，先后出现了三大数学家：欧几里得、阿基米德和阿波罗尼斯，这是希腊数学的"黄金时期"。

拉丁文版

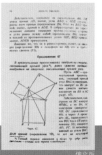
俄文版

欧几里得

古希腊数学史上最具影响的是大数学家欧几里得（前330～前275）和他的巨著《几何原本》。

欧几里得知识渊博，数学造诣精湛，连当时的国王也经常向他请教数学问题。有一次，国王问欧几里得做几何证明题有没有捷径。欧几里得回答道："几何学中无王者之道。"这句话给人以启迪，便长久地流传下来。

《几何原本》吸取了希腊早期数学的成果，经过严密、完善的编辑，成为一部震古烁今的数学巨著。《几何原本》共13卷，第1卷给出点、线、面等23个定义，讲述最基本的概念，例如："点是没有部分的""线有长度没有宽度"等。接着提出了5个公设和5个公理，并把这些作为数学推理的基础。

拉丁文版

阿拉伯文版

五个公设

1. 从一点可以向任一点作直线。
2. 线段可以不断延长。
3. 以一点为心，任意半径可以作圆。
4. 所有直角都相等。
5. 一直线与两直线相交，同侧的两内角之和小于两直角，则两直线在这一侧相交。

五个公理

1. 等于同量的量，彼此相等。
2. 等量加等量，和相等。
3. 等量减等量，差相等。
4. 彼此重合的图形全等。
5. 整体大于部分。

希腊文版

其他各卷简单介绍如下：2、3、4卷是平面几何，5、6卷是比例论，7、8、9卷是数论，10卷讨论无理量，11、12、13卷是立体几何。

这部不朽名著，历经3000多年一直盛行不衰，至今已出版了1000多个不同的版本，是一部流传最广，影响最大的科学书籍。

中文版

阿基米德

古希腊最伟大的数学家阿基米德（前287～前212），在数学、物理学、天文学和机械设计方面都有杰出的创造和发现。阿基米德的著作极为丰富：《抛物线的求积》《论球和圆柱》《论螺线》《圆之度量》《群牛问题》等，无一不是数学创造的杰出之作，都受到后人的高度赞扬。他与牛顿、高斯并列为三大数学家，并被誉称为"数学之神"。

阿基米德的生平无详细记载，但许多感人的故事却广为流传。

螺旋水泵

阿基米德在尼罗河畔看到农民提水浇地很是吃力，便想设计一种省力的机械。他想到了海螺精巧的螺旋结构，于是设计了一种螺旋提水器，可以很轻松地旋转机械提水浇地。

撬动地球

阿基米德是机械制造大师，他发现了杠杆定律，解决了移动重物如何省力的难题，大大解放了人类的体力。他在万分兴奋之际，发出了一句震天动地的呐喊："给我一个支点，我可以撬动地球！"

群牛问题

阿基米德曾就一个"群牛问题"写信给当时的天文学家厄拉多塞尼。问题简述如下：

在西西里岛上，太阳神放牧了一群牛。

其中，白色公牛－黄色公牛＝黑色公牛的 $(\frac{1}{2}+\frac{1}{3})$，

黑色公牛－黄色公牛＝杂色公牛的 $(\frac{1}{4}+\frac{1}{5})$，

杂色公牛－黄色公牛＝白色公牛的 $(\frac{1}{6}+\frac{1}{7})$。

另外，白色母牛＝全部黑色牛的 $(\frac{1}{3}+\frac{1}{4})$，

黑色母牛＝全部杂色牛的 $(\frac{1}{4}+\frac{1}{5})$，

杂色母牛＝全部黄色牛的 $(\frac{1}{5}+\frac{1}{6})$，

黄色母牛＝全部白色牛的 $(\frac{1}{6}+\frac{1}{7})$。

请问：太阳神的牛群总共有多少头？

各色公牛与母牛各是多少头？

这道趣题你可以尝试着列不定方程组去解。

> 答案是太阳神的牛群总数至少有50389082头，
> 其中白色公牛 10366482，母牛 7206360，
> 黑色公牛 7460514，母牛 4893246，
> 杂色公牛 7358060，母牛 35155820，
> 黄色公牛 4149387，母牛 5439213，
> 或者各数据乘以整数的倍数。

伟人之死

公元前212年，罗马大军攻陷叙拉古城。一小队罗马士兵冲进了阿基米德的住所，这位75岁的老数学家正出神地思考数学问题，他叫士兵别碰沙盘上的几何图形，然而愚蠢的罗马士兵挥动利剑，结束了这位科学伟人的生命。

王冠之谜

希腊亥厄洛国王请金匠精制一顶纯金王冠。有人向国王告密，说金匠以银掺假。国王不知道怎么判断金王冠是否掺假了。

他突然想到希腊最聪明的阿基米德，要求他在不损坏王冠的前提下三个月内破案。阿基米德朝思暮想，尝试多种方案，仍无进展。一日，阿基米德去洗澡，刚进浴池，水一下漫了出来。他不禁一惊，身子越往下浸，溢出的水越多。他豁然开朗，欣喜若狂，竟光着身子冲了出来，大声叫喊"尤里卡"（即"我找到了"）。他回到家中立即做实验，终于测出这个王冠不是用纯金造的。

攻防器械

希腊亥厄洛国王死后，罗马大军围攻希腊叙拉古城。阿基米德设计的一些大型攻防器在保卫战中大显神威，其中"投石炮"能将各种飞弹、巨石抛向敌舰；"大吊杆"可以把敌舰高高吊起，重重摔下；"火镜"能利用抛物镜面的聚焦反光烧毁敌舰。

阿波罗尼斯

阿波罗尼斯（前262～前190）一生从事数学研究，写过多部数学著作，大都失传。其中《圆锥曲线论》最为成功，是古希腊继《几何原本》之后的又一部力作。该书共8卷487个命题。他首创了通过改变截面的角度，从对顶圆锥中得到四种圆锥曲线：圆、椭圆、抛物线、双曲线的方法，并发现了圆锥曲线的许多重要性质。

《圆锥曲线论》

思考 Think

阿波罗尼斯问题

古希腊阿波罗尼斯提出的经典问题：作一个圆与3个已知圆相切，共有几种可能性？答案为8种。

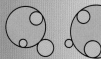

古印度数学

地处印度河和恒河流域的印度与巴比伦、埃及和中国一样，也是人类文明的发祥地之一。印度文明最早可以上溯到公元前3000年的哈拉巴青铜文化。

古印度地图

哈拉巴文化

古印度的文明是在1921年才被发现的。印度河谷一带发现了哈拉巴等几个古城遗址，揭示了这一悠久的文明，因此称为哈拉巴文明。早在公元前3000年左右，那里的达罗毗荼人开始用青铜制造锄镰，从事畜耕种植。当时的城市已具备相当规模，有整齐宽阔的街道，有砖砌的住房、粮仓、浴池等。

出土的2500多枚印章上均刻有象形文字及图形，由于至今无法解读象形文字，因此，人们对这段时期印度的数学情况知之甚少。

遗址中出土的舞俑青铜像

阿拉伯数字诞生地

阿拉伯数字是古代印度人发明的，在公元前4世纪就开始被使用，公元8世纪，被阿拉伯人采用并改进，后经阿拉伯人传入欧洲。用符号"0"表示零是印度的重要发明。在数学上，"0"的意义是多方面的。"0"是位值记数法的精髓，有了它，位值制才是完备的。

这是在1881年考古时发现的古代印度"巴克沙利手稿"。它是公元前2、3世纪古印度数学的唯一见证。这些书写在桦树皮上的手稿，具有丰富的数学内容。手稿中出现了完整的十进位制数字，其中用一点"·"来表示数字"0"。

这是古印度发明的数
和今天我们使用的阿拉
数字是多么相像啊！

阿耶波多

阿耶波多（476～550）是至今所知最早的古代印度数学家、天文学家。他著有《阿耶波多历数书》，其中正弦函数表和一次不定方程的解法是他最有代表性的成果。他还求得圆周率的值为3.1416，并开创了弧度制度量。

婆罗摩笈多

婆罗摩笈多（598～665）是古代印度数学家、天文学家。他的著作《婆罗摩修正体系》包括"算术讲义""不定方程讲义"等章，其中有算术、勾股定理、面积、体积等内容，并讨论了二次方程、线性方程组及不定方程的解法。

婆什迦罗

婆什迦罗（1114～1185），中世纪印度数学家、天文学家。他长期负责乌贾因天文台工作，有两本名著《莉拉沃蒂》和《算法本源》留传于世。"莉拉沃蒂"是他女儿的名字，印度语为"美丽"之意。他为了安慰这个美丽的不能出嫁的女儿，便以她的名字为书名，使其流芳百世。该书后来被译成波斯文，影响很大。

这是《莉拉沃蒂》的棕榈叶抄本及其一小段内容。

广角
Wide-angle

莲花问题

婆什迦罗的名著《莉拉沃蒂》中有一趣题：
湖平浪静出新莲，五寸婷婷露笑颜。
孰意风狂玉枝倒，忽看花色没波涟。
渔翁秋后寻根源，根距残花二尺边。
借问群英贤学子，水深多少在当年？

设水深为 x 尺，
莲花梗长为 $(x+0.5)$ 尺。
$x^2+2^2=(x+0.5)^2$，
$x=3.75$（尺）。

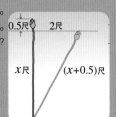

0.5尺　2尺

x尺　$(x+0.5)$尺

葭生池中

在《莉拉沃蒂》问世1000年前，中国《九章算术》中也有一趣题：
今有池方一丈，葭生其中央，出水一尺，引葭赴岸，适与岸齐。问水深、葭长各几何？答曰：水深一丈二尺，葭长一丈三尺。（"葭"指初生的芒苇。）

设水深为 x 尺。
$x^2+5^2=(x+1)^2$，$x=12$（尺）。
中印两道趣题何等相似，根据数学史专家分析，这是中印古代文化交流的结果。

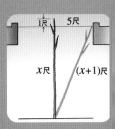

1尺　5尺

x尺　$(x+1)$尺

在印度历史上，宗教对其文化产生很大的影响。公元前565年释迦牟尼诞生，后来由他创建的佛教，广泛传播于亚洲许多国家。上图为公元前3世纪印度佛教建筑桑奇大塔精美的牌坊。

麦粒棋盘问题

相传在公元500年，古印度国王舍罕王的宰相达依尔发明了国际象棋，国王十分开心，决定重赏他，问他要什么。达依尔说："陛下，我只要在这个棋盘上赏些麦粒就行，在第一格放1粒，第二格放2粒，第三格放4粒，以后每格放的麦粒都比前一格多一倍，一直放满64格。"国王说："这太简单了。"便下命照办。结果却令国王大吃一惊，原来全国粮仓中的所有小麦也远远满足不了达依尔的要求。

通过计算，这些麦粒的总数为$1+2+2^2+2^3+\cdots+2^{63}=2^{64}-1$，1升小麦约15万粒，达依尔所要的小麦约合140亿亿升，大约是全世界2000年小麦产量的总和。

麦粒棋盘问题与梵塔问题看上去全不相干，但在数学上竟是"同构"问题，数学结构是那样的相同，真是有趣。

梵塔问题

相传在古印度北部圣城贝拿勒斯的一座神庙里，佛像前面有一块巨大的黄铜板，上面竖有三根宝石柱，其中的一根自上而下放着从小到大的64片圆金盘。每天值班的僧侣把金盘移到另一根宝石柱上，每次只能移动一只盘，而且小盘必须放在大盘上，金盘绝不允许放在铜板或地上，也不允许大盘压在小盘上。据说，当僧侣们完成这个任务时，世界的末日就来临了。

1883年，法国数学家卢卡斯提出的汉诺塔谜题与此相同，因此该问题又称汉诺塔问题。

看上去似乎是耸人听闻，故弄玄虚。可是经计算发现，按照上面的规定把全部金片移到另一根宝石柱时，需要移动$2^{64}-1$次。倘若每秒移动一次，即使日夜不停地移动金盘，仍大约要5845亿年。看来我们根本不必为世界末日而杞人忧天。

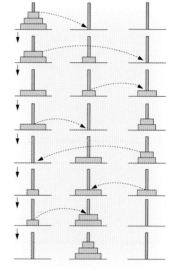

游戏 汉诺塔玩具

我们可以自己做一个玩具，用木板、竹签便可制作一个三片或五片的汉诺塔玩具。当塔上有三片时，需要移动$2^3-1=7$次即可完成。当塔上有五片时需要移动多少次呢？

（A. 36　B. 31）

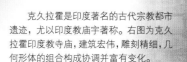

克久拉霍是印度著名的古代宗教都市遗迹，尤以印度教庙宇著称。右图为克久拉霍印度教寺庙，建筑宏伟，雕刻精细，几何形体的组合构成协调并富有变化。

古阿拉伯数学

公元7世纪，穆罕默德创建了伊斯兰教，阿拉伯半岛分散的部落在强烈的宗教热情的感召下统一起来，并迅速崛起，建立了庞大的帝国。公元8世纪起，阿拉伯人吸收外来文化，开展数学研究，在算术、代数、几何与三角等领域取得了辉煌的成就。

花拉子米与代数

花拉子米（783～850）是阿拉伯最著名的数学家。他的专著《印度计算法》介绍了印度的10进位值制记数法，是印度之外第一部介绍该记数法的著作，为印度记数法在阿拉伯国家的普及和进一步传入欧洲起了关键作用。

花拉子米的另一专著《还原与对消》，"还原"（al-jabr）一词是指保持方程平衡而进行的移项，该词在拉丁文中被译成"代数"（algebra）。代数一词即来源于此。在该书中他论述了6种类型的一次、二次方程的求解问题。

花拉子米的《算术和代数论著》一书的拉丁文译本，直至文艺复兴时期仍被欧洲的大学所使用。

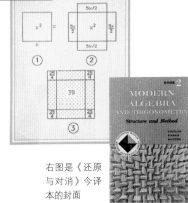

右图是《还原与对消》今译本的封面

卡西与圆周率

数学家阿尔·卡西（?~1429）对圆周率的计算是阿拉伯几何学中辉煌的一页。他沿用阿基米德的割圆法，但在计算中引进了不同的方法，最终求得圆周率精确到小数点后17位的数值，打破了中国祖冲之保持了近千年的圆周率记录，意义重大。

这是阿拉伯人融合东西方文化，在巴尔米拉建造的柱廊大道，全长1600米。

公元762年，阿巴斯王朝在巴格达建都，后来又在巴格达等地建立天文台和智慧宫，鼓励学者研究天文、三角、几何。上图描绘了当时的阿拉伯学者在研究天文学、地理学的情景。

巴塔尼与三角

三角学在阿拉伯数学中占有重要地位。数学家巴塔尼（858~929）引入了正切和余切概念。将一根杆子立在地上，日影的长度叫"直阴影"；将杆子水平插入墙上，则杆子在墙上的阴影叫"反阴影"。这两个词后来演变成余切和正切。他致力于三角学的研究，并取得重要的成果。

思考 Think 分骆驼

公元9世纪，阿拉伯人给我们留下了一个分骆驼的遗产问题。一位老人的全部财产是17头骆驼。临终时，他留下遗嘱：要求按照下列比例，将17头骆驼分给三个儿子：长子得 $\frac{1}{2}$，次子得 $\frac{1}{3}$，三子得 $\frac{1}{9}$。正当三个儿子为分遗产一筹莫展时，驼铃声中来了一位智者。他阅读了遗嘱后，想了片刻，便将自己的骆驼添加到遗产中进行分配，结果长子分得了___头骆驼，次子分得了___头骆驼，三子分得了___头骆驼，最后恰好剩下智者的一头骆驼，仍物归原主，大家皆大欢喜。

（A.8，6，3　B.9，6，2）

玛雅数学

在整个美洲的古代文明中，最辉煌也最为人熟知的当属玛雅文明，大概起始于公元前 2500 年。玛雅人是中美洲古代印第安人的一支，约公元前 1000 年建立了玛雅帝国。公元 3~9 世纪发展至极盛，后几度兴衰，直至 16 世纪消亡。

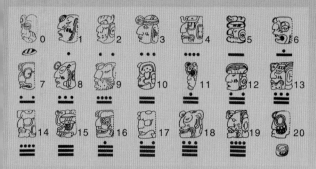

象形文字与玛雅数字

玛雅文字是人类最早使用的文字之一，这套独创的完整的象形文字体系，由 850 个图形与符号组成。现存的玛雅文字大部分刻在纪年石碑和建筑物上。

玛雅数字有两种书写方法：一种是用 20 个头像来表示 0~19 的数字；另一种是用横条加圆点的办法书写。一个圆点代表"1"，一个横条代表"5"。采用 20 进位制。这种记数进位制很容易进行四则运算。这也是历法计算中不可缺少的。玛雅数字的适用性与科学性，在世界古文明中也能排得上先进之列。

纪年石碑与神殿祭坛

玛雅的纪年石碑一般高 3 米，最高达 9 米，上面雕刻着精美的象形文字和图案，是用来纪年记事的。现存最早的是公元 292 年的石碑，以后每隔 20 年立一碑，延续了 1200 年。相当数量的石碑成为美洲古代历史唯一有年代可考的珍贵历史文物。

玛雅人还修建金字塔，作为神庙的基础，供祭祀用。玛雅人经常在神庙处举行宗教仪式。个别金字塔也作为陵墓，还有些则作为观测天象的天文台。

玛雅的天文成就

玛雅人在天文学方面取得的成就极其突出。玛雅人发明了著名的"玛雅历"，把一年分成 18 个月，每个月 20 天，年终再加 5 天为禁忌日，合为 365 天。他们测算出地球年是 365.2420 天，测算出金星年是 584.92 天，与现代的测算相比，误差极小。此外，玛雅人还能准确地预测出日食的发生。就天文学水平而言，玛雅人要比中世纪的欧洲人高出许多。

> 这是玛雅遗迹中保存最好的大美洲豹神庙金字塔。

陶制玛雅历盘

玛雅石柱、塔基上的精美雕刻

> 这是蒂卡尔另一座假面神庙金字塔。

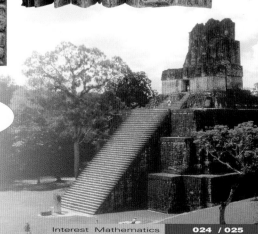

中国古代数学之源

中国是一个历史悠久的文明古国，中国古代的四大发明曾极大地推动了世界文明的进步。中国古代数学，也是世界数学发展的历史长河中一支不容忽视的源头。

最早使用十进位制

春秋末年，我国广泛使用算筹作为计算工具，它具有快捷、简便的特点。算筹采用十进位制，是世界上最早使用十进位制的记数法。用算筹记数有纵横两种形式。记数时为避免数码混淆，将算筹纵横式交错放置，并以空位表示零。如 7638 表示为 ⊥Ｔ≡Ⅲ，3806 表示为 ≡Ⅲ　Ｔ。

这是我国湖南长沙出土的战国晚期的竹算筹。

平，同高也。　圆，一中同长也。

《墨经》中的几何

《墨经》是战国时代思想家墨子的一部重要著作，其中记载了许多几何概念。例如，《墨经》中说："平，同高也"，意思是讲平行线之间的距离相等；"圆，一中同长也"，意思是讲圆有一个中心，圆上每一点到这中心距离相等。《墨经》虽然没有《几何原本》那么系统和严密的论证，但是其中若干几何理论，却跟《几何原本》基本一致。

田忌赛马

战国时期，齐王与田忌赛马，是我国古代运用对策论的最早例证。田忌与齐王的马各有上、中、下三等，但齐王每一等的马都比田忌的好。当齐王出上马时，孙膑让田忌出下马，输一场；齐王出中马，田忌出上马，赢一场；齐王出下马，田忌出中马，又赢一场。田忌最终以 2∶1 取胜。

《周髀算经》

随着天文学的发展，数学知识也不断丰富，公元前1世纪初，一部天文学著作《周髀算经》诞生了，它包含了相当深刻的数学内容。该书主要有两项成就：勾股定理和测量术，还介绍了较复杂的开方问题和分数运算。这是世界上最早使用分数和小数的记载。

《九章算术》

公元1世纪初，标志着中国古代数学体系形成的《九章算术》成书了。全书采用问题集形式，共246问，列为九章。

一、方田 38 问：面积计算
二、粟米 46 问：粮食交换
三、衰分 20 问：按比例分配
四、少广 24 问：开平方立方
五、商功 28 问：体积计算
六、均输 28 问：摊派赋税
七、盈不足 20 问：按假设求解
八、方程 18 问：线性方程组
九、勾股 24 问：勾股测量

《九章算术》中的"开平方、立方的方法""线性方程组的解法"和"负数概念及正负数运算"等，在世界数学史上都是最早记载、最先使用的。

魏晋时期的数学家刘徽撰《九章算术注》，对《九章算术》加以发展完善。

盈不足术

盈不足术是我国古代解应用题的一种别开生面的方法，从古至今，盈亏问题一直是数学思维训练的重要而有趣的题型。

《九章算术》

有一个问题是：

"今有共买物，
人出八，盈三；
人出七，不足4，
问人数，物价各几何？"

用现在的话说就是：

"有几个人一起去买物品，
每人出8元，多3元；
每人出7元，少4元，
问人数，物价各多少？"

用方程组解。
设人数为 x 人，
物价为 y 元。
$$\begin{cases} 8x - y = 3, \\ 7x - y = -4, \end{cases}$$
$x = 7$，$y = 53$。

用算术方法解：

（盈余＋不足）÷（两次所出钱数之差）
＝人数

中国剩余定理

我国南北朝时期的数学名著《孙子算经》中有一道名题：

今有物不知其数，
三三数之余二，
五五数之余三，
七七数之余二，
问物几何？

明代数学家程大位用一歌诀，巧解此题：

三人同行七十稀， 2×70
五树梅花二十一， 3×21
七子团圆正半月， 2×15
除百零五便得知。   233

$233 - 105 = 128$
$128 - 105 = 23$

答案：最小值为23，还可为128，233，…

这个问题的解答要比德国高斯的研究成果早1500年左右，在世界数学史上被誉为"中国剩余定理"或"孙子剩余定理"。

韩信点兵

与上述名题类似，我国古代还有一道"韩信点兵"的趣题：韩信发号令点兵，第一次5行纵队，多出1人；第二次6行纵队，多出5人；第三次7行纵队，多出4人；第四次11行纵队，多出10人。韩信的军师很快就估算出总兵数："至少有2111人或者加上2310人的若干倍。"韩信答道："好！多多益善。"故有俗语流传至今："韩信用兵，多多益善"。

百鸡问题

南北朝时期，北魏宰相考少年张丘建一道题，让他拿100文钱去买100只鸡。当时鸡价：每只公鸡5文，母鸡3文；三只小鸡1文。张丘建很快买来了4只公鸡，18只母鸡，78只小鸡。宰相非常高兴，赞不绝口。后来张丘建成了数学家，公元500年他编写的《张丘建算经》成书。

百鸡问题在世界上流传很广，9世纪印度、13世纪意大利的数学著作中都有百鸡问题。显然，中国的百鸡问题要比他们早好几百年。

张遂《大衍历》

张遂（683～727）是唐代著名学者，为躲避权贵纠缠，削发为僧，法名一行。他主持修改历法工作，在大量天文观测的基础上编制了《大衍历》，其中首次运用不等间距二次内插公式，比欧洲早900年。

隋唐的发展

隋唐时期社会稳定，经济发达，大兴土木，促进了数学的发展。那时有专门的数学教学机构，国子监中设立算学科。科举取士还设置明算科。

为了教学考试的需要，由数学家李淳风等人编注十部算经作为教学教材。《周髀算经》《九章算术》《海岛算经》《孙子算经》《张丘建算经》《五曹算经》《五经算术》《夏侯阳算经》《缀术》《缉古算经》等十部著作就是历史上著名的《算经十书》。

中国古代数学发展

结束了五代十国的战乱,中国古代数学从宋代开始进入了兴盛的时期。这段时期包括宋、元两代,共300多年。当时社会稳定,经济繁荣,科技突飞猛进,特别是火药、指南针、印刷术等都得到广泛应用,为数学发展创造了良好条件。

贾宪三角

《九章算术》中所述开平方、开立方的方法,已具备了解二次、三次方程的雏形。1050年左右,北宋数学家贾宪解决了高次方程的数值求解问题。他撰写了《黄帝九章算术细草》,创造了"增乘开方法",并作出了"平方作法本源"图。这个图形像宝塔形状,将0~6次二项式展开式的系数——列出来,人们称之为"贾宪三角"。

趣谈 Interest **横看成岭侧成峰**

如果把贾宪三角变换一下形式,它又可以被看做几个数列的组合体。"横看成岭侧成峰",贾宪三角真是奥妙无穷。

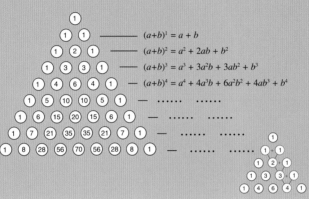

$$(a+b)^1 = a + b$$
$$(a+b)^2 = a^2 + 2ab + b^2$$
$$(a+b)^3 = a^3 + 3a^2b + 3ab^2 + b^3$$
$$(a+b)^4 = a^4 + 4a^3b + 6a^2b^2 + 4ab^3 + b^4$$

斐波那契数列　自然数数列　三角形数数列　三棱锥数数列

广角 Wide-angle 帕斯卡三角

法国数学家帕斯卡(1623~1662)在少年时就显示出非凡的数学天才,13岁时就发现了这个奇特的数学三角形。后来,他证明了这个三角形的作用,因此,这个三角形被称为"帕斯卡三角"。与"贾宪三角"相比,"帕斯卡三角"晚了半个世纪。

沈括的隙积术

北宋科学家沈括(1031~1095),博学多才,成就卓著。他的专著《梦溪笔谈》反映了我国古代的科技成就。他在数学上发明了"隙积术"。

人们在日常生活中,常把物品堆积成长方台体。底层排成一个长方阵,以上逐层长宽各减一个。由于这种堆积物之间有一定的空隙,故称研究这种堆积物体积的方法为"隙积术"。

秦九韶的《数书九章》

南宋数学家秦九韶(1202~1261),知识渊博,无所不精。他注意搜集生产、生活中的数学问题,编著《数书九章》,明清称为《数学九章》。该书第一章大衍类,集中阐述了他的重要成就——大衍求一术,即当今泛指的一次同余式组解法。而在西方最早涉及此问题的是意大利数学家斐波那契,但他没有给出一般解法。德国数学家高斯于1801年将此问题的解法发表在《算术研究》中,比秦九韶晚了500多年。

你知道右图中的大水缸共有多少只吗?
(A. 42　B. 47)

朱世杰的《四元玉鉴》

元代数学家朱世杰在完成了《算学启蒙》之后，又撰写了《四元玉鉴》这部重要的数学名著。在该书中，朱世杰把"天元术"推广为"四元术"，即利用天、地、人、物四元表示四个未知数，建立四元高次联立方程组。四元术，用四元消去法解题，把四元四式消去一元变成三元三式，再消去一元变成二元二式，再消去一元，就得到只含一元的天元开方式，然后用增乘开方法求得正根。这与今天的解方程组的方法基本一致。这种运算方法，是世界数学史上最早出现的关于多项式的运算。

郭守敬的《授时历》

元代大科学家郭守敬主持修订的《授时历》，以 365.2425 日为一年，和地球绕太阳的周期相比只差 26 秒，与现在世界上公用的阳历相同，而《授时历》比之早 300 年。

中国珠算

中国是珠算的故乡。但是由于战乱，最早的珠算文献没有流传下来，创造算盘的年代也很难确定。据史料记载，在汉代，我国便有了算盘的雏形，唐宋时期便有了算盘。明代数学家程大位于1592年撰写珠算专著《算法统宗》，详述了珠算的定位方法、四则运算方法及拨珠口诀。这些口诀至今还在沿用。

珠算是中国人独立创造的。近年来，美国、日本的学者把珠算誉为中国的第五大发明。

《算法统宗》的插图

欣赏 Appreciate 精美的算盘

中国发明的算盘，历年来深受人们喜爱，能工巧匠们也设计制作了形形式式的算盘，这些算盘精美、适用，有的还十分有趣。

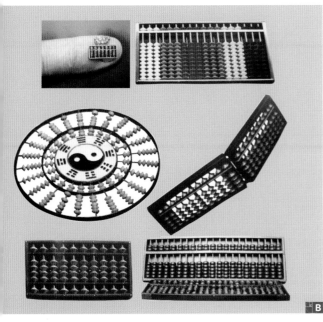

趣谈 Interest 两道趣题

《算法统宗》里有两道趣题：

李白沽酒

今携一壶酒，游春郊外走，逢朋加一倍，入店饮斗九，三逢朋与店，饮尽壶中酒，试问能算士，如何知原有？

答曰：原有酒一斗六·六二五升。

设壶中原有酒 x 升。

$2[2(2x-19)-19]-19=0$，

$x=16.625$（升）。

僧分馒头

一百馒头一百僧，大和三个更无争，小和三人分一个，大和小得几丁？

答曰：大和尚二十五人，小和尚七十五人。

设大和尚有 x 人，小和尚有 $(100-x)$ 人。

$3x+\dfrac{1}{3}(100-x)=100$，$x=25$（人）。

西方数学的引入

从明代起，我国封建社会开始衰落，统治者重"八股"，轻数理，除应用珠算外，数学研究停滞不前。

1606年，清代徐光启与意大利传教士利玛窦合作，翻译出版了欧几里得的《几何原本》，西方数学开始传入中国，进入了中西数学合流的时期。以后，中国古代数学开始向高等数学研究过渡，逐渐汇入世界近现代数学发展的洪流之中。

利玛窦与徐光启

勾股定理

我国古代把直角三角形的两条直角边，较短的称为"勾"，较长的称为"股"，斜边称之为"弦"。勾股定理是指勾方+股方=弦方。这条勾股定理是初等几何中最实用、最精彩的定理。

我国发现应用较早

公元前2世纪，我国的经典数学著作《周髀算经》中就记载了这样一段对话：周代初年（公元前11世纪），开国名相周公向大臣商高请教数学知识。周公问："天没有梯子可以上去，地也没法用尺子丈量，那怎么能得到关于天地的数据呢？"商高答："数的产生来自对方圆形体的认识。其中有一条定理：当直角三角形的勾为三，股为四时，弦必定是五。这个定理还是大禹治水时总结出来的呢！"（原文为：折矩以为勾广三，股修四，径隅五。……故禹之治天下者，此数之所生也。）

此外在《周髀算经》中还有一段关于直角三角形三边关系的记载，原文为"若求斜至日者，以日下为勾，日高为股。勾股自乘，并而开方除之，得斜至日"，这段话说的就是勾股定理。

赵爽证明勾股定理

三国时期，数学家赵爽最早对勾股定理进行证明。赵爽创制了一幅"弦图"，用形数结合的方法，给出了详细证明。他用几何图形的分、合、移、补的方法证明代数式之间的恒等关系，既严密，又直观。

同一时代的数学家刘徽，也是沿用这种方法给出"青朱出入图"，将青、朱两块移出，拼入，便很简单地证明了勾股定理。

2002年，在北京召开的国际数学家大会就用这个"弦图"作为会标。

1. 中国赵爽的"弦图"证明

2. 中国刘徽的"青朱出入图"证明

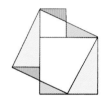

证明方法最多的定理

勾股定理是数学上证明方法最多的定理，已经发表的便有近400种，各具特色，耐人寻味。除上述两种外，再列举几种，供欣赏比较：

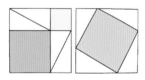

3. 希腊毕达哥拉斯的面积法证明

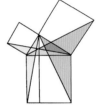

4. 希腊欧几里得的"风车"证明

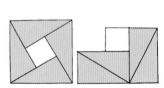

5. 印度婆什迦罗的证明

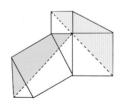

6. 意大利达·芬奇的艺术性证明

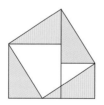

7. 珀里盖尔的证明

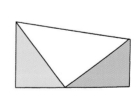

8. 美国总统加菲尔德的梯形法证明

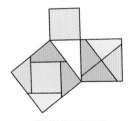

9. 英国杜德尼的证明

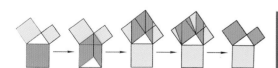

10. 伊夫斯推荐的动画式证明

瞧，勾股定理的证明方法真多啊！

世界的勾股定理

勾股定理具有世界性，几乎所有的文明古国都对它有所研究。在西方，它被称为毕达哥拉斯定理，相传是希腊数学家毕达哥拉斯在公元前550年发现。

古巴伦早在公元前19世纪就研究勾股定理，一块巴比伦后期的泥板数学文献普林顿322号泥板中，清楚地记载着15组勾股数。（见p.017）

圆周率与祖冲之

圆周率是一个非常重要的数。从有文字记载的历史开始，这个数就引起了世界各国数学家的兴趣。德国数学家康托尔说过："历史上一个国家所算得的圆周率的精确程度，可以作为衡量这个国家当时数学发展水平的指标。"

中国数学家祖冲之对圆周率的精确计算，为我国赢得了世界声誉。

中国古建筑的藻井

最早的圆周率

圆的周长与直径的比叫做圆周率。人类的祖先在实践中发现，不同粗细的圆木，用绳子绕上一圈，绳子的长度总是圆木直径的三倍多一点。3000多年前，埃及的莱茵德纸草书中记载的圆周率为3.16；巴比伦的楔形文字泥板中的圆周率为3.12；2000多年前，印度的圆周率为3.09；中国的圆周率为3.15；希腊阿基米德的圆周率为3.14。

刘徽的割圆术

我国魏晋时期的数学家刘徽（225～295）创造了用割圆术求圆周率的方法，在数学史上占有重要的地位。刘徽是怎样"割圆"的呢？他首先在圆内作一个内接正六边形，然后把六边形每边所对的弧平分，得到一个圆内接正十二边形。刘徽用这种方法不断地"割圆"，一直算到圆内接正192边形，算得圆周率的近似值为3.14。后来他又算出了一个更为精确的圆周率3.1416。

祖冲之算圆周率

我国南北朝时期的数学家祖冲之（429～500），使用"缀术"来计算圆周率。可惜这种方法早已失传。据专家推测，缀术也类似割圆术，通过对正24576边形周长的计算来进行推导。计算相当繁杂，当时还没有算盘，只能用"算筹"摆放来计算，可见难度之大。最后，祖冲之在儿子祖暅的协助下，终于精确地算出圆周率在3.1415926与3.1415927之间。祖冲之的这一成就，使中国在圆周率的计算方面在世界上领先1000年。

一千年之后

大约在1424年，阿拉伯数学家阿尔·卡西算出了17位小数的圆周率。

到了1593年，法国数学家韦达才以18位小数的成绩打破阿尔·卡西一个半世纪前的纪录。

1610年，法国数学家鲁道夫几乎花费了毕生的精力，将圆周率计算到小数点后35位。后人把这个数字刻在他的墓碑上，这就是著名的"π墓志铭"。π值为3.14159 26535 89793 23846 26433 83279 50288。

1841年，英国的数学家卢瑟福求得圆周率到小数点后第152位。

1947年，美国数学家弗格森将圆周率计算到小数点后808位，创造了人工计算圆周率的最高记录。

阿尔·卡西

计算机出现之后

电子计算机的出现，使圆周率的计算又有了新的突破，20世纪中期计算机便能计算出圆周率小数点后上千位小数，很快就突破万位小数、亿位小数。2002年，日本东京大学运用超级电脑系统，计算出12411亿位的圆周率。有人计算过，这个"庞然大数"，如果一秒钟读4位数，大约要读上万年。如果全部写在纸上，每页写1万位，这些纸堆起来将高达万米，比珠穆朗玛峰还高。

数学家们不断地研究圆周率的数值，每一次研究都是对数学理论、计算机技术与程序设计的一种挑战。

你能背出多少位圆周率？

广角 Wide-angle 计算器巧算圆周率

用计算器先做除法2143÷22，然后按两次平方根键，你就会惊奇地看到3.1415927。印度数学家拉马努金（1887～1920）首先发现这个窍门，并提出了大胆的公式：$22\pi^4 \approx 2143$。拉马努金是自学成才的数学家，也是极具洞察力的数学家。

英文字母巧显圆周率

将英文字母顺时针排成圆圈，然后把左右对称的字母删去，剩下的从字母J开始数，恰好数出五段英文字母，分别是3，1，4，1，6。

用谐音巧记圆周率

山巅一寺一壶酒 尔乐苦煞吾 把酒吃 酒杀尔 杀不死 乐尔乐
3 . 1 4 1 5 9 2 6 5 3 5 8 9 7 9 3 2 3 8 4 6 2 6

河图洛书

我国古代有许多有趣神奇的传说,其中"河图""洛书"的故事是和数学有关的,具有神秘的色彩。

河图

相传在伏羲时代,从黄河里跳出了一匹龙马,龙马背上旋毛的图形引起了伏羲的兴趣。他反复观测,发现其中隐含着很多天机,于是便绘制成"河图"。

图中绘有黑白点55个,黑点表示阴数,为偶数,白点表示阳数,为奇数。用直线连接成10个数字,除中数5外分三层,中数加第二层数等于外层数。中间为土,土生万物,外层分别为水、木、火、金。

古人将河图逐步发展为八卦。

符号	☷	☶	☵	☴	☳	☲	☱	☰
卦名	坤	艮	坎	巽	震	离	兑	乾
象征事物	地	山	水	风	雷	火	泽	天
二进制数	000	001	010	011	100	101	110	111
十进制数	0	1	2	3	4	5	6	7

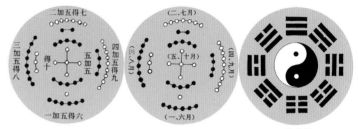

八卦图

河图是世界上组合数学的最早成果,八卦是世界上最早的二进制。河图与八卦既具有精巧的数学结构,又蕴涵着极其丰富的数学之美。

洛书

相传到了大禹治水的时候,洛水中有一只神龟浮出。龟背上裂纹形似文字,大禹把它记录下来,认为这是上天赐给他治水用的宝图,后人称之为"洛书"。

洛书图中有黑白点45个,用直线连成9个数字,并构成方阵。该数字方阵的任意一行、任意一列及两对角线的数字之和都是15。南宋数学家称此图为"纵横图",又称"九宫图"。这种纵横图是世界上最早的矩阵,又称幻方。对它们的研究属于一个数学分支——组合数学。欧洲人直到14世纪才开始研究幻方,比我国迟了近2000年。

幻方构造方法

古人是怎样构造出这样神奇的幻方?

1275年,南宋数学家杨辉总结了3的阶(3×3)幻方的构造法为:"九子斜排,上下对易,左右相更,四维挺出。"这就是给奇数阶幻方的构造法"平移补空法"。

| 九子斜排 | 上下对易 | 左右相更 | 四维挺出 | 构成幻方 |

为了构造双偶数阶的幻方,人们又发现了"对调法"。现以4阶(4×4)幻方为例:

① 顺序填入,② 圈定对角线数,③ 竖列对调,④ 横行对调,即构成4阶幻方。双偶数即含有 $2^2=4$ 的因子的偶数。

学了这两种方法,我也会造幻方了。

| ① 顺序填入 | ② 圈定对角线数 | ③ 竖列对调 | ④ 横行对调 | 构成幻方 |

杨辉的幻方

杨辉是世界上第一个从数学角度去研究幻方的数学家。他的著作给出了4阶至10阶幻方图，这里加以展示。

4阶幻方（四四图）

2	16	13	3
11	5	8	10
7	9	12	6
14	4	1	15

5阶幻方（五五图）

1	23	16	4	21
15	14	7	18	11
24	17	13	9	2
20	8	19	12	6
5	3	10	22	25

6阶幻方（六六图）

13	22	18	27	11	20
31	4	36	9	29	2
12	21	14	23	16	25
30	3	5	32	34	7
17	26	10	19	15	24
8	35	28	1	6	33

7阶幻方（衍数图）

46	8	16	20	29	7	49
3	40	35	36	18	41	2
44	12	33	23	19	38	6
28	26	11	25	39	24	22
5	37	31	27	17	13	45
48	9	15	14	32	10	47
1	43	34	30	21	42	4

8阶幻方（易数图）

61	4	3	62	2	63	64	1
52	13	14	51	15	50	49	16
45	20	19	46	18	47	48	17
36	29	30	35	31	34	33	32
5	60	59	6	58	7	8	57
12	53	54	11	55	10	9	56
21	44	43	22	42	23	24	41
28	37	38	27	39	26	25	40

9阶幻方（九九图）

31	76	13	36	81	18	29	74	11
22	40	58	27	45	63	20	38	56
67	4	49	72	9	54	65	2	47
30	75	12	32	77	14	34	79	16
21	39	57	23	41	59	25	43	61
66	3	48	68	5	50	70	7	52
35	80	17	37	79	18	27	78	15
26	44	62	19	37	55	24	42	60
71	6	53	64	1	46	69	8	51

10阶幻方（百子图）

1	20	21	40	41	60	61	80	81	100
99	82	79	62	59	42	39	22	19	2
3	18	23	38	43	58	63	78	83	98
97	84	77	64	57	44	37	24	17	4
5	16	25	36	45	56	65	76	85	96
95	86	75	66	55	46	35	26	15	6
14	7	34	27	54	47	74	67	94	87
88	93	68	73	48	53	28	33	8	13
12	9	32	29	52	49	72	69	92	89
91	90	71	70	51	50	31	30	11	10

幻方的变形

幻方是人们追求数学形式美的代表之作。正如人们对美的追求不会终止一样，自古以来，人们对幻方的形式美也在不断创新。这里介绍一些与幻方有类似性质的、有趣而美丽的变形幻方图案。

杨辉首先在圆形图案上做文章，创造了许多"幻圆"。

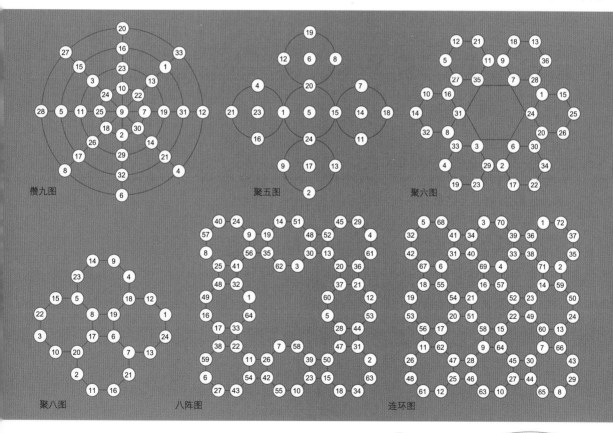

攒九图　　聚五图　　聚六图

聚八图　　八阵图　　连环图

动手 Start work 自己动手做幻方

1. 请你构造一个最简单的"幻圆"：在8个小圆中填入1~8，使每条线上的4个数之和相等。

2. 请你构造一个简单的"交叉幻方"：将1~16填入图中小圆内，使每条边的4个数以及2个交叉正方形顶角4个数之和均相等。

1

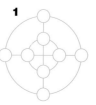

2

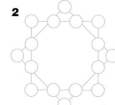

提示：
图1横线圆内为1、2、8、7，
图2横线圆内为2、11、16、5、
14、3、4、13。

七巧拼板

七巧板是一种能分成7小块的正方形拼板玩具。由于七巧板设计巧妙，用它可以拼成很多几何图形以及有趣的人物、动物、建筑物等。

誉称"唐图"

七巧板是我国民间流传最早的一种拼板玩具，大约在1000年前的宋代就相当盛行了。到了清代嘉庆年间有专著介绍，并很快流传到欧美各国。它以变化多端，趣味无穷的魅力，深受各国人民的喜爱，被誉称为"唐图"（Tan gram），意思是"中国的拼板图"。

下图是我国出版的《七巧图合璧》，欧美出版物中整页搬抄书中的图例，而在彩色插图中，七巧板拼出的图形内添画的正是我国清代人和西方传教士的形象。

我国古代的几件七巧制品：七巧笔洗，七巧瓷板，七巧案几。

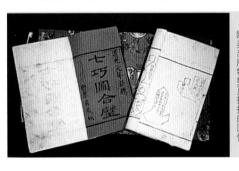

欧美出版物整页搬抄的图例

七巧板奥秘

七巧板看似平常，可它设计精巧，还蕴含数学的奥秘。

大△的勾股 ＝ 中△的弦　　　　中△的勾股 ＝ ▱的长边

中△的勾股 ＝ 小△的弦　　　　小△的勾股 ＝ ▱的短边

小△的勾股 ＝ □的边长　　　　小△的弦 ＝ ▱的长边

> 七巧板各拼板的内角和边长只有三、四种之多，设计极其巧妙。因此，它合则能成方，分则能组形。

游戏 Game　拼凸多边形

用七巧板究竟能拼成多少种凸多边形呢？1942年，中国数学家王福春和熊全治证明了七巧板只能拼出13个不同的凸多边形。不信，你拼拼看。

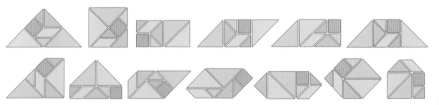

三角形1个，正方形1个，长方形1个，平行四边形1个，梯形3个，五边形2个，六边形4个。

七巧板除能拼出各种实物图形外，还能拼出数字、英文字母和简单的汉字。

> 猜一猜，这是什么故事？

益智图

100多年前，清代的童叶庚在七巧板的基础上，创制了由15块拼板组成的拼图《益智图》，它与七巧板相比，增加了半圆形、拱形、梯形及直尺形，使拼板的变化更复杂，更有趣。

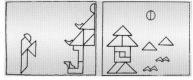

这是《益智图》书中的图例。

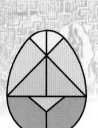

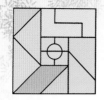 

蛋形板

蛋形板由九块拼板组成，由于增加了曲线，拼出的动物造型特别生动。

我们可以自己动手做一个"蛋形板"。找一块厚纸板，按下列步骤画出分块图，剪刻好即可进行游戏，看看谁拼的动物最可爱。

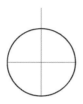

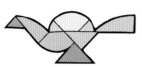

立体七巧板

我国民间还流传着一种立体七巧板，由七块立体形组成，可用小木块粘接自制。

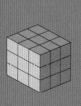 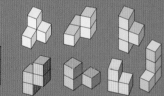

方　　椅

 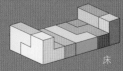

盒　　床

厂角 潘多米诺五连板
Wide-angle

国外还流行一种立体十二块拼板玩具"潘多米诺"，意思即"五连板"，是由5个立方体组成12种立体形，这些立体形可拼出许多不同的造型。

椅　阶　盒　门

蛇　　蝎　熊　龙

如今，七巧板在国外仍然深受欢迎，这是国外制作的玩具与拼桌。

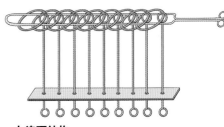

九连环和华容道

七巧板、九连环和华容道，是中国古典智力游戏三绝，它们不但在我国有极高的知名度，在国际上也享有盛誉。

九连环

九连环的历史

九连环是我国古代的益智玩具，历史悠久。文献记载可上溯到战国时期，有一则故事说，秦昭王用玉连环刁难齐国，齐国群臣都不会解。北宋文学家周邦彦在词中也记载道："信妙手，能解连环"，说明当时这个玩具已经流行。到了明代，此玩具已相当普及，用铜环、铁环做成的九连环已流入民间。《红楼梦》第七回里也描写道："谁知此时黛玉不在自己房中，却在宝玉房中，大家解九连环作戏。"可见玩九连环当时已是相当普遍的游戏。

九连环结构

九连环是用铜丝（或铁丝）做成九个圆环，分别与九根竖杆相连，再做一个长钗，另外用铜片（或铁片）做底板，将九圆环竖杆连接在一起，形成叠错扣连的关系，这就是九连环的奥秘所在。

九连环基本操作

九连环的基本玩法是要把九个圆环一个一个套到长钗里，再一个一个取下来。

九连环结构独特，操作也有一定规律。但九环相连，套上和取下都很费时。操作时要耐心、细心，不要急于求成。掌握规律，熟能生巧，乐趣便在其中。

这里仅介绍一点上环（左图）和退环（右图）的基本步骤，并以图示意，作为操作的启蒙。

上 环

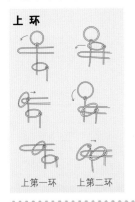

上第一环　上第二环

退 环

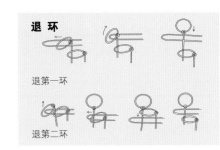

退第一环

退第二环

其他环类玩具

我国民间还出现许多形式的环类玩具，各具特色，难度不一。

这是九连环退五环的步骤图，后面以此类推。

华容道

华容道的典故

"华容道"源于《三国演义》中曹操败走华容道的故事。曹操在赤壁之战中打了败仗，沿华容小道落荒而逃，诸葛亮预先叫关羽埋伏在此，阻挡曹操逃跑。关羽横刀立马，曹操苦苦哀求。关羽念旧日交情，终于放走曹操。

华容道的制作

华容道是一种滑块玩具。它是由5×4个小正方形组成的长方形，四周有墙壁，代表华容道，内有10个棋子。以上均可以用厚纸板或三角板去做。

华容道解法

"华容道"滑块玩具，在棋盘上只有两个小方格空着，要求游戏者通过移动棋子，让出空间，用最少的步数将曹操移出来。

"华容道"简单易作，生动有趣，很快流传到世界各国。目前"横刀立马"布局的开解法世界纪录是81步。现已被数学家证明，这是最佳解法（见右图）。

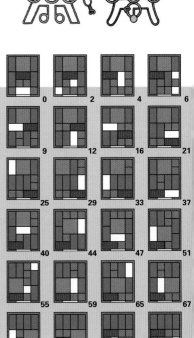

其他滑块玩具

其他滑块玩具有"好汉排座""牛郎织女""老虎进笼""五子聚会"等。

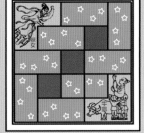

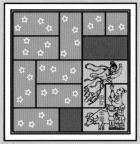

好汉排座

牛郎织女

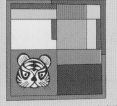

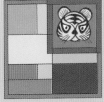

老虎进笼

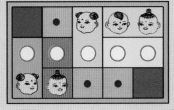

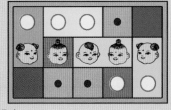

五子聚会

广角
Wide-angle

六子联芳

我国民间还有一种流传很久的智力玩具,名叫"六子联芳",又称"仙人开锁"或"孔明锁"。它是由六根方柱状,且中间做成不同形状的缺刻的木块组成,每两根作为一组,垂直交叉镶嵌。由于缺刻的排列组合有百余种之多,所以外形相同的"六子联芳",其内部结构不一定相同,解法也不一样。

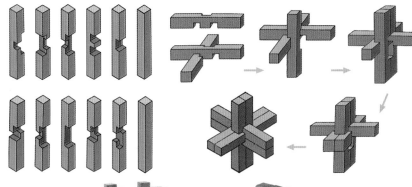

思考
Think
猜一猜,这一件榫接构成是如何制成的?答案在本页找。

其他结构的孔明锁

哇!我们的老祖宗真聪明!

斗拱与古建筑

"六子联芳"镶嵌时恰巧能把所有的缺刻交叉嵌满。它的构思来自于中国古建筑中的"斗拱"。

"斗拱"是我国传统木结构建筑中的一种支承构件。它主要由斗形木块和拱形木块纵横交错层叠构成,逐层向外挑出,形成上大下小的托座。

"斗拱"是我国古典建筑中最具有代表性的语言之一。在漫长的古代社会中,斗拱只用于宫廷、官署、宗教等重要建筑,代表着建筑的等级。

斗　拱

巨石阵与天文

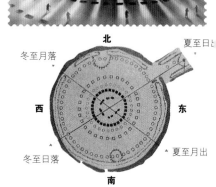

纵观世界各大文明发源地，数学的产生无一例外遵循这样一种模式：农业→历法→天文→数学。随着农业生产的发展，需要历法的准确，天文的观测与计算，促进了数学的发展。而对天体的崇拜又与原始的宗教紧密关联。世界各地留下了许多关于宗教、天文、数学相结合的文明之谜。

史前巨石阵

英国伦敦西南方有一个神秘的史前遗迹，一些巍峨的巨石呈环形阵屹立在索尔兹伯里的旷野间。巨石阵始建于公元前3100年，是世界上最为壮观的巨石文化之一。

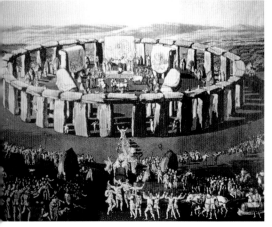

祈求神灵庇佑

当时的人们认为这些巨石具有神灵的威力，因此加以崇拜，在此举行原始的宗教仪式，以祈求神灵庇佑自己。

推演天文历法

1965年，天文学家霍金斯认为巨石阵是一座推演天文历法的"计算机"，它标志的是一种一年分为八个节气的历法，其中几个主要位置指示出了夏至日出、月出；冬至日落、月落的位置。

工程极其浩大

巨石阵的建造工程浩大。据测算，巨石平均重25吨，其中最大的巨石高9米，宽6米，重达40吨。可以想象，将这些巨石从200千米远的山区运来，凝聚着多少劳动者的智慧。

> 哇！几十吨的石头就这么垒起来了！

据推测，巨石阵的建造过程可能是这样的：1.首先挖掘有一斜面的深坑，在巨石下垫上滚木，用人力或畜力拉动巨石。

2.用绳索和滚木，将巨石斜推入坑，再用杠杆、拉绳把巨石竖起来。

3.把竖起的巨石移到准确位置，坑内填石块夯实。

4.各巨石柱放妥后，把石楣梁抬上木平台。

5.借助杠杆、木楔和垫石，逐步抬高石楣梁。

6.最后将石楣梁推上巨石柱顶。

英国的"史前巨石阵"是世界十大奇谜之一，是一个古代宗教、天文、数学相结合的文化遗产。1986年，联合国教科文组织已将巨石阵列入《世界遗产名录》。多年来，巨石阵的巨大工程，一直令人敬畏；巨石阵的神秘色彩，始终令人向往。

狮身人面像

关于埃及金字塔前的狮身人面像，民间流传着许多传说。

据说，狮身人面像是主司日出日落的太阳神。现在科学家研究发现，春分日和秋分日时，它正好对着太阳升起的地方。

斯芬克司之谜

远古的埃及有一头怪兽叫斯芬克司。有一次，怪兽拦住神话英雄俄狄浦斯，给他出了一道难题："什么动物在早上有四条腿，中午有两条腿，而晚上有三条腿？"并威胁他，如果回答不上来，将被吃掉。聪明勇敢的英雄想了想，答道："是人，婴儿时用四肢爬，长大后用两腿走，老了需要拄一根拐杖。"听了正确答案，怪兽着愧地自杀了。国王命令工匠雕筑出巨大的斯芬克司狮身人面像，让人们永远记住这个故事。这道谜题便是著名的"斯芬克司之谜"。

玛雅金字塔天文台

在奇钦·伊查有一座库库尔坎金字塔，它是世界著名的玛雅文明遗址。整个金字塔的9层塔座，每层分为两个部分，共18层，代表一年的18个月；共有365级台阶，代表一年的365天。金字塔的平顶用以拜神祭祀、观测天象。

阿兹特克年历石

玛雅人神秘失踪后，生活在中美洲的阿兹特克人给我们留下了一块精美的年历石。这块圆盘石雕直径为3.6米，重24吨，上面刻有历法及太阳、宇宙等符号文字。

石雕中央的人脸代表太阳，旁边四个方块符号代表豹、风、火、水；第二圈是20个日期的象形名称；第三圈是数点的装饰；第四圈是春分、秋分、夏至、冬至的象征图案；最外圈的图形象征宇宙循环、现在和未来。从年历石中可分析出当时二十进制的数学运算、太阳历及神历结合的历法体系。

在奇钦·伊查还有一座古老的玛雅天文台，它是世界最早的天文台之一，至今仍隐藏着许多人们未知的秘密。

多像我们现在的天文台啊！

其他天文历法资料

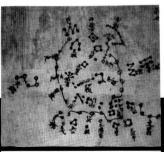

我国唐代初期绘制的敦煌星图，是世界上现存最早的星图之一。

该星图原藏于敦煌莫高窟的藏经洞，现保存于伦敦大英博物馆。

我国河南登封古天文台，始建于唐代，元代郭守敬在此建永久性的观星台。

古巴比伦记录历法的楔形文字泥板

阿兹特克年历石

我国古代天文仪器浑天仪

迷宫之谜

迷宫是一种古今一直流行的智力游戏。它可以测验人们的空间定向能力和视觉能力。

今天，迷宫只是一种供人消遣的谜题，而古代的迷宫却使人感到神秘和危险，人们担心会在迷宫内迷失方向，甚至遇到危险。在古代，人们常常构筑迷宫以迷惑入侵者，使其拖延时间，陷入困境，暴露目标，堵截歼灭，以保卫要塞。

最早的著名迷宫

最早的著名迷宫是古希腊建造在克里特岛的一座结构复杂的大宫殿。传说这座宫殿里道路曲折，谁进去都别想出来，所以叫"迷宫"。

有一位聪明的王子，将线球的一端系在迷宫入口，放开线团，大胆闯入迷宫，最后终于杀死了怪物，救出了童男童女，带着他们顺着线绳走出了迷宫。谁也没有见过克里特迷宫，只能从当地出土的古钱币发现的图形上，猜测它可能就是克里特迷宫。

上面两幅图中古老的迷宫是用大石头围成的。

我国古代的迷宫

我国古代也有迷宫，有的还应用在军事作战上，被称为"阵图"。三国时期，诸葛亮曾摆设"八卦阵"，将东吴的陆逊困在江边。阵内怪石嵯峨，重叠如山，无路可寻。估计就是用巨石垒成的大迷宫。《水浒》中"三打祝家庄"里所描述的"盘陀路"，也是一种迷宫。

现实生活中，苏州著名的园林"狮子林"便是一种典型的中国庭园式迷宫，不少公园游乐场中，也用竹子、柏树构筑各式树篱迷宫供人娱乐。

这是绿色树篱迷宫。

英国汉普顿迷宫

英国伦敦附近，在1690年建造的汉普顿宫的庭院里，也有一座著名的迷宫。这是一个供人娱乐的迷宫。如图所示，绿线表示篱笆，白的空隙表示通道，迷宫的中央Q处有两根高柱，柱下备有椅子可供人休息。A处是迷宫的入口，你怎样从入口顺利地走到迷宫的中央呢？

不管什么样的迷宫，只要画出它的平面图形，总是不难按图索骥，找到进出的道路。可是遇到真实的迷宫，有许多墙壁、篱笆挡住视线，便会使你晕头转向，随处碰壁。

这是博物馆陈列的迷宫模型。

用数学解迷宫

能不能借助数学的方法，让迷宫走得更顺利一些呢？这里用"网络图"来解决。

先给迷宫的各"分叉路口"和"死角"编上号码，我们发现，除起点、终点外，数2、4、6、8、9、11、13处是"分叉路口"，数1、3、5、7、10、12、14处是"死角"；然后，根据迷宫的结构将相通的点连线。这样我们便可以清楚地看到从A到Q之间存在着一条没有叉路的通道，这就是进入迷宫的最直接的通路。

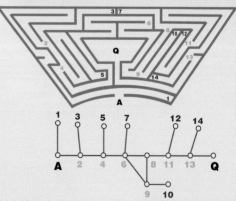

我们把这种方法叫"图论"，这是一种用数学方法研究图形的一门新兴学科。在"图论"里，图只包含顶点和边，而其他的几何要素，如形状、大小、面积等都不予考虑。图论里的图是一种抽象的图，用来解决这些具体问题相当方便。

迷宫的走法

迷宫的种类很多，繁简不一，走迷宫的方法也是多种多样的。这里列举几种方法，作为给你走迷宫时的一点启发。究竟如何走，还要因"宫"制宜。

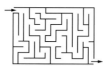 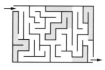 

碰壁拐弯

有一个简单的迷宫，我们可以沿着迷宫的板壁一侧向前，碰壁拐弯，虽然走了很长的路，最后总能到达终点。

如果我们换另一侧走走看，仍然碰壁拐弯，显然走的路要短得多了。

堵住死路

将迷宫中的一条条死路用铅笔堵住。先堵最明显的死路，再堵延伸出来的死路，注意只能堵到交叉路口。这样，一个迷宫只剩下一些比较好走的路，我们便容易选择理想的道路。

这个方法是不是笨了点？

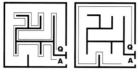

截线找路

先找一些能差不多"贯穿"迷宫上下的截线，把它们用铅笔描粗，找出粗线中间的断口，即有希望的路口。多找几条这样的截线，就多几个有希望的路口，这样，就容易找到走出迷宫的路了。

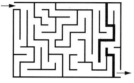 

通用走法

按照下面的通用走法，都能走得通迷宫。

1. 走到死路，立即退回。

2. 第一次遇到分叉路口，可继续向一条新路前进。

3. 第二次遇到老分叉路口，如果来路只走过一次，那么从原路退回；如果来路走过两次，那么向另一新路前进；如果来路走过两次，又无新路可走，那么向走过一次的去路前进。

在分叉路口和死路做些记号，区别哪些是首次遇到的，哪些是重复遇到的，我们便能更顺利地找到到达终点的线路。

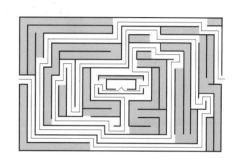

迷宫的形式千变万化

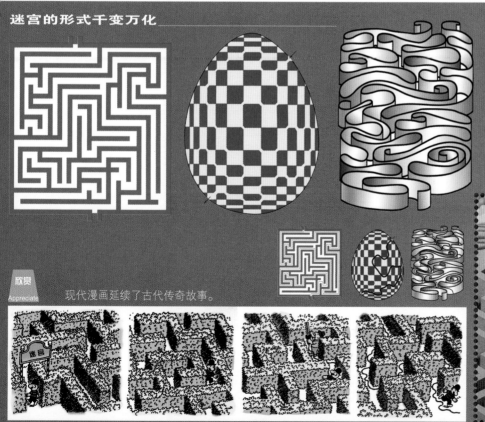

掌握了规律，迷宫就好走了。

欣赏
Appreciate
现代漫画延续了古代传奇故事。

百变幻方

幻方神奇变幻，不仅中国人早就喜爱它，研究它，外国人也对它倾注热情，而且极具创造性地开发了幻方。

外国的古老幻方

古代阿拉伯数学家早就研究幻方，但在现存文献中至今未发现幻方的具体图像。20世纪50年代，在我国西安出土的元代铁板中，有一块刻有奇怪的文字符号，经鉴定，它是用阿拉伯数字雕刻的6阶幻方（现存陕西省博物馆）。

阿拉伯
古老幻方

1	15	14	4
12	6	7	9
8	10	11	5
13	3	2	16

11	24	7	20	3
4	12	25	8	16
17	5	13	21	9
10	18	1	14	22
23	6	19	2	15

28	4	3	31	35	10
36	18	21	24	11	1
7	23	12	17	22	30
8	13	26	19	16	29
5	20	15	14	25	32
27	33	34	6	2	9

幻方传到欧洲已是15世纪，当时西方也将幻方神秘化。1534年，数学家阿格里派在专著《玄奥的哲学》中展示了被他分别命名为木星、火星的4阶、5阶幻方。幻方图形的四周都有一些代表西方保护神的魔符及相关的星座标记。西方人认为幻方具有奇异的魔力，能驱妖避邪，因此将幻方作为他们的护身符。

丢勒的《忧伤》

幻方的神奇以及它的数学美，也受到了艺术家的偏爱。1514年，德国画家丢勒（1471~1528）创作了一幅铜版画《忧伤》，反映了人们对没有足够的知识和智慧去洞察自然界奥秘的"忧伤"。画面右上方挂着一块4阶幻方，第四行中间两数组成"1514"，正是画家创作的年代。这是丢勒的巧妙设计，还是偶然巧合，给后人留下了一个谜。

16	3	2	13
5	10	11	8
9	6	7	12
4	15	14	1

《忧伤》 丢勒

富兰克林幻方

富兰克林是对幻方作出贡献的一位美国著名政治家、科学家。他曾冒着生命危险进行雷电实验。他还构造了一些神奇的幻方，令人叹服。如他构造的8阶幻方，不仅每行每列8个数之和为260，而且每半行、半列4数之和均为130，更奇特的是，幻方中每一种颜色块的折线上的8数之和仍为260。他还构造了一个16阶幻方，和8阶幻方一样，将其中的数字按顺序相连都能形成一个奇特的图案。

的确与众不同！

52	61	4	13	20	29	36	45
14	3	62	51	46	35	30	19
53	60	5	12	21	28	37	44
11	6	59	54	43	38	27	22
55	58	7	10	23	26	39	42
9	8	57	56	41	40	25	24
50	63	2	15	18	31	34	47
16	1	64	49	48	33	32	17

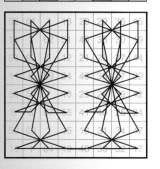

欧拉的拉丁幻方

瑞士大数学家欧拉（1707~1783）在晚年构造了一种新的"拉丁幻方"，用不同的元素（如颜色或字母）填入幻方，使该元素每行每列都只出现一次。

还有更复杂的"正交拉丁幻方"，每个单元方格内填入两种元素（如颜色和图形，或颜色和字母）并且使每行每列均不相同。

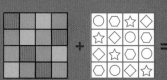

36 名军官问题

这是 1779 年欧拉提出的问题。据说普鲁士国王在阅兵时提出要求，在 6 个兵种中抽出 6 种军衔的军官各一人，这 36 名军官要组成 6×6 的方阵，并使每行每列的兵种、军衔均不相同。这个问题就是一个 6 阶正交拉丁幻方。当年，欧拉猜测这样的方阵不存在。1901 年，法国数学家塔利用穷举的方法证明了 6 阶正交拉丁幻方确实不存在。因此这个 36 名军官的阅兵方阵是排不出来的。

而 3、4、5、7 阶正交拉丁幻方均能排出来，不信你可以试试。

18 世纪普鲁士卫队军官们

奇特的幻方

幻方还有许多奇特的形式，如三角幻星、五角幻星、六角幻星、圆环形、立体形、四维形等。

三角幻星

将 1~9 填入三角幻星的圆圈内，使每条直线和每个三角形上的数字和都相等，答案有两个。

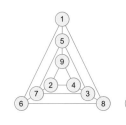
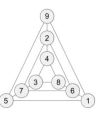

六角幻方

1957 年，美国一铁路职员花了 47 年时间，排成了一个珍贵的六角形幻方。

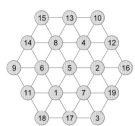

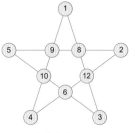

五角幻星

用连续数组成五角星，现已证明不可能。这是从 1~12 中去掉 7 与 11 组成的幻五星。

六角幻星

用 1~19 组成的六角幻星，是最著名的幻星，在古老的希伯来人宗教仪式上就用到它。

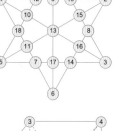

立体幻方

在大小两立体的角上填写 0~15，构成立体幻方。这里面的 12 个正方形面、12 个梯形面的顶点上数之和均等于 30。

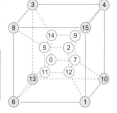

四维魔方

幻方从平面二维发展到立体三维以后，没有停止脚步。数学家享德里克斯创建了四维魔方，下图是其中一个最简单的。它由若干个立方体魔方似地组织在一起，并填入了连续数 1~81，其中有许多条棱与连线的三个数之和等于 123。你能数出有多少个？

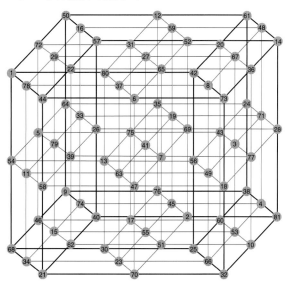

拉丁幻方，不仅可以作为思维游戏训练，还可以帮助人们设计合理的实验方案。例如，农学家要测试 7 种除虫剂对小麦的影响，如果把试验田分成 7 条，由于客观条件的局限，试验不可能准确，而把试验田分成 7×7 共 49 块，用正交拉丁幻方便可以非常科学地测试出除虫剂的准确药效。请看下面两幅图，颜色、图形分别代表小麦、除虫剂的不同品种，你能说明哪种方法最好吗？为什么？（A.1　B.2）

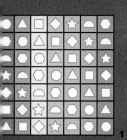
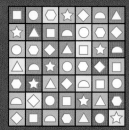

数独游戏

数独（Sudoku）游戏正风靡全球。数独概念源自"拉丁方块"，是18世纪瑞士数学家欧拉发明的。20世纪70年代，现在的数独雏型在美国一家数学逻辑游戏杂志发表，80年代，数独盛行于日本，并用此名。"数独"是"独立数字"的省略，意为每个方格都是独立的个位数。

数独的规则

在一个大的九宫格里包含9个小九宫格。在每个空格里填上一个数，要求大九宫格的每一横行、竖列都排着数字1~9，不可重复，同时每个小九宫格里也不重复地排列着数字1~9。

题目　　　　　　　　　　答案

数独的技巧

数独没有固定的解题方法，虽然有点技巧，但要灵活运用。任何文化程度的人都可以从中享受到成功的乐趣。

1. 选择填写突破口：首先选择横行、竖列中数字较多的交叉点，同时也考虑选择数字较多的小九宫格。

2. 看横竖再观九宫：采用排斥法，将横行、竖列和小九宫内的数字排斥掉，确定空格的数字。

3. 铅笔填写能机动：能确定的空格用铅笔填写大的数字，未能确定的空格用铅笔轻轻书写两三个可能的数字，字要写小，既不干扰观察思考，又便于擦掉。

简单的数独

4个四宫格组成的数独

规则：每横行、竖列排数字1~4，每个四宫格也排数字1~4。

6个六宫格组成的数独

规则：每横行、竖列排数字1~6，每个六宫格也排数字1~6。

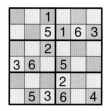

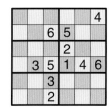

标准的数独

下面四个数独从易至难排列，供你游戏时逐步升级。

冰晶
小水滴
强上升气流
冰雹
冰雹的形成

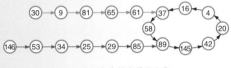

$17 \times 3+1=52$
$52 \div 2=26$
$26 \div 2=13$
$13 \times 3+1=40$
……

例如，数字17，经过12次升降，最终跌为数字1。

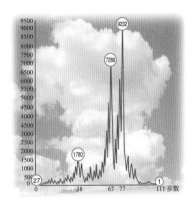

然而数字27在这冰雹升降中，历尽磨难，升降77次达到峰值9232，然后才一路下跌，直至111步才最终跌为数字1。

其他数字游戏

角谷冰雹猜想

20世纪40年代，美国流传一种数字游戏，后来又传到欧洲。有一位名叫角谷的日本人又把它带到亚洲。由于游戏的数字计算像冰雹形成时那样忽上忽下，所以人们称为"角谷冰雹猜想"。

任意一个自然数，如果是偶数，就将它除以2；如果是奇数，便乘以3再加1。每次将运算结果按上述方法进行，最后结果必然为1。

（接看上中图、右图及文字）

数字平方和的怪圈

求任意一个自然数的各位数字的平方之和，再对其和重复进行平方和运算，经过有限步骤后的结果或为1，或进入"怪圈"。

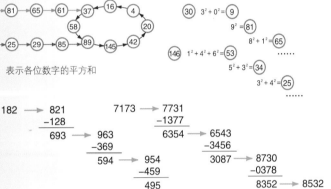

→ 表示各位数字的平方和

(30) $3^2+0^2=(9)$
$9^2=(81)$
(146) $1^2+4^2+6^2=(53)$
$8^2+1^2=(65)$
……
$5^2+3^2=(34)$
$3^2+4^2=(25)$
……

自复制数的黑洞

任意一个各位数字不完全相同的三位数，先按数字从大到小顺序重排成新数，然后减去新数的倒序数，其差再按上述方法重排新数，减去倒序数……经过有限次计算，必然进入自复制数495的黑洞里。

同样，任意一个各位数字不完全相同的四位数，经过相同的有限步的计算，必然进入自复制数6174的黑洞里。

$182 \rightarrow$
$$\begin{array}{r} 821 \\ -128 \\ \hline 693 \end{array}$$
$\rightarrow$
$$\begin{array}{r} 963 \\ -369 \\ \hline 594 \end{array}$$
$\rightarrow$
$$\begin{array}{r} 954 \\ -459 \\ \hline 495 \end{array}$$

$7173 \rightarrow$
$$\begin{array}{r} 7731 \\ -1377 \\ \hline 6354 \end{array}$$
$\rightarrow$
$$\begin{array}{r} 6543 \\ -3456 \\ \hline 3087 \end{array}$$
$\rightarrow$
$$\begin{array}{r} 8730 \\ -0378 \\ \hline 8352 \end{array}$$
$\rightarrow$
$$\begin{array}{r} 8532 \\ -2358 \\ \hline 6174 \end{array}$$

→ 表示按数字大小重排新数

奇异数

印度数学家喀普利卡发现了有些奇异的自然数，将它的平方数截成两个相同位数或位数相差1的自然数，这两个数的和仍等于原来的数。

例如：1, 9, 45, 55, 99, 297, 703, 2223, 2728, 4950, 5050, 7777, …

$45^2=2025$　　$20+25=45$
$297^2=88209$　　$88+209=297$
你也试试看。再找找这奇异数里有没有规律。

$45 \rightarrow$
$$\begin{array}{r} 45 \\ \times 45 \\ \hline 2025 \end{array}$$
$\downarrow$
$$\begin{array}{r} 20 \\ +25 \\ \hline 45 \end{array}$$

数字游戏真是太奇妙了！

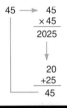

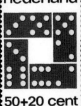
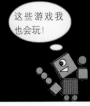

植树问题

英国大科学家牛顿（1642~1727）是一位沉迷于科学研究的人，他每天伏案工作十几小时。在艰辛的研究之余，他也做一些轻松的智力趣题，下面就是牛顿曾研究过的植树问题。

牛顿的植树问题

牛顿很早就研究过植树问题："九棵树，栽九行，每一行，要三棵，究竟怎样栽？"横平竖直地排，确实不可能，牛顿巧妙地画了个三角形，解决了这个难题。

后来牛顿又继续研究了"九树十行"的问题："植树九棵，要栽十行，每行三棵，如何栽法？"牛顿又画了一个对称的图形，三横一竖、六根斜线，又解决了这个植树难题。

除了这个对称的图形外，其实，还有一些不对称的图形也能解决这个植树问题。

杰克逊的植树问题

数学家约翰·杰克逊在1821年出版的《冬天傍晚的推理游戏》中，系统地研究了植树问题。杰克逊首先研究当每行栽3棵时，不同棵数的树木最多能栽的行数。

每行3棵

5棵	6棵	7棵	8棵	9棵	10棵	11棵
2行	4行	6行	7行	10行	12行	16行

杰克逊继续研究：当每行栽4棵时，不同棵数的树木最多能栽的行数。

每行4棵

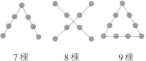

7棵	8棵	9棵	10棵	11棵	12棵	13棵
2行	2行	3行	5行	6行	7行	9行

杜德尼的植树问题

19世纪末，在英国数学家杜德尼的《520个趣味数学难题》中也有个植树问题。

16棵树，每行4棵，栽成16行，如何栽法？

劳埃德的植树问题

美国数学家萨姆·劳埃德花费大量精力研究"20棵树，每行4棵，最多能栽多少行"的问题，他的最佳答案是18行。

20世纪末，人们借助电子计算机，又创造了20行的新纪录。稍后，还有人给出了21行的最新纪录。

16棵 16行

20棵 18行

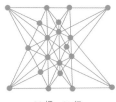
20棵 21行

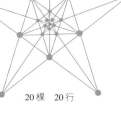
20棵 20行

建筑城堡

在9~16世纪的欧洲，除了教堂以外，最昂贵的建筑物就是城堡。国家间战争频繁，这些坚固的防卫设施就显得特别重要。

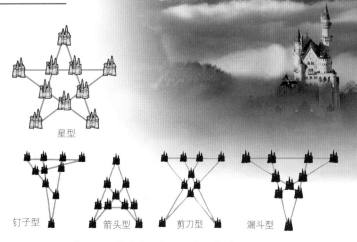

十座城堡

从前有一个小国家，国王想在首都兴建10座城堡。要求城堡排成5条直线，每条直线上要有4座城堡。设计师们精心绘制了一幅"星型"设计图。

星型

国王看了以后，认为不安全。要求重新设计。设计师们又画了4个草图。

钉子型　　箭头型　　剪刀型　　漏斗型

圆规型

国王看后仍不满意，并要求在外沿城堡的防线内部建两个王室城堡。设计师们冥思苦想，连夜绘制，一幅新颖的"圆规型"设计图呈现在国王面前，国王看了很满意，立即下令动工建造。

城堡设岗布哨

从前有一座古城堡，为了保障王宫贵族的安全，大臣们决定在这座城堡正方形底座的四面设岗布哨。上尉手下有16个哨兵，按照左图设岗。城堡的每一面都有5个哨兵。可是上校来查岗时很不满意："太不像话！每一面站岗的要有6人。"

上校走后，上尉想出了一个新方案。后来上校又来查岗，看到每一面站岗的哨兵有6人，十分满意。

上将也不放心，亲自来检查，一看，人发雷霆："不行，快给我增加到7人。"上尉只得答应照办，使每一面有7名哨兵站岗。

上尉前后一共安排了3种方案，投其所好，使长官们都满意了。

欧洲的城堡往往建在峻岭峭壁之上，或环水岛屿之中。多个大小不一的圆柱体、棱柱体、圆锥体建筑有韵律地排列，富有节奏感，与周围环境相协调，相呼应，成为最优美、最浪漫的景观。现代的童话世界迪士尼乐园的建筑也受其影响，新颖神奇，让人流连忘返。

如果有32个哨兵，仍旧按上面故事的要求设岗布哨，每一面的哨兵数都相等。那可以安排多少种布哨方案？

（A. 10　B. 9）

飞到欧洲去，参观古城堡。

斐波那契数列

公元5～11世纪，在封建宗教势力的统治下，欧洲经历了一段黑暗的时期，数学也受到了很大的排斥。后来，在东西方文化的交流和碰撞中，数学家们才逐渐冲破了宗教的樊笼，迎来数学复苏的曙光。在这个时期中，欧洲最出色的数学家是意大利的斐波那契。

斐波那契的《算盘书》

斐波那契（1170～1250）早年随父经商，到北非跟一位阿拉伯教师学数学，广泛游历后回到比萨，潜心研究数学，终于在1202年写成名著《算盘书》。该书系统地介绍了印度-阿拉伯数码，解释了位值制原理及四则运算，为印度-阿拉伯数码在欧洲流传起了重要作用，是欧洲数学在经历漫长黑夜之后走向复苏的号角。

《算盘书》

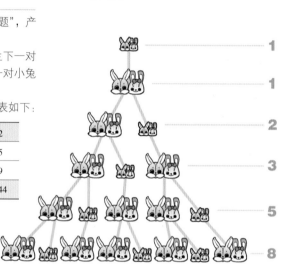

上图描绘在那东西方文化碰撞时代的一场计算竞赛，从人物的表情可以看出，应用印度-阿拉伯数码的计算者明显比手执欧洲算珠的计算者略胜一筹。

兔子问题

在《算盘书》1228年的修订本中增加了脍炙人口的"兔子问题"，产生了著名的"斐波那契数列"。

一对小兔子，过一个月就长成大兔子，大兔子过一个月就可生下一对小兔子，小兔子过一个月又长成大兔子，大兔子过一个月又生下一对小兔子，若照此生下去，而且没有死亡，问一年内共有多少对兔子？

为了寻求兔子繁殖的规律，我们将1~12月的大小兔子情况列表如下：

月份	1	2	3	4	5	6	7	8	9	10	11	12
小兔子对数	1	0	1	1	2	3	5	8	13	21	34	55
大兔子对数	0	1	1	2	3	5	8	13	21	34	55	89
兔子总对数	1	1	2	3	5	8	13	21	34	55	89	144

我们把数列1，1，2，3，5，8，13，21，34，55，89，…称为斐波那契数列。

（右图数字：1，1，2，3，5，8）

生物中的斐波那契数列

科学家发现很多生物现象都与斐波那契数列有关。

雄蜂家系

一般动物都有父亲和母亲，但雄蜂例外，它只有母亲而没有父亲。养蜂的人知道，蜂后产的卵，若能受精，则孵化为雌蜂；若不受精，则孵化为雄蜂。也就是说，雄蜂有母无父，雌蜂有父有母。按照这个追溯上去，一只雄蜂的上一代，再上一代……各代总蜂数恰好构成了斐波那契数列。

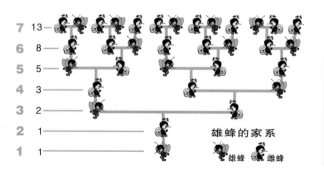

（左侧数字：7 13，6 8，5 5，4 3，3 2，2 1，1 1）

雄蜂的家系

🐝 雄蜂　　👤 雌蜂

花瓣数目

一般来说，花的花瓣数目多是3，5，8，13，21，34，…是斐波那契数列中的一个数。

例如：　鸢尾花、百合花　　　　3瓣花
　　　　梅花、桃花、杏花　　　5瓣花
　　　　翠雀花、飞燕草　　　　8瓣花
　　　　万寿菊、瓜叶菊　　　　13瓣花
　　　　向日葵、紫苑　　　　　21瓣花
　　　　雏菊　　　　　　34、55、89瓣花

这是纪念斐波那契的一个俱乐部，一进门，便醒目地展现斐波那契数列。

松果、葵花螺线

松果上的鳞片排列很有规律，通常存在两组螺旋线，它们是 8 根与 13 根。菠萝果实的六角形鳞片组成的螺旋线也和松果相似。

向日葵的花盘上，种子的排列组成了两组嵌在一起的螺旋线，它们一般是34根、55根；55根、89根；89根、144根。其中前一个数字是顺时针线数，后一个数字是逆时针线数。

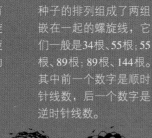

树枝与叶片排序

如左图所示，树枝的排序也是斐波那契数列。

右图表示不同植物枝干上长的叶子是以枝干为轴沿空间螺旋线生长的。从一张叶子生长位置到正对的另一张叶子的位置，为一个循回，围绕枝干的叶子数和所绕围数，虽因植物品种而异，但大致符合斐波那契数列的规律。

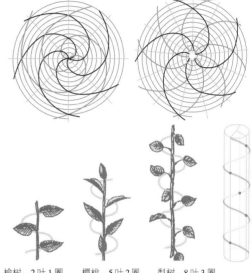

榆树：2叶1圈　　樱桃：5叶2圈　　梨树：8叶3圈

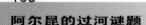

下面是另外一类数学趣题"过河问题"。

阿尔昆的过河谜题

欧洲中世纪还有一个著名的英国学者、教育家阿尔昆（672～735），他在学校教数学，编写了许多引人入胜的教科书。他的一本谜题手册广为人知，一直流传至今。其中有一道"过河"谜题家喻户晓。

一位老人要把一匹狼、一只羊和一棵大白菜摆渡到对岸，渡船小，只能允许老人带狼、羊、白菜三者之一，请问老人应该怎样安全地过河。

利用现代图论的知识，便可以把这个问题化成一个图论问题，寻找答案更加容易。

三对新人过河

16 世纪意大利数学家塔塔利亚（1499～1557）改编了阿尔昆的过河谜题，使它变得更加有趣。

三位漂亮的新娘和她们的新郎要过河。可是小船只能乘坐两人，为了避免尴尬，大家认为，新娘不得与别人的丈夫单独在一起。在大家都会划船的情况下，应该如何安排过河？

右图中，用大小写英文字母表示一对新人，如：A 新娘、a 新郎。

AaBbCc		
BbCc	Aa	
BbCc	a	A
B Cc	ab	A
B Cc	b	Aa
Cc	Bb	Aa
Cc	b	AaB
C	bc	AaB
C	c	AaBb
	Cc	AaBb
		AaBbCc

文艺复兴与数学

14世纪初，一场伟大的思想启蒙运动——"文艺复兴"在欧洲兴起。这场运动使艺术家、科学家们挣脱了精神上的枷锁，使欧洲的艺术和科学迈进了一个崭新的时代。

绘画透视与射影几何

文艺复兴时期，在数学方面的最初突破是由艺术家们完成的。当艺术家把描绘现实世界作为绘画的重要目标，首先遇到是如何在二维画布上表现三维空间的透视问题。

意大利画家达·芬奇的名画《最后的晚餐》，利用了餐厅壁画的有限空间，用透视法画出了画面的深远感，餐厅上下左右的透视线都集中于中间的耶稣。该画成了绘画透视的典范。

达·芬奇十分推崇数学，他甚至说："不懂数学的人不要读我的书。"

达·芬奇

意大利艺术家、科学家、工程师达·芬奇（1452～1519），是文艺复兴时期三位艺术大师之一，留下许多经典的艺术精品。他学识极其渊博，爱好广泛而有深度，在自然科学的许多领域进行探索，并有许多发明创造及其设计构思，给后来的科学家带来很多重要的启迪。

《最后的晚餐》 达·芬奇

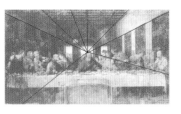

丢勒

射影几何的发展

阿尔贝蒂（1404～1472）是第一个从数学角度去研究透视的画家、数学家。他所著的《论绘画》是早期数学透视法的代表作。书中引入了投影线、截影等概念，还讨论了截影的数学性质，成为射影几何发展的起点。

丢勒

德国画家丢勒不仅追求非凡的绘画技艺，而且追求基于数学的新的艺术原理。他指导绘画者通过四方格子看物像，学习透视，这个格子就是数学中的坐标系。丢勒认为："没有几何知识，任何人都不可能成为真正的艺术家。"

德沙格

帕斯卡

法国数学家德沙格（1591～1661）和帕斯卡（1623～1662）为射影几何学做出了杰出的贡献。

射影几何研究的是图形以特殊方式扭曲时出现的情况。被投影的对象经过射影变换后，仍会保留许多几何性质不变。

射影几何的几条美妙的共线定理

一个面上的三角形落在另一个面上的中心投影，它们相对应的边加以延长，交点必在这两个面的交线上。

在一个平面内如果两个三角形的顶点连线交于一点，那么对应边的延长线的三个交点共线。这就是著名的"德沙格定理"。

一个圆或椭圆的内接六边形，每两条对边的延长线相交而得到的三个交点共线。这就是著名的"帕斯卡定理"。

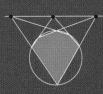

哥白尼

波兰天文学家哥白尼（1473～1543）根据长期观测提出的"日心说"，是向中世纪宗教与神学的黑暗统治的宣战。他的《天体运行论》不仅拉开了文艺复兴科学革命的帷幕，对近代数学的兴起也有不可估量的影响。

上图：哥白尼"日心说"
下图：托勒密"地心说"

哥白尼观察天象

伽利略

意大利科学家伽利略（1564～1642）利用自己发明的第一架天体望远镜进行观测，发现了大量新的星体及其运动规律，支持了哥白尼的"日心说"。他在科学实验的基础上，融会贯通了数学、物理学和天文学三门学科的知识，扩大、加深并改变了人类对物质运动和宇宙的认识。

伽利略发明望远镜

开普勒

德国天文学家、数学家开普勒（1571～1630）在总结大量观测资料的基础上，发现行星围绕太阳运动的轨迹是椭圆，提出了行星运动三大定律。他以数学的和谐性探索宇宙，在天文学方面做出了巨大的贡献。

哥伦布和麦哲伦

1492年，意大利航海家哥伦布（1451～1506）发现了美洲大陆。1519～1522年，葡萄牙航海家麦哲伦（1480～1521）实现环球航行。这些都是对中世纪教条的挑战，促进了欧洲近代科学、文化的解放与繁荣。受商业、航海、天文和测量等影响，数学研究也在代数、几何、三角等方面得到了发展。

哥伦布发现美洲

麦哲伦环球航行

韦达与符号代数

用字母表示数，尽管现在看来很简单，但在数学发展史上却是一件划时代的大事。

法国数学家韦达（1540～1603）第一个系统地使用了字母，并对未知量进行运算，为代数学的发展开辟了道路。韦达被称为"代数学之父"。

在《论方程的整理与修正》一书中，韦达提出了揭示整式方程的根与系数之间关系的著名的"韦达定理"。

纳皮尔与对数

为简化天文、航海方面所遇到的繁杂数值的计算，英国数学家纳皮尔（1550～1617）在1614年发明了对数方法。在《奇妙的对数定理说明书》中，他详细阐述了怎样将乘除法归结为简单的加减法，从而减轻了计算工作量。对数的发明是计算技术的一次重大进步。

纳皮尔的对数发明了不到一个世纪，这种奇妙的对数计算方法便传遍了世界，成为人们不可缺少的计算工具。

在文艺复兴时期，特别是16、17世纪，整个初等数学的主要内容已基本定型，文艺复兴促成了东西方数学的融合，为近代数学的兴起及发展铺平了道路。

算术与方程

大数学家牛顿曾谦虚地说，他自己一生的贡献只相当于在海边捡到了几颗美丽的贝壳。在数学的海滩上，的确有无数的贝壳。这里只捡了几枚算术与方程的有趣而美丽的贝壳，相信你一定会爱不释手，如获至宝。

驴和骡

古希腊的数学教科书中有一则寓言式的题目：

驴和骡驮着货物并排走在路上，驴子不住地埋怨驮的货物太重，压得受不了。骡子对它说："你发什么牢骚呀！我驮的比你更重。如果把你驮的货物给我一口袋，我驮的就比你驮的重一倍；而我若给你一袋，咱俩才刚好一样重。"问驴和骡各驮几口袋货物？（A. 5、7　B. 2、4）

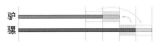

驴
骡

骡比驴多驮 2 袋。
骡加 1 袋驴减 1 袋，两者相差 4 袋，恰好是骡驮的 $\frac{1}{2}$。

丢番图的墓志铭

古希腊数学家丢番图（约250）的墓碑上刻有一段用诗歌形式写成的墓志铭：

过路的人，

这儿埋葬着丢番图。

请计算下列数字，

便可知他一生经历了多少寒暑。

他一生的六分一是幸福的童年，

十二分之一是无忧无虑的少年。

再过去一生的七分之一，

他建立了幸福的家庭。

五年之后，儿子出生了，

不料儿子竟先其父四年去世，

只活到父亲岁数的一半。

晚年丧子，老人真可怜，

悲痛之中度过了风烛残年。

请你算一算，

丢番图活了多大年龄？

丢番图和他的代表作《算术》

根据墓志铭，运用算术方法来解答：
丢番图结婚后5年和去世前4年是他的一生的

$$1-\frac{1}{6}-\frac{1}{12}-\frac{1}{7}-\frac{1}{2}=\frac{3}{28}，$$

所以，丢番图一生活了

$$(5+4)÷\frac{3}{28}=84（岁）。$$

这段奇特的墓志铭，可以用方程来解答：
设丢番图活了 x 岁。

$$\frac{x}{6}+\frac{x}{12}+\frac{x}{7}+5+\frac{x}{2}+4=x，\quad x=84（岁）。$$

这是一个一元一次方程。丢番图在他的代表作《算术》一书中有解一元一次方程的一般方法。在书中他引入了未知数，创设了未知数的符号，使代数从几何形式下脱离出来，独树一帜，成为数学的一个分支。后人称丢番图是"代数学的鼻祖"。

鸡兔同笼

我国古代的《孙子算经》中，有这样一道经典趣题：

今有雉兔同笼，上有三十五头，下有九十四足，问雉兔各几何？

题中的雉，即野鸡，故现称为"鸡兔同笼"。古人用算术的方法解答，原书有其"术"：上置头，下置足，半其足，以头减足，以足减头，即得。

所谓"半其足"即是给笼中的雉、兔下一道命令："野鸡独立，兔子举手"这样，地面上的足便容易与头建立对应关系。看图表便知答案

| | 上置头 35 | 半其足 35 | 以头减足 35 | 以足减头 23 | 即得 | 雉数 |
| | 下置足 94 | 雉独立 兔举手 47 | 12 | 12 | | 兔数 |

用二元一次方程组也能方便地解答这道问题。

设雉有 x 只，兔有 y 只。

$$\begin{cases}x+y=35，\\2x+4y=94。\end{cases}$$
$$y=12（只）$$
$$x=23（只）$$

遥度圆城

我国南宋数学家秦九韶的《数书九章》中有一道测望类题目：

问有圆城不知周径，四门口开，北外三里有乔木，出南门便折东行九里，乃见木，欲知城周径各几何？

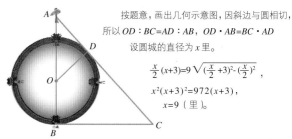

按题意，画出几何示意图，因斜边与圆相切，所以 $OD:BC=AD:AB$，$OD·AB=BC·AD$

设圆城的直径为 x 里。

$$\frac{x}{2}(x+3)=9\sqrt{(\frac{x}{2}+3)^2-(\frac{x}{2})^2}，$$
$$x^2(x+3)^2=972(x+3)，$$
$$x=9（里）。$$

以上方程已是一元高次方程。我国在唐代就已经掌握一元三次方程的解法，秦九韶加以发展，得出了一元高次方程数值解法——正负开方术。此解法比欧洲人研究的要早500多年。

肆中饮

我国明代数学家程大位的《算法统宗》第十三卷中有一道趣题。题目以诗歌形式出现。

肆中听得语吟吟，薄酒名醨好酒醇。

好酒一瓶醉三客，薄酒三瓶醉一人。

共饮一十九瓶酒，三十三客醉醺醺。

试问高明能算士，几多醨酒几多醇？

用二元一次方程组来解。

设薄酒"醨"有 x 瓶，好酒"醇"有 y 瓶。

$$\begin{cases}x+y=19，\\\frac{x}{3}+3y=33。\end{cases}$$
$$x=9（瓶），$$
$$y=10（瓶）$$

所以，薄酒"醨"有9瓶，好酒"醇"有10瓶。

托尔斯泰问题

俄国大文学家托尔斯泰（1828~1910）爱好解数学题。下面这个题目是他最感兴趣的。

割草队要收割大小两块草地，其中大草地比小草地大一倍。全队在大草地上收割半天后，分成两半，一半人继续留在大草地上，另一半人转移到小草地上。又收割了半天，大草地全收割完，而小草地上还剩一小块没有割。第二天，派了一个人花了一天时间割完这最后一小块。问割草队共有几个人？（A. 6　B. 8）

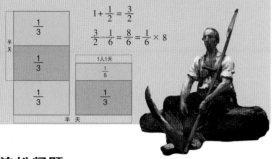

$$1 + \frac{1}{2} = \frac{3}{2}$$

$$\frac{3}{2} \div \frac{3}{16} = \frac{8}{6} = \frac{1}{6} \times 8$$

泊松问题

法国数学家泊松（1781~1840）少年时迷上了一道数学题，从此他下决心要成为一个数学家。这道题是：某人有12品脱（英容量单位）酒一瓶，想从中倒出6品脱，可是他只有一个8品脱和一个5品脱的容器，怎样才能用最少的次数，把酒分成两个6品脱来？

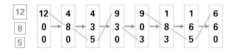

牛顿的牧场问题

英国科学家牛顿（1642~1727）也是历史上伟大的数学家。这位大数学家喜欢用方程解题。他从不认为用方程解题会降低自己的身份。

牛顿说："要想解一个有关数目的问题，或者有关量的抽象关系问题，只要把问题里的日常用语转变成代数用语就成了。"

在牛顿的《普通算术》一书中有一道著名的"牧场问题"：

有三片牧场，场上的草是一样密，而且长得一样快。它们的面积分别是 $3\frac{1}{3}$ 公顷、10公顷、24公顷。第一片牧场饲养12头牛，可维持4个星期；第二片牧场饲养21头牛，可维持9个星期。问第三片牧场上饲养多少牛，可以维持18个星期？

答案：第三片牧场可以饲养36头牛。

柳卡问题

法国数学家柳卡在一次国际科学会议期间，提出了这道当时认为较困难的趣味题。

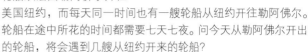

假设每天中午有一艘轮船从法国勒阿佛尔开往美国纽约，而每天同一时间也有一艘轮船从纽约开往勒阿佛尔。轮船在途中所花的时间都需要七天七夜。问今天从勒阿佛尔开出的轮船，将会遇到几艘从纽约开来的轮船？

画一张"时间路程图"，又称"运行图"来解答，便一目了然。（A. 15　B. 13）

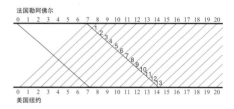

解三次方程的竞争

公元前3世纪，阿基米德未能找到一元三次方程的求根式，此难题一拖就是十几个世纪。直到1515年，意大利数学家费奥宣布他找到三次方程的求根公式，但就是不肯公布他的研究成果。1535年，意大利数学家方塔那也宣布自己得到了三次方程求根公式。这位在战乱中死里逃生的数学家，小时候留下口吃病，意大利"口吃"音译为"塔塔利亚"，后来大家就叫他塔塔利亚。

塔塔利亚大获全胜

费奥不相信塔塔利亚能解三次方程，便公开挑战，在米兰圣玛利亚大教堂举行解题竞赛。双方各为对方出30道题。在两小时之内，塔塔利亚把费奥出的题全部解出来，而费奥却未能解出塔塔利亚所出的题。塔塔利亚大获全胜，被米兰人民当做英雄看待。

卡丹将公式公布于世

意大利数学家卡丹也前往教堂观战。赛后，卡丹央求塔塔利亚把公式告诉他，遭到了塔塔利亚的回绝。后来卡丹死缠着他，并发誓永不外传，还答应免费治愈他的口吃。

于是塔塔利亚把求解公式说给卡丹听。回家之后，卡丹背弃自己的誓言，把求解公式写进了他的《数学大法》一书中，公布于世。当然，卡丹在书中充分肯定了塔塔利亚的才能和他的首创权，并给塔塔利亚的公式补写了严格的证明。尽管有人批评卡丹不遵守诺言，沽名钓誉，但卡丹在数学史上对三次方程求根公式的问世是有功劳的，难怪现代教科书上还把这个公式称为"卡丹公式"。

B A

函数与图像

函数刻画了事物间的数量关系、运动规律。函数图像形象直观地描绘了这些关系和规律。富有节奏和周期性的函数曲线，在数学美的天地里是一道靓丽的风景，令人着迷，让人陶醉。

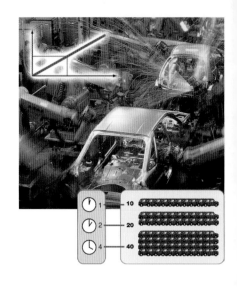

变量与常量

提到函数，我们先研究一下变量和常量。

一年 12 个月，一分 60 秒，这些数量是永远不变的，它们就叫常量。

城市的人口，汽车厂生产的汽车，这些不断变化的量，叫变量。只要时间确定，生产的汽车量也就会确定，这种关系就是函数。

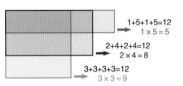

1+5+1+5=12
1×5=5

2+4+2+4=12
2×4=8

3+3+3+3=12
3×3=9

长方形的周长与面积是有联系的。可是知道了周长，却无法确定它的面积。

由长方形的周长不能确定其面积，而由正方形的周长，就能确定其面积。正方形周长 l 给定了，它的面积 S 也定了，$S=\dfrac{l^2}{16}$。如果变量 x，可以制定变量 y，x 定了，y 也定了，$y=f(x)$，就说 y 是 x 的函数。

函数的表示

函数可以用代数式来表示，也可以用列表、绘图、标尺、计算程序等办法来描述。

函数图像与函数式相比，直观形象，一目了然。各种函数千差万别，相应的函数图像也千姿百态。

一次、二次函数

用弹簧秤称重物，就是利用外力和弹簧拉伸长度成正比例的一次函数关系 $y=ax$，图像是一条直线。

在高楼抛一小球，小球自由下落的距离便是时间的二次函数 $y=ax^2$，图像是抛物线。

汽车在两地间匀速行驶，汽车的速度和所需的时间是反比例函数关系 $y=\dfrac{a}{x}$，图像是双曲线。

二次函数图像中，除了抛物线、双曲线之外，还有圆和椭圆。

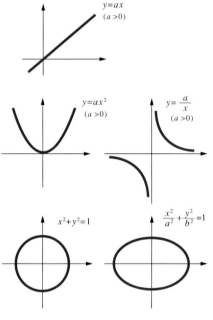

$y=ax$
$(a>0)$

$y=ax^2$
$(a>0)$

$y=\dfrac{a}{x}$
$(a>0)$

$x^2+y^2=1$

$\dfrac{x^2}{a^2}+\dfrac{y^2}{b^2}=1$

三次、四次函数

三次、四次函数，它们的图像更加丰富了，这里只介绍几个著名而优美的函数图像曲线。

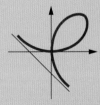

叶形线是函数 $x^3+y^3=3axy$ 的图像，它是由法国数学家笛卡尔于 1630 年发现的。

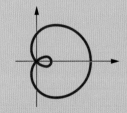

蚶线是 $(x^2+y^2-2ax)^2=b^2(x^2+y^2)$ 的函数图像，是法国数学家帕斯卡的父亲发现的。

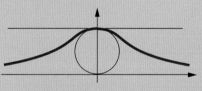

箕舌线是 $y(x^2+4a^2)=8a^3$ 的函数图像，它是意大利女数学家阿涅西发现的。

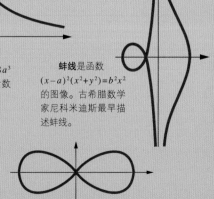

蚌线是函数 $(x-a)^2(x^2+y^2)=b^2x^2$ 的图像。古希腊数学家尼科米迪斯最早描述蚌线。

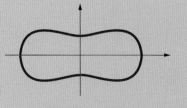

心脏线是函数 $(x^2+y^2+ax)^2=a^2(x^2+y^2)$ 的图像，是荷兰数学家考尔斯玛发现的。

卵形线是函数 $(x^2+y^2)^2-2a^2(x^2-y^2)=a^4$ 的图像，是意大利数学家卡西尼发现的。

双纽线是函数 $(x^2+y^2)^2=a^2(x^2-y^2)$ 的图像，是瑞士数学家伯努利发现的。

将有关函数图像加以变化，显示它们的数学之美。

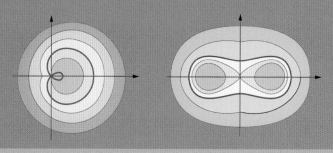
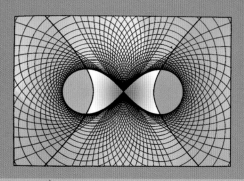

指数函数、对数函数

指数函数 $y=a^x\,(a>0,\ a\neq1)$ 和对数函数 $y=\log_a x\,(a>0,\ a\neq1)$，也都是十分重要的函数，高等数学里许多公式少不了它们。

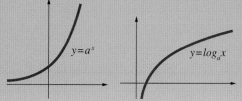

$y=a^x$

$y=\log_a x$

三角函数

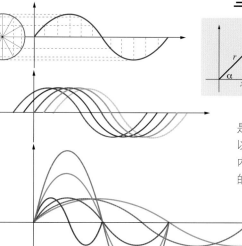

基本三角函数有：

$$\sin\alpha=\frac{y}{r}, \quad \cos\alpha=\frac{x}{r},$$

$$\tan\alpha=\frac{y}{x}, \quad \cot\alpha=\frac{x}{y},$$

$$\sec\alpha=\frac{r}{x}, \quad \csc\alpha=\frac{r}{y}。$$

正弦函数 $y=\sin x$ 的图像是一个漂亮的波形。将波形加以变化，在表达了不同的数学内涵的同时，又展示了数学美的无穷魅力。

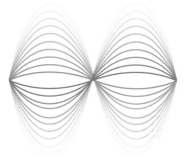

在三角函数中还有一些知名的美丽曲线，它们就是蔷薇曲线。

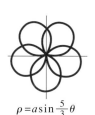

$\rho=a\sin3\theta$ $\rho=a\sin2\theta$ $\rho=a\sin\dfrac{5}{3}\theta$ $\rho=a\sin4\theta$

用蔷薇曲线构成的美丽图案。

哥特式建筑中的蔷薇花窗

正弦曲线的光电效果

逻辑与推理

严密的逻辑推理保证了数学定理的可靠性，是数学区别于其他学科的重要特征。逻辑与推理的思想方法不仅深刻影响了传统自然学科，而且已广泛应用于集成电路设计、计算机与人工智能技术等现代科技领域。

判断命题真假

讲逻辑，特别是数理逻辑，要判断真假，不能含糊其辞，模棱两可。

可以判断真假的语句叫做命题。

"手机是通讯工具""梯形的上下底平行"是真命题。

"鲸是鱼类""圆周率是整数"是假命题。

一般来说，命题有四种形式。例如：

原命题为真，它的逆命题不一定为真；

原命题为真，它的否命题不一定为真；

原命题为真，它的逆否命题一定为真；

逆命题为真，它的否命题一定为真。

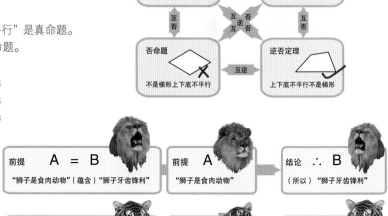

逻辑证明

逻辑是以逻辑证明为基础的，它由两个或更多的前提和一个结论组成。看上去十分简单的证明，却是论证一些复杂数学问题的有力工具，或者能提供有益的新思路。

前提　A ＝ B
"狮子是食肉动物"（蕴含）"狮子牙齿锋利"

前提　A
"狮子是食肉动物"

结论　∴ B
（所以）"狮子牙齿锋利"

前提　A ∨ B
"老虎是猫科动物"（或者）"老虎是虎科动物"

前提　A
"不存在虎科动物类"

结论　∴ B
（所以）"老虎是猫科动物"

逻辑电路

设计计算机时，人们应用了逻辑原理。在计算机的中央处理器中，设有可实现简单逻辑操作的逻辑门电路。例如，可以实现二进制加法的加法器，就是由许多逻辑门组成的。

逻辑门举例

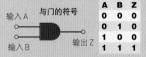

输入 A　　与门的符号　　输出 Z
输入 B

A	B	Z
0	0	0
0	1	0
1	0	0
1	1	1

与门：计算机"与门"是只有当 A、B 输入口都是 1 时，输出口 Z 即为 1。

输入 A　　或门的符号　　输出 Z
输入 B

A	B	Z
0	0	0
0	1	1
1	0	1
1	1	1

或门：计算机"或门"是当 A、B 输入口中，只要有一个为 1 时，输出口 Z 即为 1。

输入 A　　异或门的符号　　输出 Z
输入 B

A	B	Z
0	0	0
0	1	1
1	0	1
1	1	0

异或门：计算机"异或门"表示和"或门"相异，当 A、B 输入口中，只有一个为 1，一个为 0 时，输出口 Z 即为 1。

输入 A　　与非门的符号　　输出 Z
输入 B

A	B	Z
0	0	1
0	1	1
1	0	1
1	1	0

与非门：计算机"与非"是"与门"的反转门，只有当 A、B 输入口都是 1 时，输出口 Z 才为 0。

二进制加法

一台计算机无论看上去多么复杂，实际上它都只会做加法运算。在计算机中，减法是用加上一个负数的方法来实现的，乘法是用重复加法的方法来实现的，而除法则是用重复减法的方法来完成的。计算机中采用逻辑门方法来完成加法运算，而逻辑门彼此连接形成的电路称为加法器。

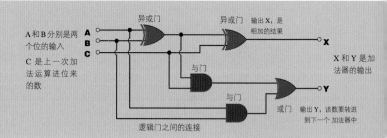

A 和 B 分别是两个位的输入
C 是上一次加法运算进位来的数

异或门　　异或门　　输出 X，是相加的结果

A
B
C

与门

与门

或门　输出 Y，该数要转送到下一个加法器中

逻辑门之间的连接

X 和 Y 是加法器的输出

逻辑推理趣题

死里逃生

古代有个小国家，对于重犯人可以用抽签的办法决定其生死。

有一个犯人，因与法官有私仇，法官为了报复他，把抽签的纸片上都写上"死"字。犯人的好友得知后，偷偷告诉犯人，犯人听后很高兴，为什么呢？

第二天开庭时，犯人拿了一张纸片立即吞到肚里，陪审员未看到这张纸片上的字，只好打开另一张纸片，剩下的纸片上当然写的是"死"字，于是陪审员们断定犯人吞下的该是"生"字的纸片，犯人被当庭释放，法官也无可奈何。

五顶帽子

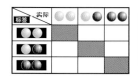

有5顶帽子，其中3顶是白的，2顶是黑的。

1. 老师让甲、乙、丙三同学站成三角形，闭上眼睛。她给每人戴上一顶白帽子，把两顶黑帽子藏起来，然后让同学睁开眼睛，不许交流相互看，猜猜自己戴的帽子的颜色。三个同学互相看了看，想了想，最后异口同声地说自己戴的是白帽子。他们是怎么猜出来的呢？

推理过程是考虑戴帽的三种可能性（黑黑白、黑白白、白白白），排除了第一、二种，大家便会齐声回答。

2. 老师又让甲、乙、丙三同学面向老师，排成一行，闭上眼睛。她给他们戴上帽子，并把多余的藏起来，然后让同学睁开眼睛，并只准朝前看。她先问丙戴的帽子是什么颜色。丙回答不知道。老师又问乙，乙也回答不知道，最后老师问甲，甲回答道："白色。"他是怎么猜出来的呢？

推理过程：丙看到甲、乙帽子的颜色，丙无法判断，说明甲、乙不都是黑帽子。如果甲戴黑帽子，乙肯定戴着白帽子，而乙不知道自己戴什么帽子，这说明甲肯定戴着白帽子。

猜球问题

3个袋子，每个各装2只球，分别是"白白""白红""红红"。袋子外面贴有球色的标签，但全都贴错了。只准从某个袋里取出一个球，你能判断各个袋里各装了什么球吗？

标签 \ 实际	⚪⚪	⚪🔴	🔴🔴
⚪⚪			
⚪🔴			
🔴🔴			

标签 \ 实际	⚪⚪	⚪🔴	🔴🔴
⚪⚪		0	1
⚪🔴	1		0
🔴🔴	0	1	

推理过程：先列表，除去不可能解的空格，假设我们从标有"白红"标签的袋里取出一个白球，我们便可以判断此袋为"白白"，在表格里画"1"与"0"，那其他的便可在表格上作判断了。

终成眷属

莎士比亚名剧《威尼斯商人》中女主角——美丽的波西娅对三位求婚者说："这里有三只盒子，一只金的，一只银的，一只铅的，每只盒子上面写着一句话，三句话中只有一句是真话。谁能猜中我的肖像放在哪只盒子里，我就嫁给谁。"两位达官贵人束手无策，而聪明的安东尼奥运用推理方法，很快就猜中了，于是有情人终成眷属。（这道趣题是美国数学家加德纳改编的。）

原来，安东尼奥注意到，金、银盒子上的两句话相互矛盾，其中必有一句真话，一句假话。既然只有的一句真话已经用掉了，那剩下的铅盒子上的话，肯定是假话，安东尼奥便准确地判断出肖像在铅盒子里。

这么复杂的称球问题，看图便一目了然。

称球问题

有13个球外观都一样，除了一个次品外其余的正品球都一样重，次品球不知是重还是轻，要求你只用天平称3次，找出次品球来。

推理过程：把13个球分成4、4、5三堆，如图所示进行称重。

图中白色球●为未知品质球，绿色球●为正品球，红色球为可能是重的次品球，黄色球●为可能是轻的次品球。数字编号及字母编号是为方便第二、三次称重时标的记号。

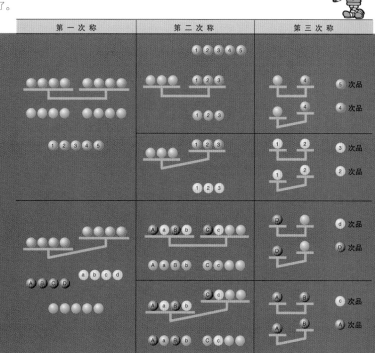

正多边形

人们喜爱正多边形，在图案、标志、造型设计中，常常选用各种正多边形。正多边形蕴含着丰富的数学内涵，从古代数学到现代数学，正多边形一直是数学教学与研究的主题之一。

正三边形　　正四边形　　正五边形　　正六边形　　　正七边形　　　正八边形　　　正九边形　　　正十边形

正多边形的性质

正多边形的所有边长相等，所有的角也相等。

正多边形都有一个外接圆和一个内切圆。

正多边形都是轴对称图形。

正偶数边形又是中心对称图形。

正多边形的周长与它的外接圆的直径的比值，与直径长短无关。古代数学家正是利用了这一性质，逐次倍增正多边形的边数，使正多边形的周长趋近它的外接圆的周长，从而求得了圆周率的近似值。

用尺规分圆作正多边形

利用尺规并不能将圆周任意等分，这里是几种特殊等分圆周的作图。

图中用紫、蓝、绿、黄、橙、红色显示作图步骤的顺序。按此顺序作图即可等分圆周，顺次连结各等分点，便作出正多边形。以不同形式连结等分点，还可作出复合多边形和星形多边形。（这里用红、橙、黄色区分这三种多边形）

正多边形的作图

正多边形的作图，通常借助等分外接圆的圆周来进行。等分圆周有三种方法：用量角器分圆，用电脑分圆，用尺规分圆。

1. 用量角器分圆作正多边形

在圆中用量角器画一个等于 $\frac{360°}{n}$ 的圆心角，以这个圆心角所对的弧为基准，在圆周上依次截取 n 次，就是圆周的 n 等分点。依次连结各等分点，即画出正 n 边形。

2. 用电脑分圆作正多边形

在电脑软件中使用"图形"工具栏中的"多边形工具"，设置多边形的边数，即可绘制正多边形图形。

3. 用尺规分圆作正多边形

正三角形

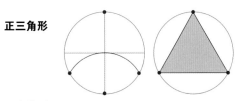

正六边形

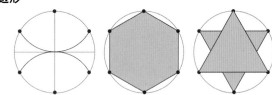

正十二边形

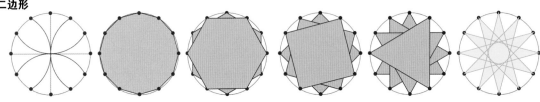

正九边形

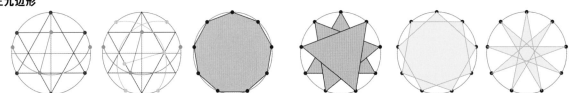

正方形

正八边形

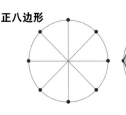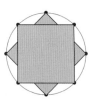

正五边形

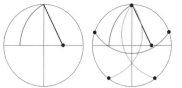 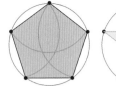

正十五边形

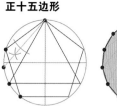

正十边形

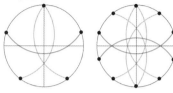 

正七边形（希腊海伦的近似画法）

 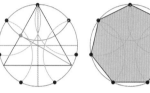 

正十一边形（通用近似画法）

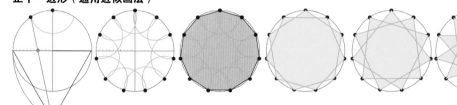

正十七边形（英国里士满的作图法）

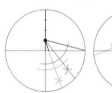   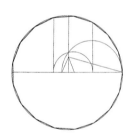

画正多边形，
离不开我圆圆！

边　数	三	四	五	六	七	八	九	十	十一	十二	十三	十四	十五	十六	十七
正多边形	1	1	1	1	1	1	1	1	1	1	1	1	1	1	1
复合多边形				1		1	1	1		3		1	1	2	
星形多边形			1		2	1	2	2	4	1	5	4	4	4	7

广角 高斯与正十七边形

　　两三千年前，数学家们就解决了正三角形、正四边形、正五边形以及它们派生的正多边形的尺规作图法。令人吃惊的是，自欧几里得之后竟然没有新的发现。直至1796年，德国数学家高斯给出了正十七边形可以用尺规作图的证明，那时他年仅19岁。

　　在高斯的故乡布伦瑞克，有一座高斯的纪念碑，是一块正十七边形的棱柱，用以纪念他青年时代的数学成就。

　　1989年，第30届国际奥林匹克数学竞赛在高斯曾执教的哥廷根大学举行，也是用他的正十七边形作为会徽，以示纪念。

　　高斯的正十七边形尺规作图法后来被法国数学家塞雷简化，但仍较繁复。上面介绍的是1893年英国数学家里士满进一步简化的尺规作图法。

多边形结

　　将一根纸条打一个普通的结，拉紧、压平后就出现了一个正五边形。正六边形、正七边形、正八边形以至更多的正多边形，也能用打结的方式折成。奇数边形用一根纸条，偶数边形用两根纸条。

几何分割

几何图形的分割剪拼与人们日常生活关系密切。将一块或几块形状不合要求的材料通过巧妙的分割，拼合成合适形状的成品，具有实用价值。解决问解的过程，既动脑又动手，还会给你带来成功的愉悦。

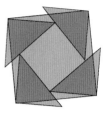

古老的问题

"把三个相等的正方形剪拼成一个正方形"是一个古老的数学问题。第一个解决它的人是 10 世纪阿拉伯数学家阿布·维法，他将两个正方形对角分开，拼在另一正方形四周，再按图切割成四小块，拼在旁边。这样就可剪拼成一个大正方形。

维法的分割方法虽然简单，但是分割成九块，块数太多。直到 20 世纪初，英国数学家杜德尼（1857~1930）重新研究这个问题，发现只要分割成六块，便可拼成一个大正方形。这个最佳方案的纪录至今仍旧保持着。

阿布·维法分割法

多个方块剪拼成正方形

我们把上面这个古老的问题扩展开来，看看从 2 个到 10 个相等正方形剪拼成大正方形的情况。

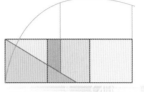

3 个正方形　　杜德尼分割法

2 个正方形

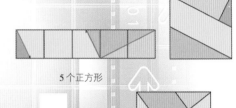

5 个正方形

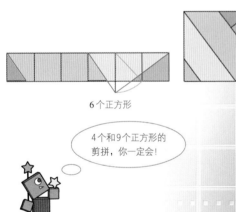

6 个正方形

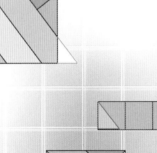

4 个和 9 个正方形的剪拼，你一定会！

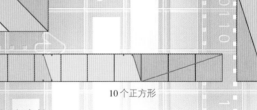

7 个正方形

8 个正方形

10 个正方形

多个方块组成的长方形，看来都能剪拼成正方形。那么任意长宽的长方形能不能剪拼成正方形呢？长为 a、宽为 b 的长方形面积为 ab，那么与其等积的正方形的边长应为 $\sqrt{ab}$。

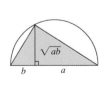

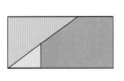

看来任意的长方形都能剪拼成正方形。

动手 合并剪拼
Start work

两个不同大小的正方形，能不能合并剪拼成一个正方形呢？勾股定理及其证明方法，恰是很好的答复。

请按照下图动手做做，说说剪拼的方法。

多边形剪拼成正方形

德国数学家希尔伯特（1862~1943）第一个证明了这样一个有趣的定理：任何一个多边形都可以分割成有限块，并能拼合成面积相等的另一种多边形。下面我们举几个由正多边形剪拼成正方形的例子。

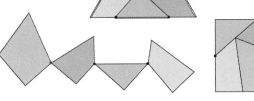

正三角形剪拼成正方形

英国数学家杜德尼有一个著名的带铰链的拼块，他把正三角形分割成四块，并在三个连接点处装上铰链，这些拼块很容易拼合成正方形，反之，正方形也可变回正三角形。

正五边形剪拼成正方形

正五边形的剪拼先后出现了两个方案，一个分割成 7 块，一个分割成 6 块，看来数学家们追求以最少的块数，创造最佳的剪拼纪录。

正八边形剪拼成正方形

澳大利亚数学家林格伦是研究几何分割的专家，他运用"镶嵌法"，在正八边形之间嵌入小正方形，按色线分割，很明显，一个正八边形便可拼成正方形。这里还有一个八角形剪拼成正方形的例子。

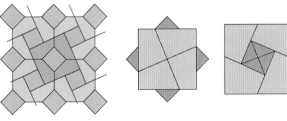

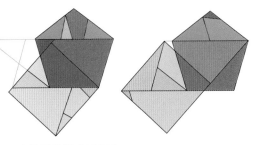

正六边形剪拼成正方形

这里的正六边形剪拼成正方形，六角形剪拼成正三角形，三个小六角星剪拼成大六角星，都是林格伦创造的"纪录"。

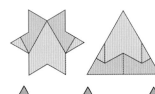

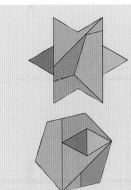

这个六角星剪拼成正六边形，是吉尔逊的杰作。

希腊十字形的剪拼

在欧洲，五个相等正方形组成的十字形，称为希腊十字形。

林格伦在这个希腊十字形上也创造了几个最佳纪录。尤其是把正十二边形剪拼成希腊十字形，对称巧妙至极。他还想出运用多种方法把希腊十字形剪拼成一个正方形，或两个小希腊十字形。

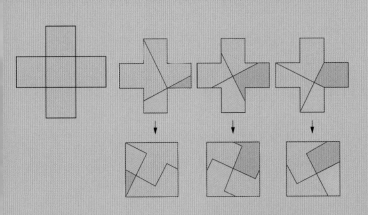

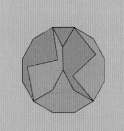
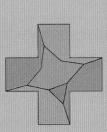

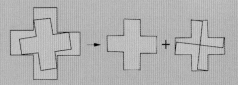

几何分割的世界纪录

几何分割问题之所以能引起数学家和爱解难题的人的兴趣，其中原因很多，除了它和人们的生产、生活密切相关外，还有以下两个原因：一是几何分割没有现成的章法可循，完全靠直觉和想象力，同时这些问题牵涉到的数学专业知识较少，业余爱好者的成绩可能超过数学专家；二是图形分割后，并不能证明其分割的块数是最少的，所以有些保持长久的纪录随时可能被新的、更巧妙的拼剪方法所打破。

这里是几何分割问题的世界纪录，每一方格内的数字表示两种几何图形转换剪拼块数的最佳纪录。空白位置表示尚未有纪录。你想不想尝试一下，是打破纪录，还是填补空白？

	正三角形	正方形	正五边形	正六边形	正七边形	正八边形	正九边形	正十边形	正十二边形	希腊十字形	正五角星
正方形	4										
正五边形	6	6									
正六边形	5	5	7								
正七边形	9	9	11	11							
正八边形	8	5	9		13						
正九边形	9	12		14							
正十边形	8	8	10	9	13	12					
正十二边形	8	6		6							
希腊十字形	5	4	7	7	12	9		10	6		
正五角星	9	8		10				6			
正六角星	5	5	8	7	11	9		9	10	8	

分割相似图形

有趣的是，有些几何图形通过分割可以复制出一些小的相似图形，而且这种分割复制还能一直进行下去，以至无穷。

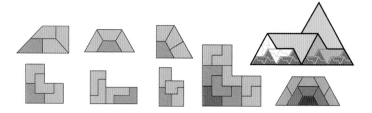

小丑考国王

在古代马其顿宫中，小丑正和国王玩一个几何分割的游戏，小丑已将一个四边形的纸板分成5部分，请国王把它们拼成右边的5个图。你也可以用纸板画好剪下，试着拼一拼。

几何折纸

结合几何分割问题，下面我们动动手，学习几何折纸。

用一张纸折出一个正方形，这大家都会。而用折纸的方法能折出其他正多边形吗？印度数学家顺塔拉·罗于1893年写的《折纸几何练习》一书中解答了这个问题。这里举几个简单的例子。

1. 折正三角形

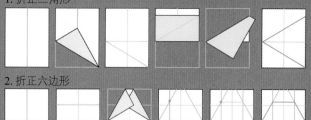

2. 折正六边形

3. 折正八边形

4. 折黄金矩形

5. 折正五边形

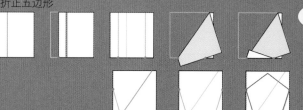

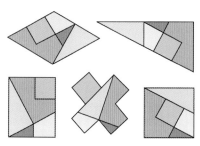

把下列图形分别分割成两个全等的图形。

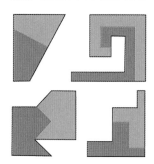

我最喜爱折纸！

几何装饰

几何装饰，是以几何图形的排列和组合来体现形式美，几何装饰广泛应用于图案的设计、工艺的造型、绘画的构图……

几何装饰的产生

几何装饰在原始的装饰中就占有非常显著的地位。新石器时代的陶器上，几何装饰图案已经相当丰富。然而先于陶器艺术的是编织，因此，几何图案受到了编织的影响。另外，现实中的生物具象图形也逐渐演变、简化，而构成几何图案。

早期人类的审美观念就已建立，他们熟练地运用对称、连续、反复、节奏等形式美法则，创造了许多带有抽象性艺术语言的几何装饰。

陶器

几何装饰的构成

几何单独图案

运用几何图形，构成完整的图案，常见的有同心式、辐射式、回旋式、涡线式、盘结式等。

几何二方连续图案

采用一个或几个几何图案作为纹样，作左右或上下的反复连续排列。

漆器

几何四方连续图案

将几何图案纹样向上下左右四方反复连续排列。

几何装饰的美感

几何装饰的美学意义，首先是和谐之美，由和谐美又派生出对称美、连续美和抽象美。这四种审美对于几何图形而言，既是各自存在的，又是相互联系的。

青铜器

我国少数民族几何装饰

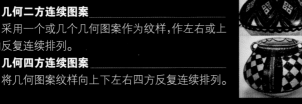

| 彝族 | 土族 | 满族 | 苗族 | 土家族 |

羌族

亚洲几何装饰　　非洲几何装饰　　欧洲几何装饰　　美洲几何装饰　　大洋洲几何装饰

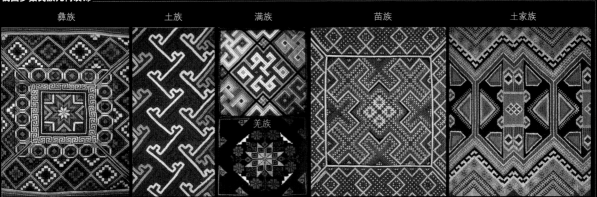

铺满平面

大到市民广场，小到家居装修，都常铺设地砖、瓷砖来加以美化。

为了使装饰别致，地砖、瓷砖的形状已不是单一的正方形，而是形形色色的几何图形。

这里我们先研究用同一规格的图形无缝隙、无重叠地铺满平面的问题。

正多边形都行吗

常用的地砖、瓷砖大多是正方形、长方形，而其他正多边形中也只有正三角形、正六边形可以铺满平面。道理很简单，看下图便一目了然。

用同一规格的正多边形地砖、瓷砖铺出的平面图案虽然简单，但是如果利用不同颜色交错排列，仍然能够组成很美丽的图案。

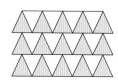

任意三角形、四边形可铺满

用同一规格的任意三角形、任意四边形都可以分别铺满平面。

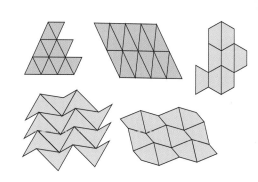

任意五边形可以吗

同一规格的任意五边形是很难实现铺满平面的，但仍然有一些特殊的五边形也能铺满平面。下面介绍的是 1978 年美国数学家沙特斯奈德所发现的 13 种特定的五边形。

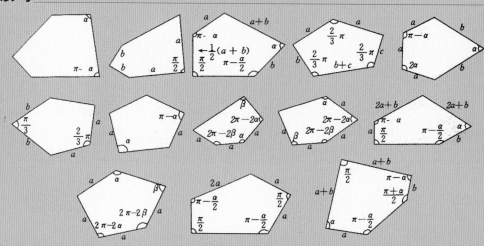

这里有 9 种类型的五边形，看看它们铺满平面的情况。

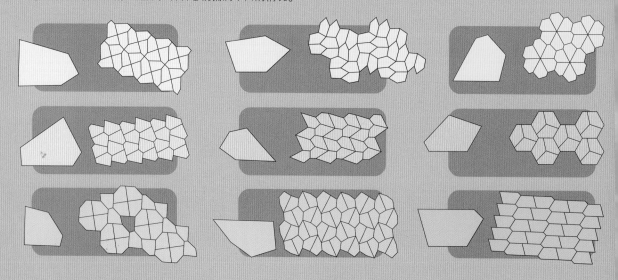

任意六边形可以吗

　　同一规格的任意六边形也是很难铺满平面的。数学家莱因哈托在1918年发现了3种特定的六边形能满足这一要求。

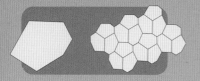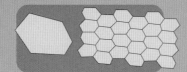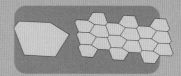

其他图形可以吗

　　用同一规格的图形来铺满平面，我们还可以发现和创作一些非规则的几何图形或自然图形，也能满足要求。这些非规则几何图形也是由几何图形切割拼成的。

 看图就会拼。

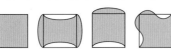

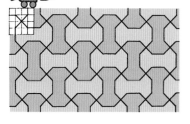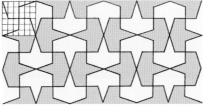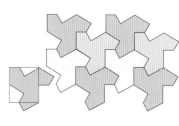

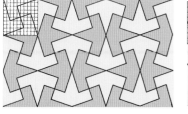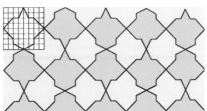

砖头砌墙铺地图案

欣赏 Appreciate　　在公园里经常看到用砖头铺设的路面，相同的砖头可以铺出不同的几何图案。同样，用砖头砌墙贴面也可以砌出各种几何图案，用上不同颜色的砖头，图案就更加美妙了。

自己设计图形

看了上面不规则图形的举例以后，你是不是也想设计一种不规则图形，用它来铺满平面？

初看上去，这种图形很难画出，但只要掌握规律，自己也能创作。

1. 以正六边形为基础的头像。在三边各切割一个三角形，然后把它们分别添加到对边去，便构成了少女头像。

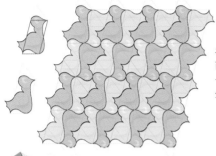

2. 以平行四边形为基础的小鸟。在下边切割一弧形，平移到上边，左右两长边取中点，分别在上半部分切割一块图形，旋转180°，添加到下半部分，这样便剪贴出一只小鸟。

3. 以正方形为基础的儿童形象。具体作法，请看图白己分析。

参照这里的方法，设计一个完美的能铺满平面的图形不难吧！自己动手做做看。

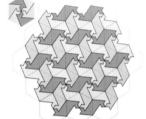

玛乔莉的作品

美国业余数学爱好者玛乔莉十分崇拜加德纳、埃舍尔，这是她创作的作品《鱼》和《木槿花》。

广角 **开罗镶嵌**
Wide-angle

在埃及开罗的街头和伊斯兰建筑的装饰中，经常用一些特殊的五边形来铺满平面。它们都是由半个正六边形和一个三角形组成，其中一个是正三角形，另一个是顶角为120°的等腰三角形。

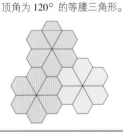 

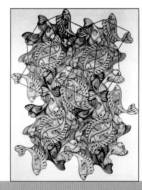 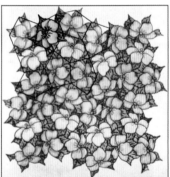

埃舍尔的奇作

具有数学天才的荷兰画家埃舍尔，在20世纪四五十年代创作了许多用单一的精美图形铺满平面的图案奇作，作品中的具象图形不论是鱼、彩蝶、还是骑士，都是那么严谨、生动，真可谓鬼斧神工，妙手天成，令人由衷地敬佩。

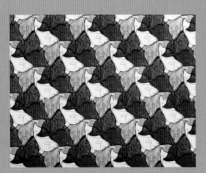  

平面镶嵌

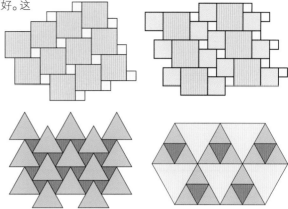

　　用单一规格的地砖、瓷砖铺满平面，这在建筑装饰中是司空见惯的。然而一些豪华精致的装饰，常常使用多种规格、不同大小的材料来铺满平面或覆盖平面，就像许多珍宝镶嵌在一起，效果当然更好。这里我们不妨把这种更美观的拼嵌，称为平面镶嵌。

简单的平面镶嵌

　　使用相同种类、不同大小的正多边形来进行平面镶嵌，虽然是一种简单的设计方案，但设计时，考虑好大小的选择、色彩的搭配和构图的安排，同样能产生优美的效果。

平面镶嵌的结构

　　为了系统地研究使用不同种类的正多边形进行平面镶嵌的问题，我们从平面上每一个顶点围绕着若干个正多边形的结构，来看看平面镶嵌有多少不同的类型。

1. 每一顶点围绕着三个正多边形

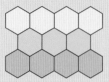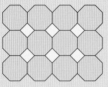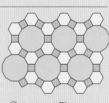

　　①6、6、6型　　②4、8、8型　　③3、12、12型　　④4、6、12型

2. 每一顶点围绕着四个正多边形

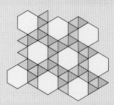

3. 每一顶点围绕着五个正多边形

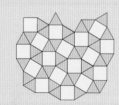

　　⑤4、4、4、4型　　⑥3、6、3、6型　　⑦3、4、6、4型

　　⑧3、3、3、3、6型　　⑨3、3、3、4、4型　　⑩3、3、4、3、4型

4. 每个顶点围绕着六个正多边形

　　⑪　3、3、3、3、3、3型

　　以上11种是平面镶嵌中的基本结构，当然其中含有单一种类的①、⑤、⑪三种。

变化了的结构

　　我们将有些基本结构适当加以变化，又能组成新的排列形式。

　　例如，我们把⑥3、6、3、6型的横向平移一个单位，便构成了另一种新形式。

　　又如，我们把⑦3、4、6、4型的基本单元的排列稍加改动，便形成了A、B、C、D、E五种新形式，将它们或两两组合，或全部组合，便能构成不同的新图案。

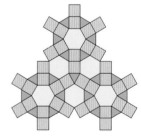

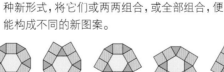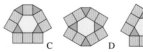

　　A　　　B　　　C　　　D　　　E

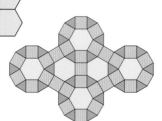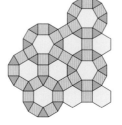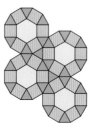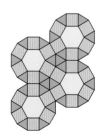

再如，我们把⑨3、3、3、4、4型与⑩3、3、4、3、4型加以组合，便又构成不同的新图案。

如果我们把前述的几种不同类型综合起来，还将构成许许多多的新的图案。

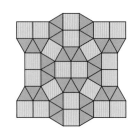
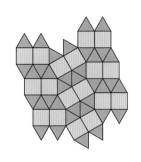
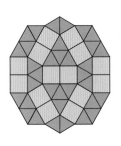

特殊的结构

以上所述都是若干个正多边形组合的平面镶嵌。如果我们放宽限制，开拓思路，那么平面镶嵌便会更加丰富多彩。

准正多边形平面镶嵌

如果让你用正四、五、六、七、八边形组成一个平面镶嵌，你肯定做不到。如果适当放宽限制，允许正多边形的角度稍作调整，便能组成优美的图案。从下面具有伊斯兰风格的图案中，我们可以受到启迪。

带铰链的平面镶嵌

如果我们把某些平面镶嵌中的正多边形的顶点处装上铰链，那这些正多边形的图块便能像下图那样拉开或闭合。如果我们在拉开时露出的平行四边形空隙里，镶嵌上相应形状的图块，便可形成新的图案。

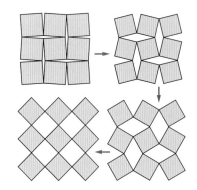

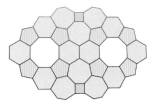

填空隙的平面镶嵌

单一的正五边形是不能铺满平面的，如果我们允许在其中添嵌一些小图块，照样可以用它们镶嵌成或对称或有序的图案。利用这个思路，我们可在正六边形之间添嵌星形图块，也可镶嵌成美丽有序的图案。

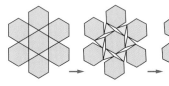
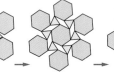
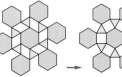

这些是将⑥3、6、3、6型结构的图形装上铰链，任意拉动，形成的多种新图案。

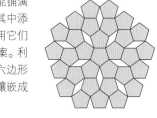
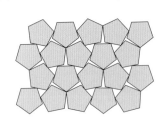
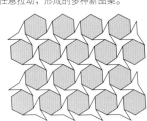

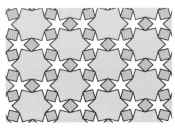
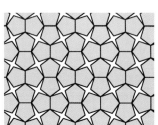

彭罗斯拼板

不论是单一地砖的铺满平面，还是多种瓷砖的平面镶嵌，都是以一定规则的重复而铺镶，这称为匀称周期性铺镶。数学家们都在探索，找出一些特殊形状的拼板，来构成与前者相反的非周期性铺镶。

菱形拼版

1974年，英国数学家彭罗斯发现了只用两块拼板就能进行平面的非周期性铺镶。这种拼板的一组是由两个角度不同的菱形组成，它们分别为72°、108°与36°、144°，由于边长均相等，它们很容易构成非周期铺镶。

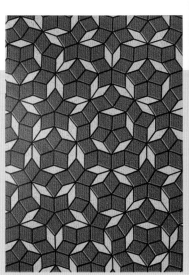

飞镖和风筝

彭罗斯的另一组拼版是由两块四边形构成一个菱形,边长之间成黄金比0.618,按形状分别命名为"飞镖"和"风筝"。用几块拼板可以拼嵌出以下多种组合图案。只要连续拼嵌,就能构成非周期性铺镶。如果我们简单地用"飞镖"和"风筝"构成的菱形重复拼嵌,也能形成匀称周期铺镶。

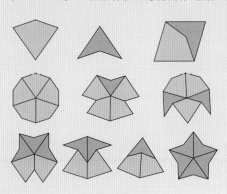

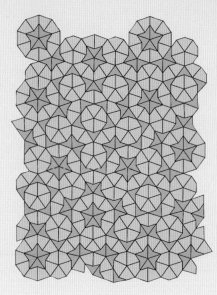

地砖铺设图案

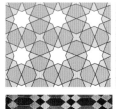

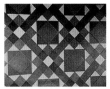

埃舍尔镶嵌图案

荷兰画家埃舍尔对平面镶嵌图案特别感兴趣,他不仅发现了镶嵌图案17种平面对称群,还发现了颜色在其间的作用,使数学家也为之惊奇。不论是白色天使和黑色魔鬼,黑白飞鸟,红色的鸟和白色的鱼,还是金鱼、蓝鸟与红龟,都毫无间隙地镶嵌起来,产生了赏心悦目的效果。

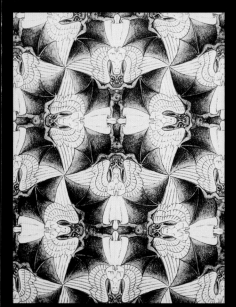

几何窗格

古老的中外建筑中，有许多值得品味的建筑装饰。譬如建筑中窗格的装饰，在极其丰富的奇妙图案中，蕴藏着大量的几何图形。

中国明清建筑中的窗格

世界文明古国的建筑文化，大多以石建筑为主，唯独中国的古代建筑艺术以木建筑见长。目前遗存的明清古建筑中，木质门窗精致的图案与雕刻，形象地显示了中华文明的内涵和精神。

木质窗格是用木条以榫卯结构组合的线条构成图案，是木建筑中的重要装饰之一。榫接卯连的形式非常丰富，结构也十分复杂，根据建筑的需要构建成不同风格的精美几何图案及自然纹样。

水浪纹窗，是由翻卷的波浪构成的。

流动的水纹，组成**水波纹窗**，借水纹辟邪，祈求平安。

亚字格窗，上下两部分是两种不同的亚字图案。

横平竖直的线条构成最基本的**横直格窗**。

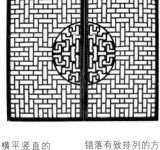

错落有致排列的方形和矩形，组成了**和合窗**的图案。

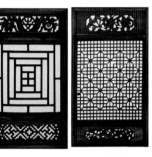

田字格窗和**米字格窗**，田地、粮食在古代是财富的象征。

一根藤窗，只有一根长藤，便可攀满全窗。

冰裂纹窗，阳刚的直线展示自然的冰裂纹。

冰裂纹蜂巢窗，六边形的蜂巢纹再加上冰裂纹。

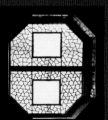

推窗观景，窗格的线条图案与自然景观相映成趣。

外国建筑中的窗格

外国著名的古代建筑中，宗教建筑占有相当大的比重。建筑师和艺术家们把对宗教的虔诚，表达在宗教建筑的装饰上。

无论是建筑结构，还是从门廊、窗户、地砖、栅栏的装饰等各个方面，都能看到他们的艺术成果。

一旦走进教堂，首先吸引人们眼球的几何图形便是建筑物的拱顶与窗户。高耸的尖拱，宽大的窗户，美丽的窗格，显示着宗教的神圣。

13 世纪哥特式建筑风格的教堂，尽显华丽装饰的特色。拱顶下方是神奇的曲线状窗花。

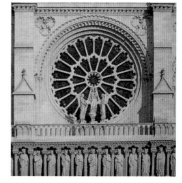

蔷薇形圆花窗是哥特式建筑的另一个亮点。

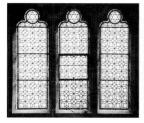 

平板玻璃中嵌入铅条组织的图案，使窗户更加丰富多彩。右图上方是彩色玻璃的圆形图案，下方配置画有圣经故事的花窗。

伊斯兰艺术在建筑中的显著特点是广泛地应用几何图案。利用交织的带子制造图案，也是伊斯兰艺术中常用的技巧。

 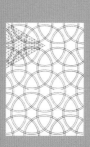  

金属格窗的这两幅图案，完全由圆形组成，它们的比例则完全由正三角形网格的坐标纸推导而得。

 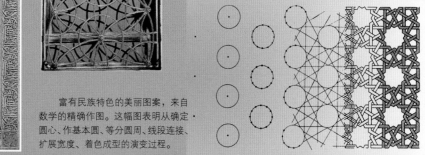

富有民族特色的美丽图案，来自数学的精确作图。这幅图表明从确定圆心、作基本圆、等分圆周、线段连接、扩展宽度、着色成型的演变过程。

完美正方形

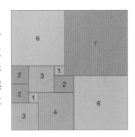

人们喜爱追求完美，但美好的愿望最终成为完美的结局却不总是一帆风顺的。数学上便有一个历经艰辛寻求完美正方形的例子。

如果一个大正方形能够分成有限个大小各不相同的正方形，且彼此互不重叠也无空隙，那么就称这个大正方形为完美正方形。

久远的故事

分割正方形，构成完美正方形的美好愿望由来久远。14世纪，英国诗人乔叟的名著中就有这样一个故事：美丽的伊丽莎白小姐向众求婚者出了一道难题：要在正方形的礼盒里，除装入一根黄金尺条外，其余部分要用大小不一的各种珍贵的正方形木块镶满。许多求婚者知难而退，一位聪明的王子成功解出，终于赢得了姑娘的芳心。

不够完美的尝试

16世纪，意大利数学家塔尔塔利亚对完美正方形作过探索，他把 13×13 的正方形中分割成11个小正方形，遗憾的是其中有几个大小相同，不够完美。

完美矩形

很多人努力探索，都没有寻找到完美正方形，仿佛这个想法不太可能，数学家们转而研究完美矩形。

1925年，波兰数学家莫伦就研究过一种把矩形分割成大小不相同的正方形的方法，并且作出了 9 阶、10 阶两个完美矩形。后来许多数学家都在研究，并借助计算机给出了全部 9~15 阶完美矩形，共 3663 个。其中 9 个阶有 2 个，10 个阶有 6 个。

后来，一位不知名的学者想用边长是 1~24 的正方形去拼装一个 70×70 的大正方形，遗憾的是一块边长是 7 的正方形怎么也装不进去。同样有趣的是，留下的缝隙正好也是 7 处。

此后，还有人尝试过用11块正方形拼成一个大"正方形"，遗憾的是这个大"正方形"是 176×177，两边就差一点点，真可惜。

完美矩形 **9**阶　　完美矩形 **10**阶

学生们的探索

1938年，英国剑桥大学布鲁克斯等四位学生聚集在一起，决心探索这颇为有趣的"完美正方形"难题。

1939年，德国数学家斯普拉格作出第一个 55 阶完美正方形。几个月后，学生们终于作出了一个 28 阶完美正方形，这比前一个要小巧得多。青年学生的创造潜力不可估量。

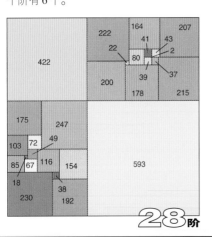

28阶

最小的完美正方形

1948年、1967年，数学家们又分别作出了24阶、25阶完美正方形。1978年，荷兰数学家杜伊维斯廷作出一个21阶完美正方形，它是目前唯一的、阶数最低的完美正方形。同时，他还证明了低于21阶的完美正方形不存在。

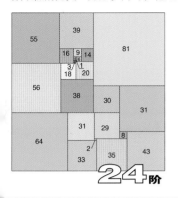

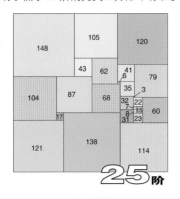

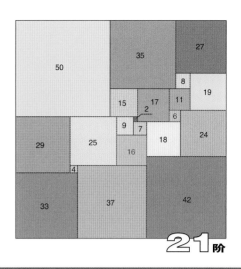

拟完美正方形

降低对完美的要求，允许规格相同的小正方块不多于3块，我们把它称为拟完美正方形。前面提到的塔尔塔利亚正方形便是最小的拟完美正方形。

下面我们再做一个拟完美正方形的加法。如何将一个14块12×12拟完美正方形，加上1块5×5的正方形，拼成一个大的15块13×13拟完美正方形。

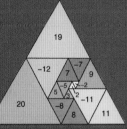

其他完美图形

人们研究了完美正方形之后，自然会想到有没有其他完美图形，比如正三角形、平行四边形等。虽费尽努力，结果仍然令人大失所望，其他的完美图形均不存在。人们在降低要求的情况下，好不容易找到了一个半完美三角形。（把其中倒置的三角形与正放的三角形均视为不同的图形）

如果放宽限制条件，允许有相同规格的，但规格种类不少于4种，我们又可以找到一些拟完美正三角形，最小的是10块，还有三种11块的，有趣的是它们的边长也都是11。

仿照完美正方形的做法，能不能用若干个不同的立方块拼出一个完美立方体呢？答案仍然令人失望。数学家通过反证法证明了完美立方体不存在。

拟完美"数学"方块字

思考 Think

这里的"数学"两字是在44×44的大正方形里，分别用40块、30块四五种不同大小的正方形（3、4、6、7、8、9、10）组成的方块字。两个字的实际面积基本相等，但仔细测算，相差只有2.6%，究竟哪个字大一点点呢？你猜猜看！（A."数"大　B."学"大）

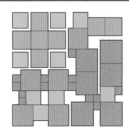

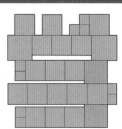

黄金分割

人们喜爱五角星，它美的奥秘在哪里？名画《蒙娜丽莎》除了永恒的微笑，还有什么神秘的美妙？人的体温37℃与最适宜的气温23℃之间有什么关联？……这些都与"黄金分割"有着密不可分的联系。

黄金分割的起源

2000多年前，古希腊有位数字家，名叫毕达哥拉斯。他带领一些人组成一个学派，每次学术聚会都秘密进行。

原来，他们把五角星当做最神圣的派徽。他们为什么崇拜五角星呢？除了五角星外形美之外，图形中还藏着一个神秘的数字0.618。

0.618，这个比例数就是我们常说的"黄金分割数"。

这个分割的实质，就是将一条线段分割成两段，使小段：大段＝大段：全段＝0.618。

I：II ＝ 0.618
II：III ＝ 0.618

古希腊的雅典卫城有座巴特农神殿，它的正立面的高与长之比，也是0.618。 具有这一比例的矩形，称做"黄金矩形"。

建筑中的黄金分割

"黄金分割是最美的分割"，这个观点一直影响着东西方古今建筑。例如：中国的太和殿、天坛，印度的泰姬陵，法国的巴黎圣母院……这些世人瞩目的建筑中，都蕴藏着0.618。

太和殿

天坛

巴黎圣母院的整个结构，就是按照黄金分割的比例建造的。它的正立面的宽度与高度的比，以及许多建筑构面和窗户的长宽之比，都近似于黄金分割数。

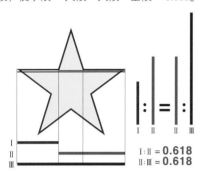

泰姬陵

巴黎
圣母院

人体比例中的黄金分割

0.618这一个重要数值，被中世纪学者、艺术家誉为"黄金比例"。

达·芬奇广泛研究了人类身体的各种比例。1509年，他为数学家帕西欧里《神奇的比例》一书作插图，把人体与几何中最美丽又简单的图形圆和正方形联系到一起，并画出若干个黄金比例。

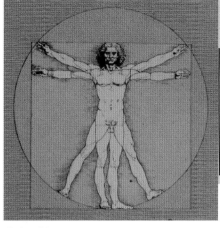

达·芬奇人体素描稿中的黄金比例

$1:2=2:3=4:5=5:6=6:7=0.618$
$8:9=9:10=10:11=11:12=0.618$
$13:14=14:15=15:16=16:17=0.618$

黄金比例

意大利数学家艾披斯研究了黄金比例,找出了一些人体的黄金比例分割点:

1. 人的肚脐是人体长的黄金比例分割点。
2. 肘关节是人上肢的黄金比例分割点。
3. 咽喉是人肚脐以上部分的黄金比例分割点。
4. 膝盖是人肚脐以下部分的黄金比例分割点。

0.618

《蒙娜丽莎》

达·芬奇的著名油画《蒙娜丽莎》除了留给我们那神秘的"永恒的微笑"，还多处运用了黄金比例来构图，使得这幅油画成为具有经典美感的传世名作。

达·芬奇的这两幅著名的女性肖像也都符合黄金分割的比例。

《蒙娜丽莎》 达·芬奇

古希腊雕塑

欣赏古希腊的著名雕塑《维纳斯》《阿波罗》等作品。这些优美的人体都是符合0.618这个黄金比例的。

我们对油画《维纳斯的诞生》进行分析，在维纳斯身上就可以发现有七个黄金比例。

芭蕾舞演员

人体美也用上了黄金分割这个比例，当然一般人的身材远达不到这一黄金比例之美，即使苗条的芭蕾舞演员，下身与身高之比也只有0.58，人们用穿芭蕾鞋，跳脚尖舞，来增加腿长，以接近0.618。

0.618 《维纳斯》 0.618 《阿波罗》

《维纳斯的诞生》波提切利

黄金矩形

黄金比例是人们认为最美的比例，它典雅、端庄、温和而又高贵。按照黄金比例构成的矩形，称为黄金矩形，是人们喜爱的优美图形。

矩形选美

19、20世纪之交，一些德国心理学家研究人们对不同比例的矩形的偏好。1876年，费希纳找了许多人进行调查，他画了10种矩形，请人们在不同的矩形中选美。费希纳根据调查统计结果，绘成柱形统计图。从图中我们可以清楚地看出，1：0.618的黄金矩形是人们最喜爱的矩形。如果长与宽取整数比，有4种矩形可同时获得最美矩形的称号，它们是5：8，8：13，13：21，21：34。

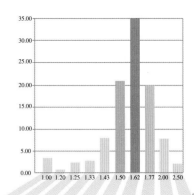

1：1　6：5　5：4　4：3　10：7　3：2　1:0.618　23：13　2：1　5

动手 Start work

黄金矩形画法

先画一个正方形，按照紫、蓝、绿色的作图顺序，便能画出黄金矩形。

黄金矩形动态分割

以相似的方法不断分割一个黄金矩形，画出不同的对角线、垂直线和水平线，便会形成一系列的具有相同比例的和谐图形。

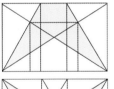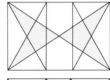
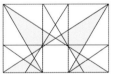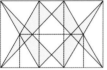

欣赏 Appreciate

经典油画构图

请欣赏运用黄金矩形、双黄金矩形和$\sqrt{2}$矩形动态分割进行构图的西方经典油画。

你能区分这三种不同的构图吗？

黄金矩形无限分割

黄金矩形可以分割成一个正方形和一个较小的黄金矩形，而且这种分割可以无限继续下去，产生许多更小的正方形和黄金矩形。

分割后的黄金矩形，在大小不同的正方形内各画一个1/4圆弧，便得到了黄金螺线。如果在这些正方形中，连接其对角线，则成为折线型的螺线。

在正方形中进行黄金矩形分割，也可以画出正方形的螺线。

根号矩形的画法

先画一个正方形，用它的对角线作弧，便能画出$\sqrt{2}$矩形；再按矩形的对角线作弧，便能依次画出$\sqrt{3}$矩形，$\sqrt{4}$矩形，$\sqrt{5}$矩形……

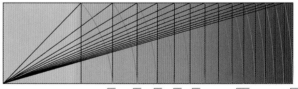

$\sqrt{2}$　$\sqrt{3}$　$\sqrt{4}$　$\sqrt{5}$　$\sqrt{6}$　…　$\sqrt{10}$　…　$\sqrt{15}$

根号矩形的分割

根号矩形也可以既能被横向分割，又能被纵向分割。

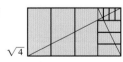
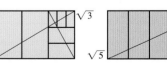

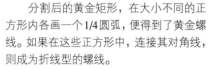

比例与数列

比例线段与相似图形

如果几条线段的比等于另外几条线段的比，那么这些线段叫做比例线段。

由比例线段组成的两个形状相同、大小不同的图形，叫做相似图形。

数列

按照一定次序排列的一列数，叫数列。具有代表性的数列有：

等差数列

1，4，7，10，13，16，19，22，…

等比数列

1，2，4，8，16，32，64，128，…

斐波那契数列

1，1，2，3，5，8，13，21，34，55，89，…

调和数列

$1, \frac{1}{2}, \frac{1}{3}, \frac{1}{4}, \frac{1}{5}, \frac{1}{6}, \frac{1}{7}, \frac{1}{8}, \frac{1}{9}, \frac{1}{10}, \cdots$

比例的基本性质

若 $\frac{a}{b} = \frac{c}{d}$ ，则 $ad=bc$ ，$\frac{a+b}{b} = \frac{c+d}{d}$ （合比定理），

$\frac{b}{a} = \frac{d}{c}$ （反比定理），$\frac{a-b}{b} = \frac{c-d}{d}$ （分比定理），

$\frac{a}{c} = \frac{b}{d}$ （更比定理），$\frac{a+b}{a-b} = \frac{c+d}{c-d}$ （合分比定理），

若 $\frac{a}{b} = \frac{c}{d} = \frac{e}{f}$ ，则 $\frac{a+c+e}{b+d+f} = \frac{a}{b}$ （等比定理）。

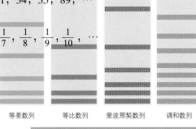

等差数列　　等比数列　　斐波那契数列　　调和数列

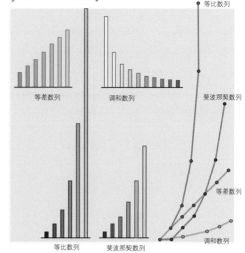

等差数列　　调和数列　　等比数列

等比数列　　斐波那契数列　　等差数列　　调和数列

√2 矩形的分割与应用

$\sqrt{2}$ 矩形具有特殊的性质，它能被无限分割成更小的等比矩形。因此，它被应用到印刷纸张标准体系中。根据 $\sqrt{2}$ 矩形，可以对纸张进行标准分割，最大限度地利用纸张，毫不浪费。

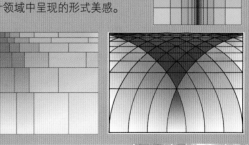

美的分割

利用比例和数列的规律进行图形的分割，形成富有节奏感的构图，体现了数学美在设计领域中呈现的形式美感。

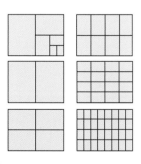

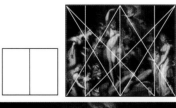

图形数

古希腊数学家毕达哥拉斯爱用小石子排列成正三角形、正方形、正五边形等美丽的图形，并研究其规律，由此而发现了级数。以后的一些大数学家们对此也很感兴趣，并作过探索，为什么呢？因为这种图形数既有数，又有形，既形象直观，又便于逻辑思维。

三角形数

排成正三角形的数，是 n 个自然数的和。

$$\text{T}_n = 1 + 2 + 3 + 4 + 5 + \cdots + n = \frac{1}{2}n(n+1)$$

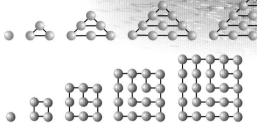

正方形数

排成正方形的数，是 n 个奇数的和。

$$\text{S}_n = 1 + 3 + 5 + 7 + 9 + \cdots + (2n-1) = n^2$$

长方形数

排成长方形的数，是 n 个偶数的和。

$$\text{R}_n = 2 + 4 + 6 + 8 + 10 + \cdots + 2n = n(n+1)$$

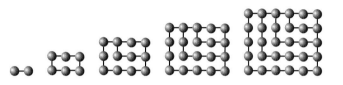

图形数的关系

1. 2 个三角形数 = 长方形数。

$$2\,\text{T}_5 = \text{R}_5 \quad 2\,\text{T}_n = \text{R}_n$$

2. 2 个相邻的三角形数之和 = 正方形数。

$$\text{T}_4 + \text{T}_5 = \text{S}_5 \quad \text{T}_{n-1} + \text{T}_n = \text{S}_n$$

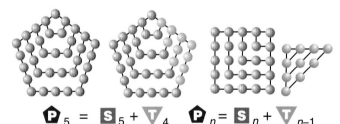

五边形数

把五边形数稍加变化，就不难看出它与三角形数、正方形数的关系。

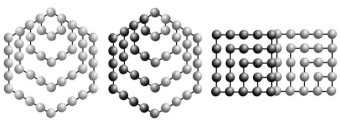

$$\text{P}_5 = \text{S}_5 + \text{T}_4 \quad \text{P}_n = \text{S}_n + \text{T}_{n-1}$$

三棱锥数、四棱锥数

人们不仅研究把点排列在平面上的多边形数，而且还研究把点排列在空间的锥形数。

$$\text{T}_1 + \text{T}_2 + \cdots + \text{T}_n = \frac{1}{6}n(n+1)(n+2)$$

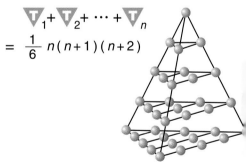

六边形数

把六边形数稍加变化，就不难看出它与两个正方形数之间的关系。

$$\text{S}_1 + \text{S}_2 + \cdots + \text{S}_n = \frac{1}{6}n(n+1)(2n+1)$$

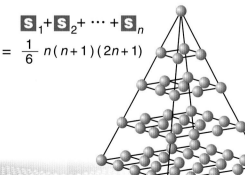

$$\text{H}_5 = \text{S}_5 + \text{S}_5 - 5 = 2\,\text{S}_5 - 5$$

$$\text{H}_n = 2\,\text{S}_n - n$$

哇！这要比毕达哥拉斯的图形数美上百倍！

20	35
30	55

三角形数之和

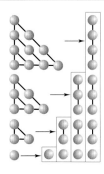 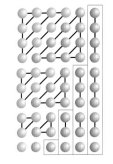 

$$\boxed{\nabla}_1 + \boxed{\nabla}_2 + \boxed{\nabla}_3 + \boxed{\nabla}_4$$

$$3\left(\boxed{\nabla}_1 + \boxed{\nabla}_2 + \boxed{\nabla}_3 + \boxed{\nabla}_4\right) = (4+2)\,\boxed{\nabla}_4 = 6\,\boxed{\nabla}_4$$

$$3\left(\boxed{\nabla}_1 + \boxed{\nabla}_2 + \cdots + \boxed{\nabla}_n\right) = (n+2)\,\boxed{\nabla}_n$$

$$\boxed{\nabla}_1 + \boxed{\nabla}_2 + \cdots + \boxed{\nabla}_n = \frac{1}{6}\,n(n+1)(n+2)$$

正方形数之和

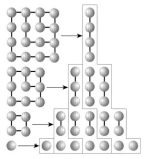 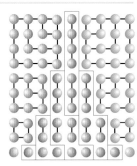 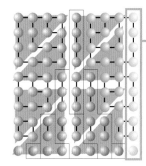

$$\boxed{S}_1 + \boxed{S}_2 + \boxed{S}_3 + \boxed{S}_4$$

$$3\left(\boxed{S}_1 + \boxed{S}_2 + \boxed{S}_3 + \boxed{S}_4\right) = (2 \times 4 + 1)\,\boxed{\nabla}_4 = 9\,\boxed{\nabla}_4$$

$$3\left(\boxed{S}_1 + \boxed{S}_2 + \cdots + \boxed{S}_n\right) = (2n+1)\,\boxed{\nabla}_n$$

$$\boxed{S}_1 + \boxed{S}_2 + \cdots + \boxed{S}_n = \frac{1}{6}\,n(n+1)(2n+1)$$

杨辉证明正方形数之和

13世纪，中国数学家杨辉用堆积小立方体的方法证明了上述公式。他把1、4、9、16个小立方体堆成三组四角锥体，把三个锥体拼在一块，再把上面凸出来的部分切去一半，拼在凹处，就形成了一个 $4 \times 5 \times 4.5$ 的长方体。

$$3 \times (1+4+9+16) = 4.5 \times 4 \times 5$$

$$3 \times (1^2 + 2^2 + 3^2 + 4^2) = 9 \times \frac{1}{2} \times 4 \times 5$$

$$3\left(\boxed{S}_1 + \boxed{S}_2 + \boxed{S}_3 + \boxed{S}_4\right) = 9\,\boxed{\nabla}_4$$

 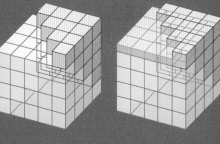

古希腊，数学是从几何学开始的，这是由于几何学与人们的生活密切相关。因此，古希腊人习惯用图形来表述数量之间的关系、设计构思的过程，甚至证明数学公式和定理的过程。

这些不需要语言文字的数学论文，姑且称它们为图说数学论文。

图说数学作图问题

1. 用双边直尺平分一个角。

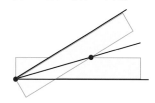

2. 用双边直尺作已知角的二倍角。

3. 用双边直尺把已知线段平分。

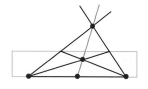

4. 用双边直尺过直线外的一点作直线的垂线。

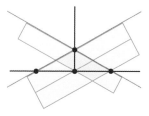

这些邮票上的公式以后你会学到的。

图说数学公式的证明

1. $a(b+c)=ab+ac$

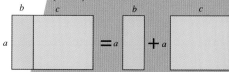

2. $(a+b)(c+d)=ac+bc+ad+bd$

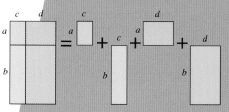

3. $(a+b)^2=a^2+2ab+b^2$

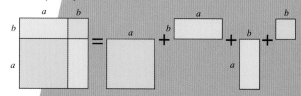

4. $(a+b)^2=(a-b)^2+4ab$

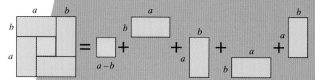

5. $a^2-b^2=(a+b)(a-b)$

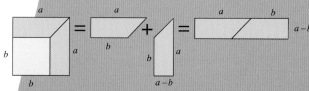

6. $(a-b)^2=a^2-2ab+b^2$

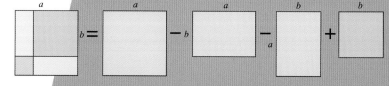

改变世界面貌的十个数学公式（尼加拉瓜于 1971 年发行的纪念邮票）

基本数学公式 1+1=2　　　　　　勾股定理　　　　　　杠杆原理　　　　　　纳皮尔对数　　　　　　万有引力定律

图说数学命题的证明

等内切圆定理

若等高的三角形有相等的内切圆，则组合等高三角形也有另外相等的内切圆。

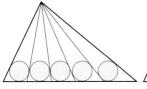
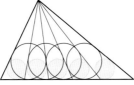

七巧三角形

三角形各边长的 $\frac{1}{3}$ 点与对角顶点连线组成的三角形，其面积是原三角形的 $\frac{1}{7}$。

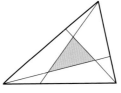
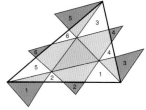

图说数列之和的证明

1. $1^2+2^2+3^2+4^2=\frac{1}{6}(4\times5\times9)$ $\qquad$ $1^2+2^2+\cdots+n^2=\frac{1}{6}n(n+1)(2n+1)$

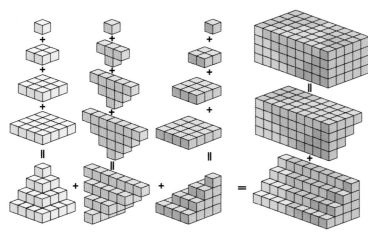

没有文字，不用说明，全凭用方形、方块等拼拼摆摆，便能道出数学的真谛，真妙！

斐波那契数列：1，1，2，3，5，8，13，21，55，89，…

3. $1^2+1^2+2^2+3^2+5^2+8^2=8\times13$

$F_1{}^2+F_2{}^2+\cdots+F_n{}^2=F_nF_{n+1}$

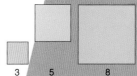
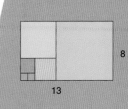

2. $1^3+2^3+3^3=(1+2+3)^2$ $\qquad$ $1^3+2^3+\cdots+n^3=(1+2+\cdots+n)^2$

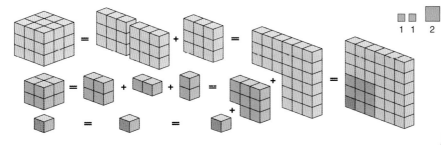

4. $1^3+1^3+2^3+3^3+5^3+8^3+(1\times1\times2)+(1\times2\times3)$
$+(2\times3\times5)+(3\times5\times8)=8^2\times13$

$F_1{}^3+F_2{}^3+\cdots+F_n{}^3+(F_1F_2F_3)+\cdots+(F_{n-2}F_{n-1}F_n)=F_n{}^2F_{n+1}$

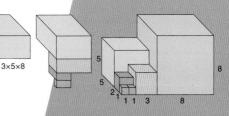

数字宝塔

雄伟壮观、千姿百态的宝塔，是我国古代文明的瑰宝。在数学王国中也有许许多多的"数字宝塔"，令人感到数学的无穷神奇和无比巧妙。

山西应县木塔

数字大宝塔

1 × 1	=	1
11 × 11	=	121
111 × 111	=	12321
1111 × 1111	=	1234321
11111 × 11111	=	123454321
111111 × 111111	=	12345654321
1111111 × 1111111	=	1234567654321
11111111 × 11111111	=	123456787654321
111111111 × 111111111	=	12345678987654321

$1 × 9 + 2 = 11$
$12 × 9 + 3 = 111$
$123 × 9 + 4 = 1111$
$1234 × 9 + 5 = 11111$
$12345 × 9 + 6 = 111111$
$123456 × 9 + 7 = 1111111$
$1234567 × 9 + 8 = 11111111$
$12345678 × 9 + 9 = 111111111$
$123456789 × 9 + 10 = 1111111111$

$9 × 9 + 7 = 88$
$98 × 9 + 6 = 888$
$987 × 9 + 5 = 8888$
$9876 × 9 + 4 = 88888$
$98765 × 9 + 3 = 888888$
$987654 × 9 + 2 = 8888888$
$9876543 × 9 + 1 = 88888888$
$98765432 × 9 + 0 = 888888888$

$1 × 8 + 1 = 9$
$12 × 8 + 2 = 98$
$123 × 8 + 3 = 987$
$1234 × 8 + 4 = 9876$
$12345 × 8 + 5 = 98765$
$123456 × 8 + 6 = 987654$
$1234567 × 8 + 7 = 9876543$
$12345678 × 8 + 8 = 98765432$
$123456789 × 8 + 9 = 987654321$

$1 × 9 + 1 × 2 = 11$
$12 × 18 + 2 × 3 = 222$
$123 × 27 + 3 × 4 = 3333$
$1234 × 36 + 4 × 5 = 44444$
$12345 × 45 + 5 × 6 = 555555$
$123456 × 54 + 6 × 7 = 6666666$
$1234567 × 63 + 7 × 8 = 77777777$
$12345678 × 72 + 8 × 9 = 888888888$
$123456789 × 81 + 9 × 10 = 9999999999$

能延伸的数字宝塔

以上的数字宝塔，由于受十进制的限制，只能造这么多层。不过，还有许多数字宝塔可以无限制地造下去。下面举一些末位数分别为 1~9 各数自乘所构成的数字宝塔。

$1 × 1 = 1$
$91 × 91 = 8281$
$991 × 991 = 982081$
$9991 × 9991 = 99820081$
$99991 × 99991 = 9998200081$

$2 × 2 = 4$
$62 × 62 = 3844$
$662 × 662 = 438244$
$6662 × 6662 = 44382244$
$66662 × 66662 = 4443822244$

$3 × 3 = 9$
$33 × 33 = 1089$
$333 × 333 = 110889$
$3333 × 3333 = 11108889$
$33333 × 33333 = 1111088889$

$4 × 4 = 16$
$34 × 34 = 1156$
$334 × 334 = 111556$
$3334 × 3334 = 11115556$
$33334 × 33334 = 1111155556$

$5 × 5 = 25$
$25 × 25 = 625$
$625 × 625 = 390625$
$90625 × 90625 = 8212890625$
$890625 × 890625 = 793212890625$

$6 × 6 = 36$
$76 × 76 = 5776$
$376 × 376 = 141376$
$9376 × 9376 = 87909376$
$109376 × 109376 = 11963109376$

$7 × 7 = 49$
$67 × 67 = 4489$
$667 × 667 = 444889$
$6667 × 6667 = 44448889$
$66667 × 66667 = 4444488889$

$8 × 8 = 64$
$98 × 98 = 9604$
$998 × 998 = 996004$
$9998 × 9998 = 99960004$
$99998 × 99998 = 9999600004$

$9 × 9 = 81$
$99 × 99 = 9801$
$999 × 999 = 998001$
$9999 × 9999 = 99980001$
$99999 × 99999 = 9999800001$

下面再举一些能无限制延伸的数字宝塔。

北京北海白塔

$7 × 9 = 63$
$77 × 99 = 7623$
$777 × 999 = 776223$
$7777 × 9999 = 77762223$
$77777 × 99999 = 7777622223$

$1 = 1 × 1$
$1 + 2 + 1 = 2 × 2$
$1 + 2 + 3 + 2 + 1 = 3 × 3$
$1 + 2 + 3 + 4 + 3 + 2 + 1 = 4 × 4$
$1 + 2 + 3 + 4 + 5 + 4 + 3 + 2 + 1 = 5 × 5$
$1 + 2 + 3 + 4 + 5 + 6 + 5 + 4 + 3 + 2 + 1 = 6 × 6$

$1 × 7 + 3 = 10$
$14 × 7 + 2 = 100$
$142 × 7 + 6 = 1000$
$1428 × 7 + 4 = 10000$
$14285 × 7 + 5 = 100000$
$142857 × 7 + 1 = 1000000$
$1428571 × 7 + 3 = 10000000$
$14285714 × 7 + 2 = 100000000$
$142857142 × 7 + 6 = 1000000000$
$1428571428 × 7 + 4 = 10000000000$
$14285714285 × 7 + 5 = 100000000000$
$142857142857 × 7 + 1 = 1000000000000$

这个数字宝塔只用加法，却可以无限延伸，把所有自然数都包含进去。

$$1 + 2 = 3$$
$$4 + 5 + 6 = 7 + 8$$
$$9 + 10 + 11 + 12 = 13 + 14 + 15$$
$$16 + 17 + 18 + 19 + 20 = 21 + 22 + 23 + 24$$
$$25 + 26 + 27 + 28 + 29 + 30 = 31 + 32 + 33 + 34 + 35$$
$$36 + 37 + 38 + 39 + 40 + 41 + 42 = 43 + 44 + 45 + 46 + 47 + 48$$

数字方阵

除了这些精美的"数字宝塔"外，数学王国中还有一些整齐的"数字方阵"。

$15873 \times 7 = 111111$	$12345679 \times 9 = 111111111$	$987654321 \times 9 = 8888888889$
$15873 \times 14 = 222222$	$12345679 \times 18 = 222222222$	$987654321 \times 18 = 17777777778$
$15873 \times 21 = 333333$	$12345679 \times 27 = 333333333$	$987654321 \times 27 = 26666666667$
$15873 \times 28 = 444444$	$12345679 \times 36 = 444444444$	$987654321 \times 36 = 35555555556$
$15873 \times 35 = 555555$	$12345679 \times 45 = 555555555$	$987654321 \times 45 = 44444444445$
$15873 \times 42 = 666666$	$12345679 \times 54 = 666666666$	$987654321 \times 54 = 53333333334$
$15873 \times 49 = 777777$	$12345679 \times 63 = 777777777$	$987654321 \times 63 = 62222222223$
$15873 \times 56 = 888888$	$12345679 \times 72 = 888888888$	$987654321 \times 72 = 71111111112$
$15873 \times 63 = 999999$	$12345679 \times 81 = 999999999$	$987654321 \times 81 = 80000000001$

 答案为100

请你在 1~9 的按序排列的式子中仅使用"+"和"−"号，制作成答案为 100 的式子。

1. 按 1~9 顺序正向排列的有 11 道解。

2. 按 1~9 顺序逆向排列的有 15 道解。

如果任意选用"+""−""×""÷"四个符号，构成答案为 100 的式子，解答便多了，正向排列有 150 道解，逆向排列有 198 道解，请你试试各写出 5 个解。

$$123 - 45 - 67 + 89 = 100$$
$$123 + 4 - 5 + 67 - 89 = 100$$
$$123 + 45 - 67 + 8 - 9 = 100$$
$$123 - 4 - 5 - 6 - 7 + 8 - 9 = 100$$
$$12 - 3 - 4 + 5 - 6 + 7 + 89 = 100$$
$$12 + 3 + 4 + 5 - 6 - 7 + 89 = 100$$
$$1 + 23 - 4 + 5 + 6 + 78 - 9 = 100$$
$$1 + 2 + 34 - 5 + 67 - 8 - 9 = 100$$
$$1 + 2 + 34 - 5 + 67 - 8 + 9 = 100$$
$$1 + 23 - 4 + 56 + 7 + 8 + 9 = 100$$
$$1 + 2 + 3 - 4 + 5 + 6 + 78 + 9 = 100$$

$$98 - 76 + 54 + 3 + 21 = 100$$
$$9 - 8 + 76 + 54 - 32 + 1 = 100$$
$$98 - 7 - 6 - 5 - 4 + 32 - 1 = 100$$
$$9 - 8 + 7 + 65 - 4 + 32 - 1 = 100$$
$$9 - 8 + 76 - 5 + 4 + 3 + 21 = 100$$
$$98 - 7 + 6 + 5 + 4 - 3 - 2 - 1 = 100$$
$$98 + 7 - 6 + 5 - 4 + 3 - 2 - 1 = 100$$
$$98 + 7 - 6 + 5 - 4 - 3 + 2 + 1 = 100$$
$$98 + 7 + 6 - 5 - 4 - 3 + 2 - 1 = 100$$
$$98 - 7 + 6 + 5 - 4 + 3 - 2 + 1 = 100$$
$$98 + 7 - 6 - 5 + 4 + 3 - 2 + 1 = 100$$
$$98 - 7 - 6 + 5 + 4 + 3 + 2 + 1 = 100$$
$$9 + 8 + 76 + 5 + 4 - 3 - 2 + 1 = 100$$
$$9 + 8 + 76 + 5 - 4 + 3 + 2 + 1 = 100$$

4 个相同数的游戏

这里有 2 道数学游戏题，每题只列举了 10 个解，你还能继续做下去吗？

1. 用 4 个 9 以及数学中允许使用的 +，−，×，÷，$\sqrt{\ }$ 等符号来表示 0，1，2，3，4，…

2. 用 4 个 4 以及数学中允许使用的 +，−，×，÷ 等符号来表示 0，1，2，3，4，…

$$0 = 9 + 9 - 9 - 9 = 99 - 99$$
$$1 = \frac{99}{99} = \frac{9 \times 9}{9 \times 9}$$
$$2 = \frac{9}{9} + \frac{9}{9} = \frac{99}{9} - 9$$
$$3 = \frac{9 + 9 + 9}{9}$$
$$4 = \frac{9}{9} + \frac{9}{\sqrt{9}}$$

$$5 = 9 - \frac{9}{9} - \sqrt{9}$$
$$6 = 9 - 9 + 9 - \sqrt{9}$$
$$7 = 9 - \frac{9 + 9}{9}$$
$$8 = \frac{9 \times 9 - 9}{9}$$
$$9 = 9 + \frac{9 - 9}{9 + 9}$$

$$0 = 44 - 44$$
$$1 = \frac{44}{44}$$
$$2 = \frac{4}{4} + \frac{4}{4}$$
$$3 = \frac{4 + 4 + 4}{4}$$
$$4 = 4 + (4 - 4) \times 4$$

$$5 = \frac{4 \times 4 + 4}{4}$$
$$6 = \frac{4 + 4}{4} + 4$$
$$7 = \frac{44}{4} - 4$$
$$8 = 4 + 4 + 4 - 4$$
$$9 = 4 + 4 + \frac{4}{4}$$

继续做下去，从 1~100 的数都能被表示出来。

登封嵩岳寺塔

用 1~9 组成一个分数，使它等于 100。

$$100 = 3\frac{69258}{714}$$
$$100 = 91\frac{5823}{647}$$
$$100 = 81\frac{5643}{297}$$
$$100 = 91\frac{7524}{836}$$
$$100 = 81\frac{7524}{396}$$
$$100 = 94\frac{1578}{263}$$
$$100 = 96\frac{1428}{357}$$
$$100 = 82\frac{3546}{197}$$
$$100 = 96\frac{1752}{438}$$
$$100 = 91\frac{5742}{638}$$
$$100 = 96\frac{2148}{537}$$

广角 古代宝塔诗

中国古代诗词中对各句字数的多少都有规定，有一种特殊的"宝塔诗"，形似宝塔，一个字开头，逐句递增，十分别致有趣。

《儒林外史》中讥笑私塾先生的宝塔诗。

呆
秀才
吃长斋
胡须满腮
经书揭不开
纸笔自己安排
明年不请我自来

唐代大诗人白居易也写过一篇优美的宝塔诗。

诗
绮美 瑰奇
明月夜 落花时
能助欢笑 亦伤别离
调清金石怨 吟苦鬼神悲
天下只应我爱 世间唯有君知
自从都尉别苏句 便到司空送白辞

杭州六和塔

西安大雁塔

美的定理

美不仅存在于风景名胜、艺术作品、仪表服饰之中，在数学中，也有美学的思考，漂亮、简洁、别致等都与真理性一样重要。数学王国里许多精美的定理、公式、图形，与艺术品一样，给人以美感，令人赞叹，令人陶醉。

海伦公式

$$S=\sqrt{p(p-a)(p-b)(p-c)}$$

边长为 a、b、c 的三角形面积为 $S=\sqrt{p(p-a)(p-b)(p-c)}$，其中 $p=\frac{1}{2}(a+b+c)$。这是古希腊数学家海伦在公元 62 年发现的一个优美的公式，人称"海伦公式"。

斐波那契恒等式

$$(a^2+b^2)(c^2+d^2)=(ac+bd)^2+(ad-bc)^2$$

欧拉的两个著名公式

以瑞士数学家欧拉命名的定理、定律、方程、公式之多，数不胜数，下面两个奇妙的公式是其中的卓越代表。

$$e^{i\pi}+1=0 \qquad V+F-E=2$$

自然数的单位"1"
中性数"0"
圆周率"π"
自然对数的底"e"
虚数单位"i"

多面体顶点数"V"
多面体面数"F"
多面体棱数"E"

这个公式将数学中 5 个重要的数包含在内，体现了数学公式奇异之美。

欧拉对众多简单多面体的顶点、面和棱统计归纳，得出如此简洁的关系式，怎不让人叹服！

欧拉的多胞公式

$$1+\frac{1}{2^2}+\frac{1}{3^2}+\frac{1}{4^2}+\cdots=\frac{\pi^2}{6}$$
$$1+\frac{1}{2^4}+\frac{1}{3^4}+\frac{1}{4^4}+\cdots=\frac{\pi^4}{90}$$
$$1+\frac{1}{2^6}+\frac{1}{3^6}+\frac{1}{4^6}+\cdots=\frac{\pi^6}{945}$$

……

欧拉是数学史上最多产的大师，他在 1734 年利用类比法得到了这一组多胞公式。

欧拉直线

任意非正三角形的垂心（垂线的交点）、重心（中线的交点）和外心（外接圆的圆心）三点共线。

重心在外心和垂心之间，并将此线段分成 1:2。

这是欧拉在 1765 年发现并证明了的一个优美的定理。

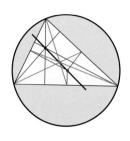

婆罗摩笈多公式

$$S=\sqrt{(p-a)(p-b)(p-c)(p-d)}$$

公元 7 世纪，印度数学家婆罗摩笈多发现了圆内接四边形的面积为 $S=\sqrt{(p-a)(p-b)(p-c)(p-d)}$，其中 p 为 $\frac{1}{2}(a+b+c+d)$。

莱布尼兹恒等式

$$1-\frac{1}{3}+\frac{1}{5}-\frac{1}{7}+\cdots=\frac{\pi}{4}$$
$$\frac{1}{2\times3\times4}-\frac{1}{4\times5\times6}+\frac{1}{6\times7\times8}-\cdots=\frac{\pi-3}{4}$$

1674 年，德国数学家莱布尼兹发现了这些恒等式。

月牙定理

以直角三角形两直角边向外作两个半圆，以斜边向内作半圆，则三个半圆所围成的两个月牙形面积之和等于该直角三角形的面积。

这是古希腊数学家希波克拉底发现的定理。

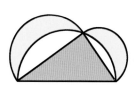

托勒密定理

圆内接四边形，两组对边乘积的和等于两条对角线的乘积。

这是古希腊数学家托勒密发现并证明的一条优美定理。

鞋匠皮刀形

由在同一直线上的三个半圆围成的图形，被古希腊数学家阿基米德称为"鞋匠刀"。

阿基米德证明了：

1. 鞋匠刀的面积等于以蓝线为直径的圆的面积。

2. 蓝线与两个小半圆的红色切线，为矩形的两条对角线。

3. 位于蓝线两侧的两个内切圆相等。

500 年后，帕普斯还证明了：

4. 鞋匠刀内相连的各内切圆的圆心离底线的高度，依次是各内切圆直径的 n 倍。

5. 上述各内切圆圆心在一个椭圆上。

西姆松线

从三角形外接圆上的任意一点向三条边作垂线，三个垂足共线。

这是以英国数学家西姆松命名的。

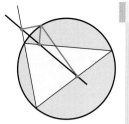

维维安尼定理

在等边三角形中，任意一点到三边的垂线的和，等于这个等边三角形的高。

这是数学家维维安尼发现的定理。

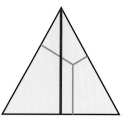

九点共圆

在任意三角形中，各边的中点，高的垂足，连接顶点和垂心线段的中点，九点共圆。

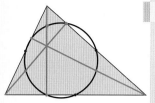

莫利定理

将任意三角形的内角三等分，则与每边相邻的两条三等分线的交点构成一个等边三角形。

这是英国数学家莫利发现的定理。

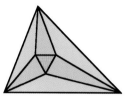

拿破仑定理

由三角形各边向外各作一个等边三角形，这三个等边三角形的中心又构成一个等边三角形。

这是法国政治家、军事家拿破仑发现的定理。

奥倍尔定理

以任意四边形各边长为边，在形外各作一个正方形，连接相对的两个正方形中心的线段，长度相等且互相垂直。

这是数学家奥倍尔发现的定理。

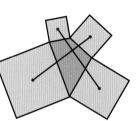

中高线共点

从四边形一边中点向对边作垂线，称为中高线。圆内接四边形的四条中高线共点。

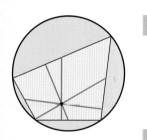

霍纳蝴蝶定理

过圆内红色弦的中点任意作弦，构成蝴蝶双翅三角形，那么在两个三角形内的红线长相等。

这是英国数学家霍纳发现的定理。

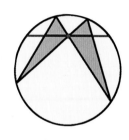

蒙日三圆定理

三个大小不等的圆中，任意两个圆的两条外公切线都相交于一点，这三个交点共线。

这是法国数学家蒙日证明的定理。

眼球定理

过两个圆的圆心分别作另一个圆的切线，则切线与两圆相交的交点之间的线段相等。

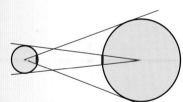

约翰逊定理

经过同一点的三个等圆之间的另外三个交点，均在另一个等圆上。

这个简洁定理1916年才被数学家约翰逊发现。

密克尔定理

在圆上取四点，过相邻两点各画一圆，则四圆的四个新交点共圆。

这是数学家密克尔发现的定理。

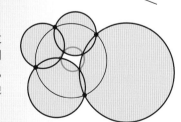

七圆定理

先画一个大圆，在其中依次画六个圆，它们必须依次与其中的两圆相切，连接相对两切点的三条直线交于一点。

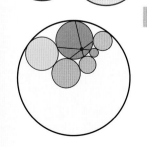

斯坦纳圆链

先在大圆中间画一小圆，然后依次画圆与大、小圆相切，并与前一个新圆相切。在一般情况下，最后一个圆与第一个圆相切，这个圆链是闭合的。

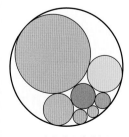

这是瑞士数学家斯坦纳1862年证明的定理。

六圆定理

在一个三角形中，依次画六个圆，均与三角形的两边相切，从第二个圆开始，每个圆还须与前一个圆相切，则第六个圆必与第一个圆相切，依次循环，组成一个圆链。

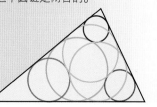

对称之美

数学之美，首先是对称、和谐之美。从数学到生活，从自然到建筑，对称给人以圆满而匀称的美感与享受。

对称，在数学上的表现是普遍的。平面几何中有"轴对称"和"中心对称"。

喀斯特地貌溶洞里的倒影

轴对称图形

如果一个图形沿一条直线对折，直线两旁的部分能够互相重合，那么这个图形叫做轴对称图形。

中心对称图形

如果一个图形绕一个点旋转180°后，能够与原图形互相重合，那么这个图形叫做中心对称图形。

左面金属圆盘是非洲著名文物，它的图案是中心对称图形，还是旋转对称图形？

四维时空与光锥拓展的对称之美

一只只蝴蝶的双翼是对称的，一片片雪花的晶体是对称的。

厂角 Wide-angle　旋转对称图形

如果一个图形绕一个点旋转某一角度后，能够与原图形互相重合，那么这个图形叫做旋转对称图形。

思考 Think

这里有一批精选的标志设计，你能区分哪些是轴对称图形？哪些是中心对称图形？哪些是旋转对称图形？

欣赏 Appreciate

在抽象图形中，在建筑艺术中，对称之美给人留下极其深刻的印象。

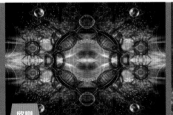

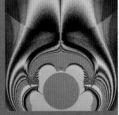

回文之美

中国文字非常优美，经过精心的选择和巧妙的安排，回文诗词联句更是精彩纷呈。在数学中，同样存在很多对称、循环的美妙现象，如回文数，就与回文诗词一样异曲同工，一样让人回味无穷。

回文诗

宋代诗人秦观写的这首回文诗。虽只用了十四个字，但能循环读出，妙趣横生。

赏花归去马如飞，
去马如飞酒力微。
酒力微醒时已暮，
醒时已暮赏花归。

回文对联

客上天然居，居然天上客。
人过大佛寺，寺佛大过人。
雾锁山头山锁雾，
天连水尾水连天。

处处飞花飞处处，
潺潺碧水碧潺潺。
树中云接云中树，
山外楼遮楼外山。

茶碗回文诗

从前，茶馆里用一种写有五个字的茶碗、茶壶，这五个字在圆形茶碗上均匀分布一周，不论以哪个字领头，都是一句令人愉快的话。另外，这里还有一首十个字的回文诗。

可以清心也
也可以清心
心也可以清
清心也可以
以清心也可

香莲碧水动风凉，
水动风凉夏日长，
长日夏凉风动水，
凉风动水碧莲香。

回文数

数学中的正整数里，有一批对称的数，它们无论从左往右读，还是从右往左读，都是同一个数，这样的数称为"回文数"。例如：**66，515，8338** 等都是回文数。

回文数制作

数学家研究了一些回文数特殊的制作方法，例如：

一个数与其倒序数相加，可以得到回文数。如　**74+47=121**

多次与倒序数相加，也可得到回文数。如　**68+86=154**　　**154+451=605**　　**605+506=1111**

一个数与其倒序数相乘，也可得到回文数。如　**21×12=252**

相邻的两个数相乘，也可以得到回文数。如　**77×78=6006**

一些数的平方，也可以得到回文数。如　**11²=121**　　**111²=12321**　　**121²=14641**

一些数的立方，也可以得到回文数。如　**7³=343**　　**11³=1331**　　**101³=1030301**

一些回文数经过加减运算，仍可得到回文数。如　**56365+12621=68986**　　**5775-2222=3553**

哈哈，我们也有对称回文之美！

回文数等式

数学家还研究了一些奇妙的回文数等式。

回文数乘法等式，如　**12×231=132×21**　　**23×352=253×32**　　**34×473=374×43**

回文数加法等式，如　**87+56+34+21=12+43+65+78**

　　　　　　　　　　8+5+3+2=7+6+4+1　　　　　　**81+54+36+27=72+63+45+18**

更使人惊奇的是：　**8²+5²+3²+2²=7²+6²+4²+1²**　　**81²+54²+36²+27²=72²+63²+45²+18²**

回文数分布

这是一幅回文数的分布图，图中每一个黑点表示该点的坐标 x，y 的乘积是个回文数。在图中，我们可以看到靠近 x，y 轴有一批回文数，密集的黑点构成了"双曲线"图形。

在（**55，99**）（**99，55**）的坐标点附近有一条非常醒目的黑点连线。这里有一批特有趣的连续回文数，它们是：

55×91=5005　　**55×93=5115**　　**55×95=5225**

55×97=5335　　**55×99=5445**　　**55×101=5555**

55×103=5665　　**55×105=5775**

55×107=5885　　**55×109=5995**

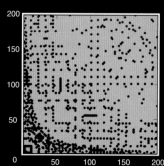

三重联结与蜂巢

为了有效地解释自然现象，数学家们试图发现众多自然现象的一般数学模式，来帮助人们预示自然的结果。虽然自然现象背后的规律未必符合这些模式，但是数学模式无疑能使人们从某个侧面理解复杂多样的自然现象。

从肥皂泡说起

数学与自然界的联系是很丰富的，自然现象中有许多相似的奇妙之处。我们先从身边常见的肥皂泡说起。由于每个肥皂泡中都含有一定量的空气，为了使表面积达到最小，单个肥皂泡总会变成球形。而对于一丛肥皂泡，仔细观察任意3个肥皂泡交接时，相交形成的3个角一般都是120°，正好是正六边形的内角大小。不管肥皂泡大小、组合如何变化，三者联结的交接处都有这个现象。我们把三个线段的交接点形成相同角（120°）或相近角的这一现象称为三重联接。

看动物世界

动物世界中，在长颈鹿身上的斑纹，龟的壳，蛇、鳄鱼、穿山甲的鳞甲，鱼的鳞片，蝇的复眼等上面，我们都可以找到三重联结的现象。

> 哇，大自然的精妙绝伦之处真令人叹服！

在自然界中

自然界也不乏三重联接的例子，蜂巢就是一个典型的例子。蜜蜂的蜂巢由六棱柱组合而成，比起用三棱柱或四棱柱来组合空间，可以用最少的蜡和最小的工作量来建成。蜜蜂巧妙地建筑自己的家园，真是自然界惊人的工程技术。

在香蕉的果肉、玉米棒子上的谷粒、干涸土地的裂缝、柱体岩石的裂缝上，都有三重联结的清晰显示。

自然现象的规律

许多自然现象可以用力和环境的结合来解释。而以上的这些例子中，必须限制在某种条件下变化，如在某部分空间或表面才能有效。自然现象总是在它所创造的演化中遵循着一条使所用的功或所耗费的能量达到极小的规律。回顾上述的三重联结的种种实例，这正是大自然的巧妙杰作。

蜜蜂的巢

蜂房为什么要筑成正六棱柱呢？早在公元前3世纪，古希腊数学家就研究过："蜂房的正六棱柱的巢是最经济的形状，在相同的条件下，这种形状容积最大。"现代科学家做了测量，他们发现，蜂房的壁厚0.03厘米，建一个37厘米×22厘米的蜂房仅需蜂蜡42克，可它能储存蜂蜜1270克，承重能力是自身重量的30倍。

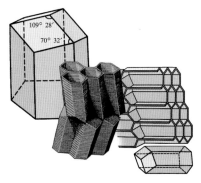

蜂房底部由三个全等的菱形组成。菱形相邻的两角，锐角均为70°32′，钝角均为109°28′。因此，蜂房的底能够无间隙地贴合在一起。此外，蜂房正六棱柱的侧壁的倾斜度都是13°，这样可以防止蜂蜜在顶端被蜡帽封盖前流出。小小的蜜蜂竟然拥有这样惊人的智慧！

蜜蜂罗盘

蜜蜂所拥有的另一个惊人的工具是"蜜蜂罗盘"。蜜蜂的定向受到地球磁场的影响，它们能探测到地球磁场中只有灵敏磁强计才能辨别的微小变化。

通信联络又是蜜蜂智慧的一个绝招。工蜂经过长途侦察回到蜂房时，以"跳舞"的形式发出一串"代码"，表明它们找到食物的方向。

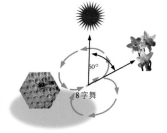

当花在相当近的地方时，蜜蜂不断跳着"圆圈舞"，表示与太阳的方位无关。

当花在比较远的地方时，蜜蜂迅速摆动尾部，跳着"8字舞"，表示花在太阳的左方110°的位置。

当花在很远的地方时，蜜蜂缓慢摆动尾部，跳着"8字舞"，表示花在太阳右方60°的位置。

建筑工程设计的应用

工程设计和建筑设计中，为了充分利用材料，增加强度，减轻重量，经常采用蜂窝式的结构。例如，一些大跨度的建筑采用了蜂窝状网架屋顶；又如，在飞机机翼较薄的地方的两层金属外皮之间，设计了蜂窝式的支撑板。

蜂巢的运用

移动通信是使用手机进行通话，手机通过微波发送和接收信号的。一个微波塔台只能覆盖有限的区域，为了覆盖更广阔的区域，那应该采用什么形状的覆盖区为好呢？

无线电波通过天线向四周发射信号，覆盖的区域是一个圆形。但各个区域彼此相邻，用圆形小区进行排列，必然会产生较大的空隙或重叠，当手机进入空隙地区(也叫盲区)时，手机将收不到信号；当手机进入重叠地区时，信号会相互干扰，手机无法使用。那无线电覆盖区应该建成什么形状呢？

人们从蜂巢中得到启发，建立了蜂窝式的无线电覆盖区域。这种覆盖区域有效面积最大，覆盖同样的范围所建的小区个数最少，这样大大地节省了建设投资。同时在相邻的小区中，选用不同的频率进行通信，也就避免了干扰，获得了最理想的效果。

人向生物学数学，学物理……这就是仿生学。

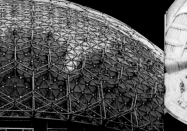
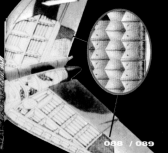

矿物晶体的结构

矿物晶体经过亿万年的形成过程，晶体的元素有着整齐的排列，严谨的结构，显示出自然界中数学之美。以至使数学成为了分析它们的最完美的工具。

晶体六大晶系

多面体、对称、镶嵌、二面角、几何投影、正弦函数等，这些还只是用于分析晶体的少数几个数学概念，只要看一看晶体的结构和用途，这些概念也就变得很明确了。

矿物晶体根据其几何形状和对称性，可分为六大晶系：等轴晶系、正方晶系、斜方晶系、单斜晶系、三斜晶系、六方晶系。

晶体切角变化

然而，实际的矿物晶体往往不是完整的几何体，或许会缺几个角，甚至会缺得很多。你瞧立方体的晶体，经过多次"切角"，倒变成了一个八面体；相反，八面体多次"切角"，最后变成立方体。

等轴晶系　黄铁矿　方铝矿
正方晶系　锆石　锡石
斜方晶系　巴西石　天青石
单斜晶系　黄玉　蓝铜矿
三斜晶系　斧石　蓝晶石
六方晶系　石英　烟石英

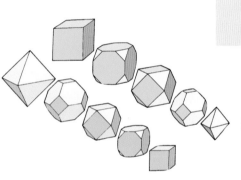

晶体表面光滑

矿物晶体表面看上去十分光滑，实际上是由非常多的小块结构组成的，比如左面的这个八面体，从"理论"上说，表面是粗糙的，但是实际的表面与构成的小块结构相比是难以想象的大。因此，人们觉得晶体表面是那么光滑亮泽。

难怪晶体这么光亮！

矿物晶体的硬度标准

德国矿物学家莫兹设制了表示矿物晶体的硬度标准。

1. 滑石	2. 石膏	3. 方解石	4. 莹石	5. 磷灰石	6. 正长石	7. 石英	8. 黄玉	9. 刚玉	10. 金刚石
能用指甲压碎	能用指甲刮痕	能用铜市刮痕	能用玻璃刮痕	能用小刀刮痕	能用石英刮痕	能用钢锉锉痕	能用刚玉刮痕	能用金刚石刮痕	

广角 Wide-angle　生日宝石

华丽的钻石、宝石是高贵的装饰品，西方人用不同的钻石宝石作为代表1月至12月的生日宝石，它们又叫诞生石。

1月 石榴石　2月 紫水晶　3月 蓝宝石　4月 钻石　5月 祖母绿

矿物晶体结构

矿物晶体是天然物质，由一种以上的元素以一定的几何结构排列组成。即使是同种元素构成的矿物晶体，因原子的结构形式不同，它们所具有的性质也完全不同。例如金刚石和石墨，石墨的碳原子结构呈层状排列，相互重叠，结合较弱，容易变形；而深埋在地下经过高温高压的金刚石的碳原子组成了坚固的正八面体结构，硬度高，光泽好。

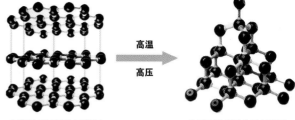

石墨的原子结构示意图　　　　　金刚石的原子结构示意图

精心设计切割

宝石原矿称为原石，一般开采自地下很深的地方。有了原石以后，再依据它们的特点进行切割、琢磨，才能成为宝石。而切割之前必须精心设计，首先要熟悉它们的几何结构，根据各自的结构特点设计切割的形状和切面的组合，还要考虑光的折射效果等。经过高级技师的精工切割，宝石才能显现出灿烂耀眼的美丽光彩。

切割宝石最常用的方式是将其外形轮廓加工成各种几何形体，将其表面切磨成若干个平面。

长方形　　　　　正方形　　　　　　八边形　　　　　　圆形　　　　　　卵形　　　　　　梨形

几何体矿物晶体

自然天成的几何体矿物晶体也有，但是很少。

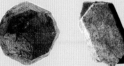

哇！这些矿物晶体晶莹剔透，我真舍不得离开这里！

莹石(八面体)　石榴石(二十四面体)　正长石(双棱柱)

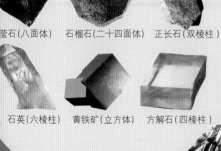

石英(六棱柱)　黄铁矿(立方体)　方解石(四棱柱)

月　珍珠、长石　　　7月　红宝石　　　8月　橄榄石　　　9月　蓝宝石　　　10月　蛋白石　　　11月　黄玉　　　12月　绿松石

圆与椭圆

圆与椭圆是最常见的平面曲线。大至宇宙，小至粒子，都有它们的踪迹。

圆是最美的图形

古希腊数学家毕达哥拉斯说："一切立体图形中最美的是球体，一切平面图形中最美的是圆形。"圆具有各个方向的中心对称，无论处于什么位置，它都具有同一的形状，给人以匀称、和谐、简洁的美感。

人类很早就认识和运用圆了。远古时代的陶器大多数是圆形的，有的上面还有圆形的图案。车轮的发明与发展就是利用了圆的中心对称的特性，下水道的窨井盖也是圆形的，你永远不要担心它会掉进窨井里去。古今中外，人们对圆形有着特殊的喜好。

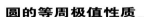

圆的等周极值性质

在周长给定的封闭图形中，圆所围的面积最大。

牛皮圈地的传说

西方流传着这样一个古老的传说:在地中海南岸的非洲北部，古代腓尼基国的美丽公主为了生存和发展，与北非部落的酋长谈判，商量购买海边的土地，结果酋长只肯出售一块用一张公牛皮所能围住的土地。聪明的公主把公牛皮切成很细很细的皮条，并连结成很长很长的皮绳，然后到海边，围出一块很大的半圆形土地。酋长虽然舍不得，但也不好反悔，只好出让了这块土地。后来，在这块土地上建成了海边重镇——迦太基。

在给定周长的情况下，寻求最大面积的平面图形问题，称为"等周问题"。"等周问题"是数学研究中的一个著名问题。可以证明：周长一定的平面图形中，圆的面积最大。推广到空间的情形，在表面一定的封闭曲面中，以球面围成的球的体积最大。这些在日常生活、生产实际中十分有用。

圆与球在建筑中的运用

圆与球在古今中外的建筑中广泛被采用，从古代的巨石阵、竞技场的石结构建筑，到现代金属结构的巨型穹窿建筑，这样的建筑用料节省，坚固美观，在美学和建筑学中占有重要地位。

万神殿

罗马万神殿，主体呈圆形，顶上覆有直径达43.3米的半球体穹顶，支撑穹顶的墙垣高度与穹顶半径相等。这种简单明确的几何关系，使万神殿的单一空间显得格外完美。

千禧穹顶

位于伦敦泰晤士河畔的千禧穹顶，直径320米的巨大穹顶和四周直径20米的12个圆球，构成了这个庞大的现代型建筑，它建成于21世纪的千禧年。

思考 Think 赤道上的遮阳带

假设沿着赤道（大约4万千米）建一条高5米的遮阳带，那么这条遮阳带比赤道要长出多少呢？由于赤道非常长，也许你会认为遮阳带也一定会比赤道长很多。然而通过计算可知它仅比赤道长31.4米。方法很简单：$2\pi R - 2\pi r = 2\pi(R-r) = 2\pi \times 5 = 31.4$（米）。

麦田怪圆圈

自从 1647 年在英国成熟的麦田里出现了神秘的圆形图案之后,世界上 26 个国家也先后出现过千姿百态的麦田怪圆圈。这是大自然的杰作,还是人类自己的恶作剧,没有人能准确解答。

椭圆

椭圆,就是压扁的圆。它有两个特殊的点——焦点。从一个焦点发出的光线经过椭圆反射后,到达另一个焦点。椭圆上任意一点到两焦点距离之和是确定的。

刁尼秀斯之耳

这是一个古希腊的故事:在地中海西西里岛上有一个岩洞监狱,被关押的犯人不堪忍受非人的待遇,偷偷议论越狱的办法。可是他们刚商量好的计划很快就被看守知道了。看守提前采取措施,使犯人的越狱计划无法实施。犯人开始互相猜疑,可怎么也查不到告密者是谁。这究竟是怎么回事呢?

原来这个岩洞监狱是请一位名叫刁尼秀斯的专家设计的,其中右侧的岩壁凿成椭圆形的面,犯人经常聚集的地点恰好在椭圆的一个焦点处,而看守则在洞口的另一个焦点处偷听。尽管犯人说话的声音很轻,但声音通过椭圆面的反射,聚集到看守处,他听得还是很清楚的。后来,人们就把这种设计叫做"刁尼秀斯之耳"。

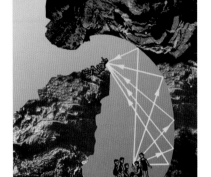

椭圆巧制作

1. 用线和钉作椭圆

将一短线两端各系 个图钉,并把图钉分别钉在焦点上,用铅笔绷紧短线,便可画出椭圆。

2. 用三角板画椭圆

先画一个圆,圆内画一焦点,接着使直角三角板的一直角边通过焦点,并使直角顶点落在圆周上,并沿另一条直角边直线。照这个方法继续画出若干条直线,这些直线所围起的图形便是椭圆。

3. 用折纸法制作椭圆

准备一张圆纸片,在圆内画一焦点,然后翻折纸片,使圆弧紧靠焦点,展开后得一折痕。按这样的方法继续折下去,许多折痕所围成的图形便是椭圆。

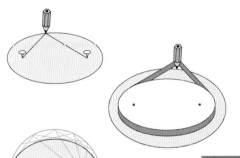

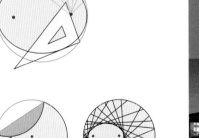

4. 椭圆的腰带定理

这是近年来新证明的椭圆腰带定理:在一固定的椭圆芯外围套一根长度不变的绳圈腰带,用笔杆绷紧,绕椭圆转动,笔尖必在平面上画出一个椭圆曲线,它的焦点与椭圆芯的焦点相同。

椭球体建筑

在现代的建筑中,也有以椭圆旋转而形成椭圆顶大厅,中国国家大剧院就是一个巨大的椭球体建筑。

上海市五角场城市广场建成一个由椭圆旋转而构成的椭球体建筑,这是它美丽的夜景。

百发百中

制作一个椭圆形的盒子,在椭圆的焦点处放个笔套,在另一个焦点处放一围棋子。你向任意方向弹射棋子,棋子都会碰到笔套的。

如果有一张椭圆形的台球桌面,一个焦点处有球洞,旁边还设有障碍物,然后在另一个焦点处打台球,不管怎样打,只要不碰到障碍物,球总会进洞。

抛物线和双曲线

太阳灶、通讯天线、地面卫星接收天线，都有一个像大锅一样的东西。这些"锅形曲面"看上去像球面的一部分，其实不是，它是一种特殊的曲面——旋转抛物面。将这种曲面沿对称轴线剖开，得到的轮廓不是圆弧，而是一种特殊的曲线——抛物线。

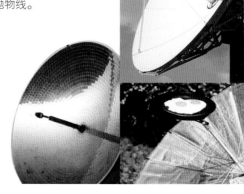

炮弹沿抛物线飞行

16世纪，欧洲人认为炮弹是沿着折线飞行的，甚至连教科书里也这样写。后来，意大利著名的科学家伽利略更正了人们的错误认识，他指出炮弹是沿着一条曲线飞行的，他给这条曲线起名为"抛物线"。改变火炮发射的角度，就可以得到不同的抛物线。

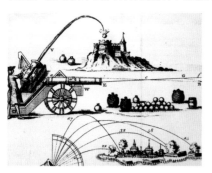

发射与接收

如果在抛物面的焦点处放一个电磁发生器，就可以将电磁波沿着与对称轴平行的方向发射出去。雷达天线大都做成抛物面形状。同样，地面卫星接收天线也做成抛物面形状，将一束束无线电波或微波聚焦到焦点处，就可以更好地接收卫星发来的信号。

聚光的本领

抛物面有这样一个本领：能把放在焦点的点光源发出的光变一束平行的光线。汽车灯、探照灯都是用旋转抛物面制作反光罩的。反过来，它也能把一束束和对称轴平行的光线聚焦到一个焦点上，产生高温。法国建造了一个雄伟的太阳能熔炉，它巨大的抛物面反光镜焦点处的温度可达3500℃呢！

抛物线的作法

1.折纸作抛物线

在离纸边约5厘米处设置抛物线的焦点，如下左图所示折叠，折纸若干次所形成的一系列折痕，便是抛物线的切线，它们所包络的曲线便是抛物线。纸的底边是抛物线的准线。

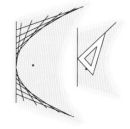

2.用三角板画抛物线

在纸边画一直线，并在直线外画一点，作为抛物线的焦点。如右图所示，将三角板的直角顶点与直线接触，短直角边与焦点接触，沿长直角边画直线；移动三角板，保持上述的两个接触点，画出一条条直线，这些直线的包络线为抛物线。

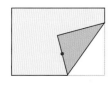

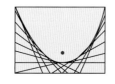

旋转扁平水槽时，也可以看到抛物面。

喷泉的抛物线

双曲线

双曲线有两条渐近线，它们离双曲线愈来愈近，但永远不会接触。

双曲线与椭圆一样，也有两个焦点。双曲线上任意一点到两焦点距离之差是确定的。

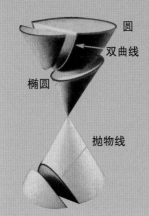

圆
双曲线
椭圆
抛物线

圆锥曲线

圆、椭圆、抛物线都可以看做是平面截圆锥体而得到的。如果用双头圆锥，还可以得到两支分离的曲线——双曲线。公元前200多年，古希腊人就发现了这一现象。因此，它们被统称为圆锥曲线。

动手 Start work　烧瓶里的曲线

用一只三角烧瓶，装上小半瓶带色的液体。你只要将三角烧瓶稍稍倾倒，便可以观察到四种圆锥曲线。

双曲线的作法

1. 折纸作双曲线

在纸上先画一个大圆，并在圆外画一个红点，然后折叠纸片，使红点落在大圆的圆周上，就这样不断地折下去，这一系列折痕便构成了双曲线的一个分支。

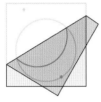
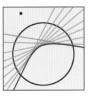

2. 用尺与线画双曲线

先在纸上确定两个焦点，将略短于长尺的线绳一头固定在尺的一端，另一头固定在右焦点上，设法使长尺的另一端能在焦点上旋转，这样紧靠线绳的铅笔就画出双曲线的一个分支；对调线绳与长尺的固定位置，便又可画出双曲线的另一个分支。

旋转双曲面

取两个圆板，在圆周上分别系上相互平行的线若干，旋转圆板，便构成了旋转双曲面。

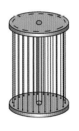

旋转双曲线

这是青少年科技馆中的双曲线模型，斜放的金属杆旋转时总能准确地通过塑料板上的双曲线空隙。

广角 Wide-angle　悬链线与抛物线

一条自由悬挂的链子，一串串挂满露珠的蜘蛛网，形成了一种曲线，我们称它们为悬链线。悬链线看起来像抛物线，以至于伽利略最初竟误认它就是抛物线。悬链线绕着准线旋转形成的曲面，就像两个圆环之间的肥皂膜一样，是个最小的旋转曲面。

悬索桥

当把重物系在悬链线等间隔的地方，悬链线就变成了抛物线。当悬索桥巨大的钢缆悬链上安置了垂直的吊柱时，它便成了抛物线。

圣路易斯大拱门

美国圣路易斯大拱门，高192米，看上去像抛物线，实际上是悬链线。对于如此高大的拱门，倒放的悬链线受力状态最佳，稳定性最好。

桥梁的曲线

"一桥飞架南北,天堑变通途。"桥梁在人类文明进程中发挥了重要的作用。桥梁的雄伟身姿、优美曲线是力与美的展示,其中蕴含着许多数学、力学的原理呢!

悬索桥： 由长钢缆索悬挂桥面

拱　桥： 以拱形结构支撑桥面

悬臂桥： 由同结构的钢梁悬臂组成

斜拉桥： 由许多钢缆斜拉住桥面

升启桥： 桥面可开启,让船只通过

梁柱桥： 由若干桥墩和梁支撑桥面

悬索桥

悬索桥可以造得比较高,跨度比较长,容许大船在下面通过。悬索桥中最大的力是悬索中的张力和塔架中的压力。悬索的形状因悬挂的重物不同而异,也可用数学方程研究。通过调节悬索,可以使桥面达到计划的曲线,一般悬索桥的桥面略呈拱形,以便船只通过。

斜拉桥

斜拉桥,主要由桥梁、钢缆和桥墩上的塔架三部分组成。桥梁除了由桥墩支撑外,还被钢缆拉着。这种钢缆预先就给桥梁一定的拉力,车辆通过后,桥梁的受力就减小。因此,经过调整钢缆中的预拉力,可使桥梁受力均匀合理。

悬臂桥

悬臂桥是钢材结构或钢筋混凝土结构的铁路桥梁,能处理好风和结构之间的关系。悬臂桥的稳定性和刚度都十分理想。钢结构悬臂桥由于上下钢梁的斜拉和支撑,悬臂结构跨度较大,也利于船舶通航。

拱桥

拱桥是在桥墩之间以拱形的构件来承重的。我国至迟在汉代已有建造。由于它外形美观,经久而耐用,负载能力、稳定性和刚度都很理想,直至今日仍有继续发展的广阔前景。

升启桥

英国伦敦塔桥桥面较低,航行于泰晤士河的大船通过时,桥面便分开升启。

后来,德国基尔也建了一座折叠桥,也是解决桥面无法升高的矛盾。不论是升启还是折叠,都充分运用了平行四边形的基本性质和杠杆、滑轮等机械的性能。

中国的桥

　　我国的赵州桥是世界上现存最古老、跨度最大的石拱桥，距今已有 1400 年历史。北京的十七孔桥以它优美的拱形组合装点着昆明湖。南京雄伟的长江大桥，为铁路、公路两用桥，是我国自行设计的第一座现代桥梁。

步行桥

　　不同风格的造型，不同形状的曲线，不同结构的桥体，一座座步行桥给城市增添一道道靓丽的风景线。

美丽的曲线

　　俯瞰公路大型立交桥、大型桥梁及引桥，你会发现有许多优美的曲线与造型，如抛物线、螺旋线、圆环形、蝶翅形等，这些都是根据桥梁建筑的需要精心设计出来的。

生命的曲线

蔚蓝的大海里，金色的沙滩上，有许多美丽的海螺贝壳。漫步在海滩上，随手拾起一个海螺，你会被那完美的曲线、精巧的造型所吸引，我们称这种完美的曲线为螺线。

鹦鹉螺

对数螺线

在海螺的剖面上，我们可以看到贝壳里的螺轴和螺纹。鹦鹉螺剖面上有一条清晰可辨的极其完美的螺线，数学上称之为对数螺线。鹦鹉螺剖面上有一个个小空间，它们的纵横长度完全符合斐波那契数列的规律。这一既美观又科学的结构，成了人们仿生设计的依据。

生物中的螺线

螺线和生物有着千丝万缕的联系。动物中还有许多螺旋的例子：蜗牛的壳、蜘蛛的网、鹿和野羊的角……植物世界也有不少有趣的例子：向日葵花盘上的种子排列成美丽的螺线；松果从侧面看，从底端看，也都有自然的螺线。大自然中还有许多螺旋与生命相关的现象，难怪英国科学家柯克说："螺线——生命的曲线。"

DNA 双螺旋

20世纪50年代，生物学家发现的 DNA 具有双螺旋结构。DNA基因记载着生物的遗传信息。生命的延续，离不开螺旋状的基因。

1. 用厚纸板做一个大小适宜的扁圆线轴，绕上若干圈细线，线的另一端套一支铅笔。当线沿线轴松开时，铅笔便画出一条螺线，它叫圆的渐伸线。

2. 在扁圆线轴上再钉一条可绕钉子旋转的长纸板条，纸板条旋转时把套在端的铅笔也同时外移，便画出一条阿基米德螺线。

3. 用厚纸板切出一个长条，将纸板条的一边固定于一点，铅笔沿着斜边前后移动，整个纸板便可以紧靠固定点转动，铅笔便依次画出对数螺线的一小段。

螺旋的大千世界

生活中我们也离不开螺旋，小到螺丝钉、手表发条，大到过山车、旋转楼梯、螺旋形塔，直至台风旋转云图、银河系螺旋形星空，螺旋的身影处处可见。

近似作法

在黄金矩形中的各个正方形中各作一个1/4圆弧，便连结成一条近似于对数螺线的曲线。用黄金三角形也能画出这样的曲线。

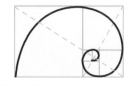

螺旋形塔

爱奥尼式柱头

科林斯式柱头

波江座旋涡星系

银河系螺旋形星空

台风旋转云图

旋转楼梯

过山车

滚动的曲线

当一个轮子在一条直线或一个圆上平稳地滚动时,轮子上一个固定点所留下来的轨迹曲线,叫旋轮线,又称摆线。滚动的轮子留下了众多迷人的曲线。

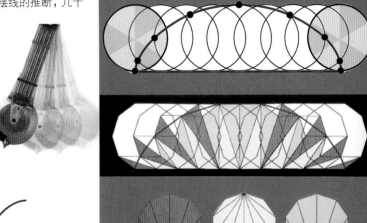

伽利略

科学家的发现

17世纪是机械和运动的数学具有影响的时代。伽利略研究机械运动时,发现了有关摆线的两个重要事实:1. 摆线弧长是轮子直径的4倍(他是用绳子测量的);2. 摆线拱形面积是轮子面积的3倍(他是学习阿基米德,剪下拱形,称重量测算的)。这两个关于摆线的推断,几十年后数学家都加以证明了。

同时代的惠更斯也发现了摆线的等时性,设计出巧妙的有钟摆的时钟。"摆线"正是由于惠更斯改进了钟摆而得名的。

平摆线

当一个轮子在一条直线上滚动,轮子上不同位置的三个点,分别画出三种不同的摆线,我们把在直线上滚动形成的摆线称为平摆线。

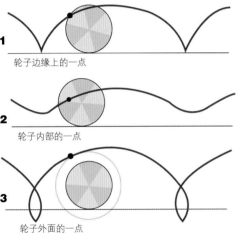

1 轮子边缘上的一点

2 轮子内部的一点

3 轮子外面的一点

将摆线拱形分割成若干个小三角形,把它们拼起来,恰好是三个轮子。

游戏 Game 滚珠荡秋千 取一粒适当大小的滚珠,放在摆线曲面的任何位置,松手后,滚珠都会沿摆线来回摆动,每次摆动的时间竟会一样。这就是惠更斯发现的摆线的等时性。

内摆线

把一个轮子放在一个定圆内滚动,轮子上的一点画出的摆线称为内摆线。

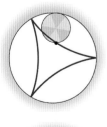
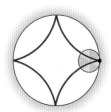
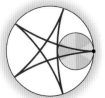
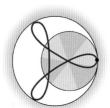

大熊猫走钢丝

只要将大熊猫连接的圆轮沿大圆板边缘滚动,大熊猫准会沿钢丝稳稳地滑来滑去。(关键是圆轮直径是大圆的一半)这一原理是由波兰科学家哥白尼发现的。

外摆线

把一个轮子放在一个定圆外滚动,轮子上的一点画出的摆线称为外摆线。

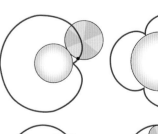

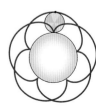

我国古建筑的大屋顶

我国古建筑中最有特色的大屋顶不是平面，而是一个优美的曲面。降雨时，这种曲面的大屋顶流水的速度明显比平面斜坡屋顶快。这种流水速捷曲面的截面近似平摆线。因此，这种摆线称为最速降线。

看谁下落得快

下面我们做一个小测试：四个相同的小球沿着四种不同的轨道：折线、直线、圆弧、摆线，同时下落，在什么轨道上的小球下得最快？
（A. 摆线　B. 直线）

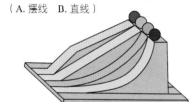

繁花曲线

这些色彩丰富、繁花似锦的图案，出自于一种数学智力玩具"繁花曲线规"，通过大小不同的塑料齿轮的滚动，画出了内摆线、玫瑰线等细腻动人的曲线。

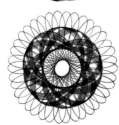

多边形的轮子

用厚纸板剪出以下几种不同图形的轮子，让它们在纸上滚滚看。不同形状的轮子上的红、蓝点留下的轨迹，各是什么形状？

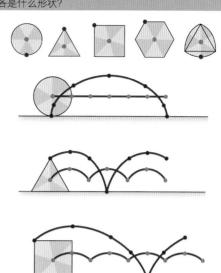

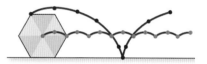

这是一个方轮自行车，你骑过吗？看看轮子的轨道，便知道它运动的原理了。在上图找一找它的运动轨迹。

等宽曲线

滚动重物时，在承重的木板下放几根圆棍，便能轻松地推动重物。如果用截面为曲边三角形的棍子，同样也能平稳地推滚重物。

我们把这种夹在平行线间，在任何方向宽度都相等的曲线图形，称为"等宽曲线"。

这个能行吗？

谁是等宽曲线

下方有五个图形，猜一猜，谁不是等宽曲线？
（A. 1　B. 2　C. 5）

曲线的包络

20世纪初，西方的数学书上介绍了用直线画曲线的各种画法，数学迷们便使用彩色的线来"绣"数学曲线，当时形成了一种"数学刺绣"的时尚。其实，用直线画曲线已经有相当长的历史了。

数学上的包络

在数学上，"包络"是指一系列的直线（或曲线）包围出另一个形状的情形。如右边图中若干条直线组成了圆、心脏线、抛物线，我们把这些用直线组成的曲线称做包络线。

抛物线包络线

抛物线包络线是数学刺绣中最基本的图形之一。

首先画一个角，在角的两边上截取相同的若干等份，按正向与逆向顺序分别给两条边上的点编号，然后依次连结相同编号的点，便可构成抛物线包络线。

这在古希腊，数学家阿波罗尼斯早就创作了这一杰作。

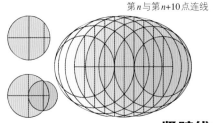
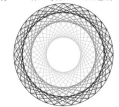

圆形包络线

圆形包络线也是数学刺绣中最基本的图形之一。

首先画一个大圆。把圆周等分成36等份，即用量角器每10°作一点，并编上序号。然后把第1点与第11点连线，第2点与第12点连线……把第 n 点与第 $n+10$ 点连线，即可构成圆形包络线。如果把第 n 点与 $n+7$ 点连线，又可构成一个直径较大的圆形包络线。如果再把第 n 点与第 $n+14$ 点连线，便可构成一个直径较小的圆形包络线。

第 n 与第 $n+10$ 点连线　　第 n 与第 $n+7$ 点连线　　第 n 与第 $n+14$ 点连线

椭圆包络线

先画一个圆，把直径10等分，并过各分点作垂直于直径的弦，然后分别以各分点为圆心，对应的弦为直径作圆，作出8个圆，连同先画的圆便构成了椭圆包络线。

心脏线包络线

先把一个大圆36等分，并对各分点依次编号，然后，将第1点与第2点连线，第2点与第4点连线……第 n 点与第 $2n$ 点连线，便构成了一个心脏线包络线。

用圆也可构成心脏线包络线。心脏线是圆心在定圆上，经过定圆上的一点的所有圆的包络。

第 n 与第 $2n$ 点连线

肾脏线包络线

先把一个大圆36等分，并对各分点依次编号，然后，将第1点与第3点连线，第2点与第6点连线……第 n 点与第 $3n$ 点连线，便构成一个肾脏线包络线。

用圆也可构成肾脏线包络线。肾脏线是圆心在定圆上的两组与定圆直径相切的所有圆的包络。

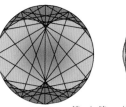
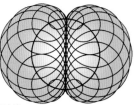

第 n 与第 $3n$ 点连线

追逐曲线

远处有一只小狗，它想追逐另一只沿水平直线奔跑的大狗，这只小狗追逐的路线就称为追逐曲线，它是由若干条不断改变角度和距离的线段构成的一条等角螺线。

数学光效应艺术绘画

假设在正三角形的三个顶点处有三只狗，它们互相追逐，便构成三条等角螺线。同样，假设在正方形、正五边形的各个顶点处各有一只狗，它们互相追逐，也构成了等角螺线的组合图形。

这些图形在世界数学光效应艺术绘画作品展中，给人们留下极其深刻的印象。后来有人利用计算机绘制了一幅12个追逐点的包络线组合图形。

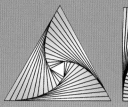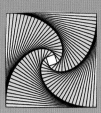

包络曲线的组合

我们将抛物线包络线加以组合，便可以构成美丽的图案。

我们将追逐曲线包络线加以组合，产生了具有曲面感觉的图案。

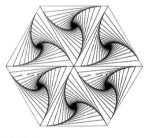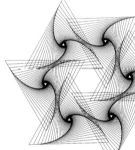

欣赏 Appreciate 《女巫曲线》

这是数学家布里尔绘制的两幅《女巫曲线》，让我们一起欣赏这高级曲线包络之美。

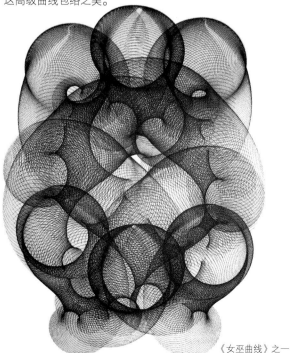

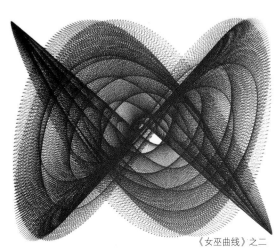

《女巫曲线》之一

《女巫曲线》之二

拱形结构

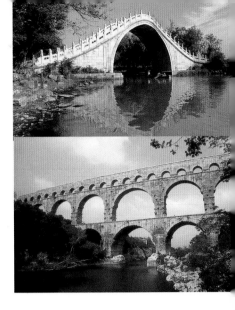

拱是建筑上一个出色的成就。多少世纪以来，圆、椭圆、抛物线等优美的曲线，在建筑师的精心设计下，构成了无数宏伟壮丽的拱。

拱形结构的作用

中外的许多建筑中运用了拱形结构。如中国的石拱桥、无梁殿，古罗马高架输水道、大教堂……拱的应用为这些建筑增光添彩。

拱不仅富有美感，而且在结构力学上具有重要作用。它使建筑材料的压力沿着拱向两端传递，避免集中在中央。这样增加了空间的跨度，减轻了建筑的体重。拱是古典建筑中用得最多的一种建筑结构。随着新型建筑材料的开发，许多新颖的拱又被运用在现代建筑中。

传统建筑的拱顶

传统建筑的拱顶是把许多相同的拱肋排成一行，形成最基本的筒形拱顶；把两个筒形拱顶交叉重叠建造，就构成了交叉拱顶；运用尖顶拱加以组合，构成尖顶拱顶。这样一来，建筑的结构变高，空间更大，光照更好。西方的教堂大都采用这种拱顶。

筒形拱顶

交叉拱顶

尖顶拱顶

拱主要由多段圆、椭圆、抛物线的部分组合而成。

西方古典拱门

西方古典建筑中的拱门，也是建筑美学的主要亮点。这里我们提供了一些拱与拱门的示意图。仔细观察，其中大部分是利用圆弧构成的。请思考：它们各是由几段圆弧组成？它们的圆心、半径又是怎样安排的？

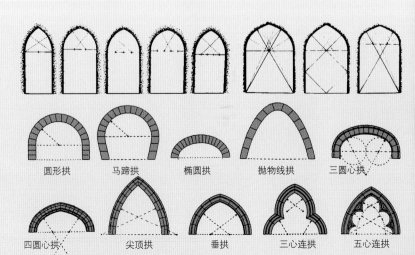

圆形拱　马蹄拱　椭圆拱　抛物线拱　三圆心拱

四圆心拱　　尖顶拱　　垂拱　　三心连拱　　五心连拱

壳体结构

　　壳体结构是一种空间薄壁结构，也称曲面结构，可以单独作为屋顶，也可以连墙壁整体都是壳体。壳体结构能承受重压、增大跨度、省料坚固并轻巧美观，古往今来，备受人们青睐。壳体建筑也是仿生学的产物，人们从蛋壳、贝壳、乌龟壳、海螺壳等结构中受到启发。

当年悉尼歌剧院建造时备受争议，如今，它成了澳大利亚标志性建筑。

悉尼歌剧院

　　悉尼歌剧院的屋顶像迎风的白帆，像巨大的贝壳。它又像洁白的百合花，依托着碧海蓝天，迎着阳光盛开。这美丽又特别的壳体屋顶，是由许多片人字形的拱肋连在一起组成的。要知道，拱肋形成的弧面都是半径为75米的球面的一部分，优美的造型蕴含着数学的逻辑。

里昂机场车站

　　法国里昂机场车站是连接里昂市区与机场的高速铁路车站，整个建筑以"展翅欲飞的鸟"为主题，弧形两翼生动而充满张力。

多伦多体育馆

　　多伦多体育馆的拱顶由四个部分组成，并可以沿轨道滑移。严冬时节能闭合，观众可以在馆内舒适地观看体育比赛。

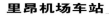

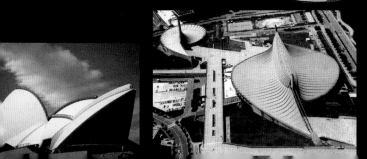

正多面体

16世纪末，开普勒发现了绕太阳旋转的除了地球，还有水星、金星、火星、木星和土星。当时还未发现其他行星。开普勒想到这六个行星轨道之间有5层空间，而柏拉图发现的"规则固体"也正好是5个。因此，他制作了一个能解释天体奥秘的模型。这5个"规则固体"就是5个正多面体。

柏拉图体

正多面体的各个面都是同一类的正多边形，所有各顶点角都全等。正多面体共有5种，称为柏拉图体。

欧拉多面体公式

从下表中可以看出：面数 + 顶点数 = 棱数 +2，即 $F+V=E+2$，这就是著名的欧拉多面体公式。公式虽然简单，但概括了无数种多面体的共同特性。

柏拉图　　　　　　　　开普勒　　　　　开普勒行星轨道模型

正多面体	面数 F	顶点数 V	棱数 E
正四面体	4	4	6
正方体	6	8	12
正八面体	8	6	12
正十二面体	12	20	30
正二十面体	20	12	30

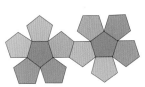
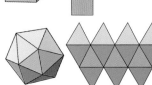

对偶多面体

连结任何正多面体的相邻两面的中心，就形成对偶多面体。非常巧的是，除正四面体的对偶仍为正四面体外，正方体与正八面体互为对偶体，正十二面体与正二十面体也互为对偶体。

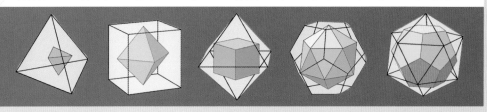

阿基米德体

截去正多面体的"角"，或平面外延，再添加三角形，便可以构成新的凸多面体。这些多面体由两三种全等的多边形为面，所有各顶点角仍然全等，我们称之为阿基米德体，共有13种。

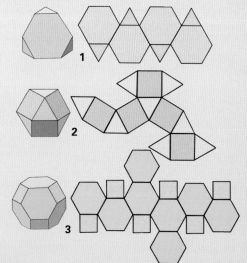

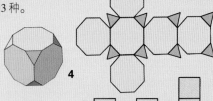

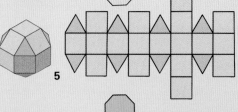

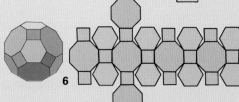

阿基米德多面体	面
1 三六六式多面体	8
2 三四三四式多面体	1
3 四六六式多面体	1
4 三八八式多面体	1
5 三四四四式多面体	2
6 四六八式多面体	2
7 三五三五式多面体	3
8 五六六式多面体	3
9 三十十式多面体	3
10 三三三三四式多面体	3
11 三四五四式多面体	3
12 四六十式多面体	6
13 三三三三五式多面体	9

三六六式多面体，表示一个顶点周围是正三角形、正六边形、正六边形组成的。

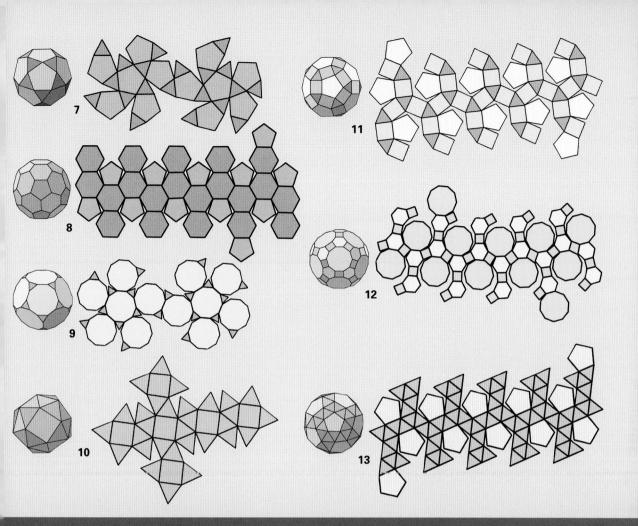

卡塔朗体

阿基米德体也有它的对偶体，名叫卡塔朗体，它也有 13 种，是从阿基米德体用对偶关系，面、顶点互相置换构成的。它们对仗工整，造型优美，值得欣赏与研究。

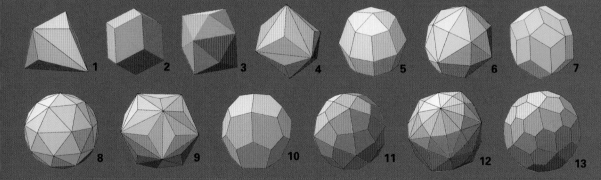

凹的均匀多面体

柏拉图体、阿基米德体、卡塔朗体等都是凸的均匀多面体，另外还有一些凹的均匀多面体，这里列举两例。

这是我国古代研究立体几何制作的铜质模型。

星形和星体

璀璨的星空令人无限向往，激发了人们探索未知世界的热情。日常生活中，精美的星状饰品闪烁耀眼。艺术世界里，美妙的星形图像成为灵感之源，有着强烈的视觉冲击。让我们一起在星的海洋里遨游。

国旗中的星形

我国的国旗是五星红旗。世界上大约有60多个国家的国旗也选用了星形图案。其中绝大多数选用五角星，还有个别国家根据自己的民族文化，选用六角星、七角星、八角星、十二角星、十四角星等。

越南　五角星　　　以色列　六角星　　　约旦　七角星　　　阿塞拜疆　八角星　　　瑙鲁　十二角星　　　马来西亚　十四角星

星形的分割

星形具有独特的美感，星形的分割也极为奇特而美妙。

这里有4个五角星，已被分成了12块，把它们拼在一起构成一个具有对称美的大五角星。

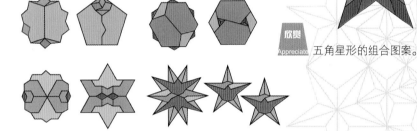

欣赏 Appreciate 五角星形的组合图案。

数学家们对于星形分割的探索，无疑也是以最少的分割为最佳的方案，这里的四组星形分割既新颖、对称，又很奇特。

星体的研究

星体是德国天文学家开普勒最先提出的。1619年，他在名著《世界的和谐》中发表过有关星体的论说及星体立体图，从正多面体经过加减法构造了星体。两个世纪之后，法国数学家普安索、柯西又作了进一步研究。从此，下列小星状正十二面体、大正十二面星体、大正状正十二面体、大正二十面星体等四种星体被数学家公认为开普勒-普安索星体。

大正十二面星体

将正二十面体的12个对顶面两两相交，便出现一个凹多面体，每个对顶面上形成一个美丽的立体五角星。下面是它的立体图和制作展开图。

小星状正十二面体

延展正十二面体的各个面，使之两两相交，形成12个五角星形，也就是在正十二面体的各个面上凸起12个五棱锥。下面是它的立体图，而右面是其制作展开图。

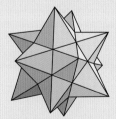
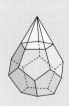
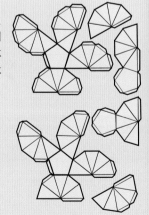

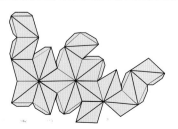
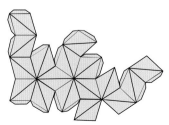

大星状正十二面体

大星状正十二面体是从正十二面星体经过加法构造出来的。

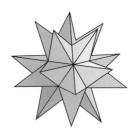

大正二十面星体

大正二十面星体是从正二十面体的20个面延展构成的。

这两种星体较为复杂，我们只欣赏它们的立体图。

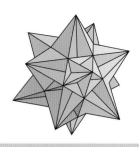

多面体的组合

运用正多面体的组合，也可以构造出一些其他星体。

1. 两个正四面体组合的星体（附制作展开图）。
2. 两个立方体组合的星体。
3. 立方体和正八面体组合的星体。
4. 正十二面体和正二十面体组合的星体。
5. 五个正四面体组合的星体。

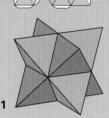

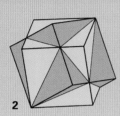

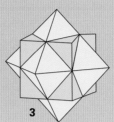

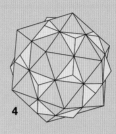

1   2   3   4   5

这是同学们用卡纸做的星体。

星体版画艺术

荷兰艺术家埃舍尔和绝大多数依靠神秘的感性来创作的艺术家不同，他给人们留下的带有数学意味的奇妙作品，都是通过精确的理性设计的结果，然而从画面的美感和艺术性来看，又毫不逊色于其他艺术家。

《星空》

埃舍尔对多面体和框架星体情有独钟。浩瀚的星空里都是他喜爱的星体。主体框架星体里住着两条变色龙，给这宇宙星空增添了生气和趣意。

你能看出是几个正四面体组合的吗？

这幅彩色版画巧妙地将正四、六、八、二十面体组合在一起，你能区分出来吗？

《晶体》

由立方体和正八面体组合成的美丽的晶体，出现在散乱的砾石之中，晶莹剔透的星体与周围环境形成强烈的对比。

《对比》

埃舍尔把自己非常喜爱的小星状正十二面体放在一个透明的水晶球上，周围杂乱地环绕着鸡蛋壳、废纸盒、破酒瓶、空罐头盒等，显示秩序与混乱的强烈对比。

圆球排列

仔细观察超市里圆罐类商品的摆放，你会发现其中大有学问。此外，生活中还有圆球、圆罐排列等问题，看似寻常，却引发了数学家的兴趣，他们争相进行研究。

正方排列六方排列

圆罐的排列，最常见的有两种方式：正方排列、六方排列。

这两种排法，究竟哪一种最节省空间呢？我们来计算一下空间的占用率，即各圆罐总面积与所占货架面积的比值（这里只考虑单层圆罐排列的平面面积之比）。

通过计算，正方排列的空间占用率为 $\frac{\pi}{4} \approx 0.7854$；

六方排列的空间占用率为 $\sqrt{3} \times \frac{\pi}{6} \approx 0.9069$。

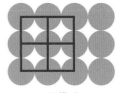

正方排列　　　　六方排列

看来，六方排列的空间占用率较高。但在排列圆罐的数量较少的情况下，例如横行少于3行，每行少于6个时，六方排列的空间浪费较多，还是采用正方排列为好。当排列的数量增多时，那六方排列会更省空间。

盒中的小球

这里有一只木箱，里面装着 $6 \times 8 = 48$（个）小球，如果改变排列形式，你可以再多放几个小球？用六方排列的形式，可以排成9行，这样便多放了2个小球。

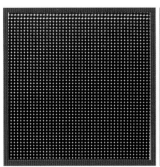

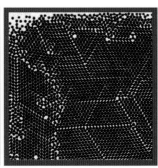

摇动小钢球密盒

这里有一个密闭的盒子，里面装有上千只完全相同的按正方排列的钢球。每次摇动盒子，你猜，盒子里的小钢球会出现什么情况？

按照上面空间占用率的比较，摇动盒子，小钢球会向六方排列的形式移动，这样盒子的上方会比原来多出14%的空间。当然，摇动、敲打或转动的次数不同，盒子里的小钢球的布局也会不一样。这些使我们联想到地壳运动时，地下晶体矿石的排列也有类似之处。

思考 Think　金球宝盒

这里有一只金球宝盒，里面以六方排列的形式紧紧地放着23个金球。有一个随行者，想悄悄地取走几只金球，还使这个宝盒里的金球保持紧凑排列，不会摇晃发出响声。你猜这个随行者最多能取走几只金球？

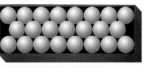

有洞的排列

除了用正方排列与六方排列，将圆罐类商品铺满平面外，还可以扩展到正方与六方混合排列，以及有洞的排列。这里的有洞排列，虽有空隙，但仍然是一种有规则的紧密排列。

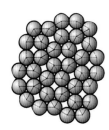

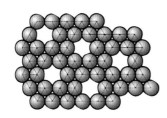

圆筒的包装

体育用品商店里羽毛球筒或网球筒的多件包装，既要不易散开，又要节省包装膜，显然用六方排列是最佳方案。下面是售货员包装的3~10件圆筒组合的方案，请你比较同一数量中的几种方案，哪一种更好？

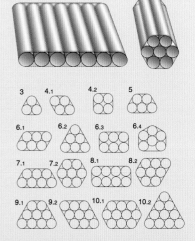

广角 Wide-angle　球链定理

化学家索迪发现了一个著名的球链定理：在一个大球内永远包含着这样的六个小球，每一个小球都与另外两个小球以及大球相切。这样的球链与"斯坦纳圆链"（见p.085美的定理）一样永远闭合。

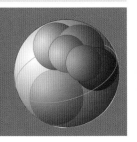

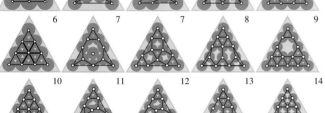

正方形范围内的圆球排列

这里我们把不同数量的相同圆球在正方形的范围内紧密排列的图形展示出来，其中白点是圆球的球心所在位置，两个白点之间的最小距离为两个圆球半径的和。

其中还有个别"自由"白点，说明这个圆球的位置无法固定。

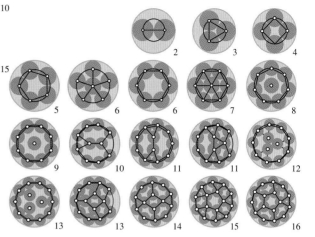

圆形范围内的圆球排列

在圆形范围内安排圆球的排列，在日常生活中有很强的实用性，例如圆形的月饼盒里如何放置几块月饼，才能既排列美观，又节省空间。下面展示在圆形范围内不同数量的相同圆球紧密排列的图形。其中有三种数量（6、11、13）的圆球在圆形范围内的排列，展示了两种排列形式。

正三角形范围内的圆球排列

喜欢打台球的人都知道，用正三角形的木制框将15个台球紧密地排列在球台上。由于正三角形是六方排列点阵中的一部分，因此正三角形边界更有利于把圆球排成八方排列的形式。这里展示的便是不同数量的相同圆球在正三角形范围内的紧密排列的图形，其中有四种数量（5、7、16、17）的圆球展示了两种排列形式。

球的装箱问题

将同样大小的球装进一个大的立体空间中，问最多能装多少个球。追根寻源，与此类似的问题竟起源于16世纪，英国数学家哈里奥特（1561~1621）写信给德国数学家开普勒，请教关于船仓装炮弹的计算问题。1611年，开普勒提出猜想：每4个球的球心构成正四面体的顶点时，所装的球最多。经过计算，这个最大值是 $\frac{\pi}{\sqrt{18}} \approx 0.740480$，但开普勒没有给出证明。该问题一直以"开普勒猜想"流传。

20世纪末，华裔数学家项武义和美国数学家黑尔斯先后宣布证明了开普勒猜想。

球的装箱问题，不仅对产品包装有实际意义，还在检错码和纠错码等信息储存领域有重要应用。

啊！圆球问题有这么多数学家去研究！

球的相切问题

1694年，英国数学家格雷戈里（1659～1708）和牛顿讨论星体在天空中分布时，引出了一个13球问题，即一个球能否与13个互不相交的等大的球相切？牛顿认为不可能，而格雷戈里则猜测可以。

通过实验容易验证，一个球可以与12个等大的球相切，而且每两个切点之间的距离不小于1。例如，球内接正二十面体的12个顶点之间的距离都大于1。但严格的证明却姗姗来迟。260年后的1953年，德国数学家许特和荷兰数学家范德瓦尔登才作出了数学证明。

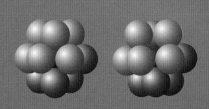

空间组合

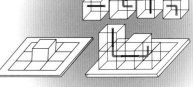

我们习惯于按照平面来思考事物，对于立体空间的想象，往往有些困难。这里以正多面体作为素材的数学游戏，相信会让你对立体造型、空间组合产生兴趣。

空间连线

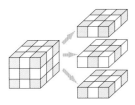

这里有许多透明的塑料盒子，每个都有线绳固定在两个面的中间，或成 I 形，或成 L 形。我们用 27 个盒子，能不能使所有线绳连结成一个圈环呢？

为了解这道题，我们将这 27 个盒子间隔涂色，结果发现两种颜色的数量不等，因此可以判断 27 个盒子是不能使所有线绳连结成一个圈环的。

这个空间连线的解法种类多，形状也不太复杂。即使没有塑料盒子，我们也可以用铅笔和纸画图来解出这个趣题，这可以培养我们的空间观念和想象能力。

下面我们把问题简化，把一个没有线绳的盒子固定在底板上，然后在底板上拼合 26 个盒子使它们的所有线绳连结成一个圈环。

4-1

4-2

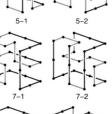

5-1　5-2　6-1　6-2

7-1　7-2　8-1　8-2

9-1　9-2　10-1　10-2

反复展开的立体

我们将 8 个立方体用胶带纸像左图一样每两个连结起来，然后我们便可以自由地翻拨它们，组成不同的立体造型，并且可以反复进行。

如果将它们像上图一样粘接，它们便能组成较为复杂的造型。为了便于识别，我们将 8 个立方体涂成不同的颜色。

骰子打滚

我们用一个立方体做成骰子。一般骰子"天一地六，南三北四，东五西二"，照此在六个面上画好点。再做一个 4×4 的格子底板，每一格与骰子一样大。游戏开始时，把骰子放在底板的右上角，⊡一点朝天。然后我们不断地翻滚骰子（不准滑移），最后到达左下角，要使骰子的点数分别为 ⊡⊡⊡⊞⊞，那翻滚的最佳路线分别是怎样的？

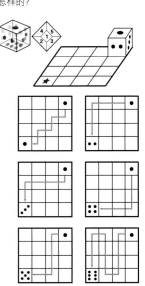

厂角
Wide-angle

填满空间的多面体

立方体显然能填满空间。至于其他一些正多面体，只有正四面体和正八面体的一个组合也能填满空间。这个单元组合是一个点周围有 8 个正四面体或 6 个正八面体。

至于阿基米德体也有几种可以填满空间。

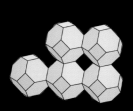

四六六式多面体

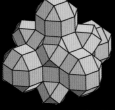

三四四四式与三四三四式组合

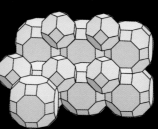

四六六式与四六八式组合

牟合方盖

"牟合方盖"这个词似乎有些古怪，其实它就是一个模型的名称，但它却叙述着我国古代的一大数学成就。

刘徽的设想

我国古代认为"圆出于方"，总是借助方形来计算圆，不仅平面如此，立体也是如此。《九章算术》中的"开立圆"术将球的体积公式定为 $V=\frac{9}{16}D^3$（D 为球的直径）。

刘徽在给《九章算术》作注时指出这个公式不准确，试图利用刘徽原理求出正确的球体积公式。他作了一个立方体模型，从纵、横两个方向作其内切圆柱，他把这两个圆柱的公共部分称为"牟合方盖"（即像上下两把各4根撑骨的伞，对合着盖着），并指出内切球体积是"牟合方盖"体积的 $\frac{3}{4}$，其实应为 $V_{内切球}:V_{牟合方盖}=\pi:4$。可是他没有准确计算出来，但他坚信今后一定会有人算出来。

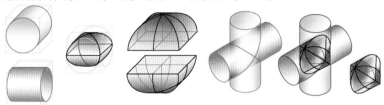

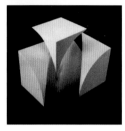

祖暅的证明

300年之后，祖冲之的儿子祖暅（6世纪）完成了这项工作。他在研究球体积时继承了刘徽的思考，抓住关键性的牟合方盖的体积计算。但他吸取了刘徽的教训，不再直接求牟合方盖的体积，而是首先研究立方体内除了牟合方盖的其他部分。他利用了图形的对称性，着重研究其中的 $\frac{1}{8}$，并称之为"外棋"，相应的牟合方盖的 $\frac{1}{8}$ 为"内棋"。

外棋

内棋

祖暅研究指出："等高处的截面积总相等的两个立体的体积相等。"（即"祖暅原理"）于是可以断定"外棋"的三块的体积之和等于倒立四棱锥的体积。由于等底等高的四棱锥的体积是立方体体积的 $\frac{1}{3}$，所以牟合方盖的体积就应该是立方体体积的 $\frac{2}{3}$，即 $V_{牟合方盖}=\frac{2}{3}V_{立方体}=\frac{2}{3}D^3$。

于是刘徽的求球体积的设想终于得到证明。

$$V_{内切球}:V_{牟合方盖}=\pi:4$$
$$V_{内切球}=\frac{\pi}{4}V_{牟合方盖}=\frac{2\pi}{12}D^3=\frac{4}{3}\pi R^3$$

一千年之后，意大利数学家卡瓦列里于1629年也提出了内容相似的定理，对微积分的产生有重大影响，故西方称之为卡瓦列里原理。

欣赏 Appreciate | 三个圆柱相交

牟合方盖是同直径的两个圆柱正交的公共部分。如果把这个模型加以发展，将三个同直径的圆柱互相正交，它们的公共部分是一个更加规则、齐整的立体造型，再一次体现了数学之美。

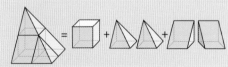

4. 1个阳马分成1个小立方体、2个小阳马和2个小堑堵。

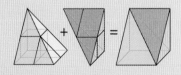

5. 将这些小模型拼在一起，构成一个大堑堵。

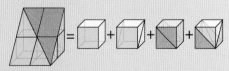

6. 可以分析，这个大堑堵是由4个小立方体组成的，其中小堑堵及小立方体占3份，阳马和鳖臑只占1份。
由此可以证明：$V_{鳖臑}:V_{阳马}=1:2$。
刘徽原理不仅对立方体适用，对一般长方形仍然成立。

广角 Wide-angle | 鳖臑与阳马

在《九章算术注》中的刘徽原理，为阐明锥体积公式，采用无限分割的方法，运用模型直观地表现出来。

刘徽原理在同一堑堵中，$V_{鳖臑}:V_{阳马}=1:2$。

古代名词解释："堑堵"为直三棱柱。分成两块：下块三直角四棱锥，称为"阳马"；上块三棱锥，形似鳖的前肢骨，称为"鳖臑"。

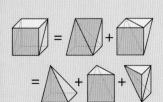

鳖臑　阳马　堑堵

2. 斜剖堑堵，得1个阳马和1个鳖臑。

1. 斜割立方体，或得到2个"堑堵"，或3个"阳马"。

3. 1个鳖臑分成2个小鳖臑和2个小堑堵。

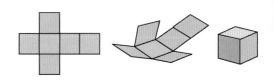

立方体是立体几何图形中最基本、最常见的一种。我们可以用卡纸做一个立方体纸盒，也可以用泡沫塑料切一个立方体模型。看看纸盒的展开、折叠和模型的切削截面，你能发现什么？

开口立方纸盒的展开

一个开口的立方体纸盒，其表面是由5个相同的正方形组成的。

把纸盒的一些棱剪开，可以展放在平面上；剪法不同，所得到的表面展开图也不同。

但是，5个正方形相连成的纸片不一定都能折成一个开口纸盒。研究这个问题，首先可以把"5个相连正方形"（简称5连方）的各种图形都画出来（画图时要注意分类）。

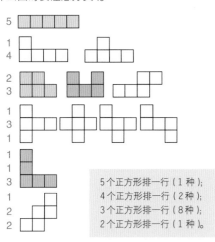

> 5个正方形排一行（1种）；
> 4个正方形排一行（2种）；
> 3个正方形排一行（8种）；
> 2个正方形排一行（1种）。

总共排出了12种"5连方"。我们凭借自己的空间想象力，或通过画、剪、折的实际操作，很容易发现其中只有8种能折成小纸盒。你能从中找出这8个展开图吗？

游戏 Game 5连方拼板游戏

用上述12种"5连方"做个拼板游戏，看看如何拼出 10×6、12×5、15×4、20×3 的长方形来。

如果将游戏深入下去，你很可能会思考：能有不同的拼法吗？结果是除 20×4 的长方形只有2种拼法外，另外3种长方形的不同拼法多达成百上千种！

（15×4 长方形368种，

12×5 长方形1010种，

10×6 长方形2339种）

完整立方纸盒的展开

一个完整的立方体有6个面，它会有多少种不同的表面展开图呢？仿照前面的思考，首先也画出"6连方"的各种图形。

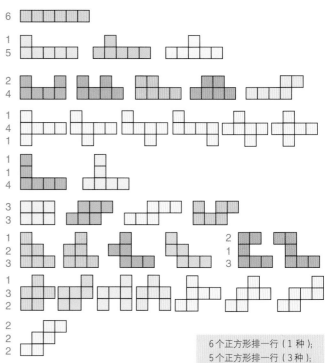

总共排出了35种"6连方"。其中只有11种可以折成完整的立方体。你能找出这11个展开图吗？

> 6个正方形排一行（1种）；
> 5个正方形排一行（3种）；
> 4个正方形排一行（13种）；
> 3个正方形排一行（17种）；
> 2个正方形排一行（1种）。

思考 Think 6连方拼装

如果把这11种"6连方"拼放到一个大正方形内，那么这个正方形的边长至少要多长？

这里是一名小学生的研究成果（大正方形的边长为9）。你能提出新的方案吗？

立方体的截面

用泡沫塑料或橡皮泥切出若干个立方体，作为我们实验的基本材料。研究一下如何在立方体上切一刀，切出类型各不相同的几何图形。当然，你如果觉得自己的空间想象能力比较强，也可以不准备任何材料，只要在纸上画上立体图，一样能进行研究。

1. 正三角形，最大的正三角形；2. 等腰三角形；3. 任意三角形；4. 正方形；5. 长方形，最大的长方形；6. 平行四边形；7. 菱形；8. 梯形；9. 五边形；10. 正六边形。

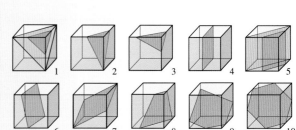

正四面体的截面

在正四面体上切一刀，能切出多少种不同的几何形截面？

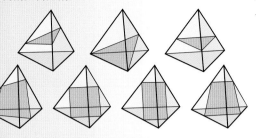

两个半立方体

把一个立方体分成形状、大小完全相同的两个部分，我们把这相等的两个部分叫做"半立方体"。最简单的只切一刀，就可以得到两个半立方体。

当然，也可以多切几刀，构成较复杂的半立方体。

四维立方体的展开

一个点向左或向右移动一个单位，便形成一条线段，这条线段就是一维物体。

一条线向上或向下移动一个单位，便形成一个正方形，这个正方形就是二维物体。

一个正方形向前或向后移动一个单位，便形成一个立方体，这个立方体就是三维物体。

一个立方体向第四维方向移动一个单位，这便产生了一个超立方体，这个超立方体就是四维物体。

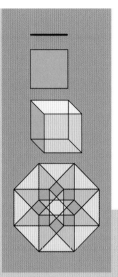

一个立方体画在纸上是一种想象的三维透视图。左图是在二维平面上立方体的侧面图。

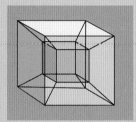

一个超立方体或立方镶嵌体，是一种立方体的四维表示。应用类似的方法，把四维立方体在三维空间中加以展开。

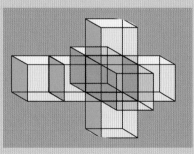

一个超立方体或立方镶嵌体，是由8个立方体、16个顶点、24个正方形和32条边所构成的。

这个超立方体四维画是美国建筑师布莱顿1913年创造的。

噢，原来四维立方体是这么回事！

三个斜棱锥体

一个立方体，通过切割，可以分成三个全等的斜棱锥体。每一个斜四棱锥体都有一个正方形的底面。(想想看，这三个正方形的底面分别在立方体的什么方向？)如果用铰链把三个锥体接合起来，就成为能分能合的立方体。

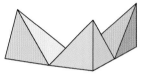

超级立方体

这里有一个超级立方体的设计图,我们通过不同方式的填色试验,可以构成无数立方体或空心立方体组合的不同图形。它们千变万化,十分有趣。你也试试看。

思考 Think 截面的形状

夹在两个平面中的正四、六、八、二十、十二面体的中截面，各是什么形状？

（1个四边形，2个六边形，2个十边形）

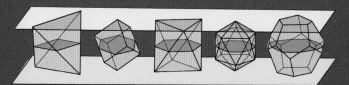

广角 Wide-angle 正二十面体的黄金矩形

这里的三个黄金矩形彼此对称，并与其他两个垂直相交。这些矩形的角顶与这正二十面体的十二个角顶相吻合。

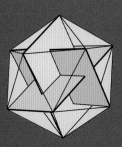

机械装置

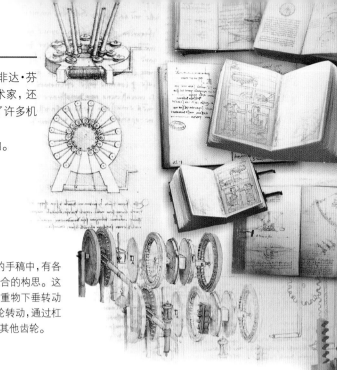

如果要在历史上找出一个完美人物,那这个人非达·芬奇莫属。他学识渊博,多才多艺,不仅是出色的艺术家,还是个伟大的科学家、工程师和发明家,他构思设计了许多机械装置。

近代工业革命首先是从机械发明与制造开始的。

达·芬奇的手稿

达·芬奇的手稿中,各种机械装置的草图和设计图占据了首要地位。这些图文反映出他在数学领域和机械工程领域的深厚造诣。许多设计构思对以后的科学家的创造发明有着极其重要的启迪。

达·芬奇提出通过重物作用转动齿轮、导致圆柱沿正弦曲线路径进行运动的设想。几个世纪后,这种机械用于调节时钟。

达·芬奇的手稿中,有各种机械齿轮组合的构思。这一幅草图通过重物下垂转动横轴,带动齿轮转动,通过杠杆调节,联动其他齿轮。

瓦特的机械联动

发明家瓦特不畏艰难,经过无数次努力,终于在1769年研制成蒸汽机。左图是他发明的蒸汽机。蒸汽机的发明推动了整个科技革命的发展。

这里有一个瓦特发明的机械联动装置,其中有两个机械臂,它们的一端固定,另一端连接红色转动棒。你知道当机械臂运动时,棒中白点的轨迹是什么形状的吗?

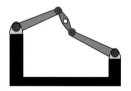

四连杆装置

四连杆是所有机械结构中常见的一种部件,其中平行四边形连杆是最常用的连杆形式。这种连杆在移动时,两对边始终保持平行,能方便地进行往复运动。

三连杆装置

这里有个三连杆。当它们转动时,中间连杆的中点的运动轨迹是什么样的?

波赛利连杆

波赛利连杆是法国军官波赛利于1876年发明的。当蓝色连杆不停地绕着一个圆形轨迹移动时,最右端的白点运动轨迹是什么样子的?(A.曲线　B.直线)

思考 Think ## 毛病在哪里

下面有三组平行四边形连杆机械的实例设计图,它们分别是:A指针式弹簧秤、B活动工具箱和C儿童荡板。每一组设计图中有一幅是合理的,有一幅有一点问题,请指出哪一幅有问题,毛病在哪里。

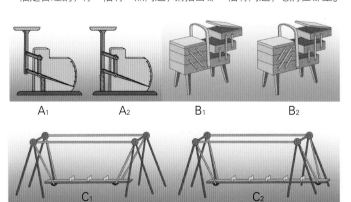

A₁　　　　A₂　　　　B₁　　　　B₂

C₁　　　　　　　　C₂

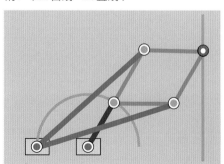

绘图缩放尺

运用平行四边形连杆式制成的绘图缩放尺，可以放大或缩小图画或地图。

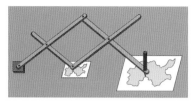

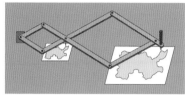

除了缩放尺外，生活中有很多类似的例子，如婴儿折叠车、折叠床、折叠晾衣架、折叠拉门等。

欣赏 立体卡片
Appreciate

在工艺设计中运用半行四边形的特性，只要在卡片上设计好切折线，将对折的平面卡片打开，就展现出立体的造型，然后仍可以还原折叠好，便于保存收藏。用这种方法，便可制作立体贺卡、立体图书。

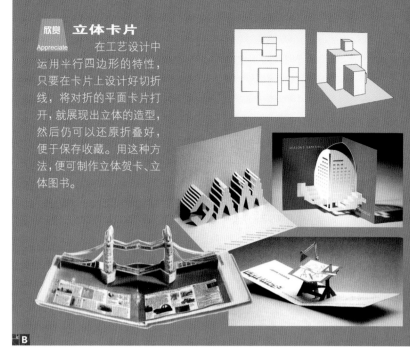

B

齿轮的转动

齿轮相互啮合，可以传导机械的运动，并能改变轮子的力量和转速。例如，大齿轮使小齿轮转动得更快，但是转速快的轮子产生的动力小。齿轮还可以改变运动的方向。

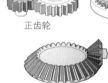

正齿轮　　内齿轮　　螺旋齿轮　　人字齿轮

圆锥齿轮　　蜗形齿轮　　行星齿轮系统

齿条
小齿轮
圆锥齿轮
蜗杆
正齿轮

这些是由全部会动的齿轮组成的钟表。

思考 齿轮的运动方向
Think

观察下面的各组齿轮，分析各齿轮的运动方向。

1. 如果黄色齿轮沿逆时针方向转动，那么此刻左下方的重物会怎样运动？（A.上升　B.下降）

2. 如果左边齿轮沿顺时针方向转动，那么右下方的小球会滚进哪个洞？（A.左洞　B.右洞）

3. 如果上边的齿条向左移动，那么下边的圆洞盖将有何动作？（A.打开　B.盖上）

4. 如果左边的齿条向上移动，那么右边的齿条将怎样运动？（A.上移　B.下移）

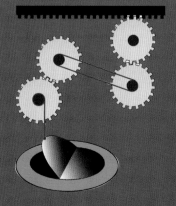

BABA

立体视图

在平面上画个空间物体，还要把它的空间结构和各个面交待清楚，这并不是一件简单的事。为此，人们运用向不同平面投影的几何原理，创造了视图法。工程师、制图员、制作工都能够表达清楚，看得明白，制作时才能保证准确。

不同的视角

同一个物体，我们从不同的视角去看，所看到的形状往往也不同。这里有主视图、左视图、俯视图、右视图、仰视图、后视图等不同视角的图形。

设想把物体悬在一个立方体纸盒中，它将在纸盒的6个内壁上留下投影图。将纸盒展开，就看到这6个投影图，这就是6个视图。

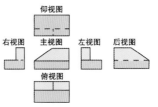

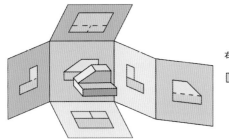

立体图

根据三视图，我们可以在平面上画出立体形体。常用的立体图有两种画法：1. 正等测轴测图；2. 斜二测轴测图。

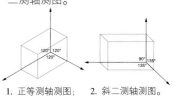

1. 正等测轴测图；　2. 斜二测轴测图。

三视图

一般我们只要从三个角度：前面、上面和左侧面去描绘一个物体，分别得到：主视图、俯视图和左视图，就能够准确地表现这个物体了。

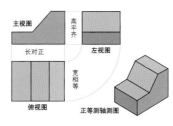

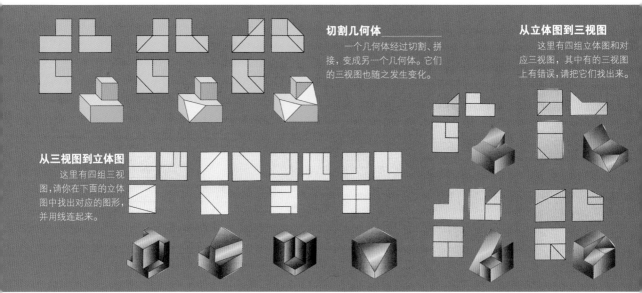

切割几何体

一个几何体经过切割、拼接，变成另一个几何体。它们的三视图也随之发生变化。

从立体图到三视图

这里有四组立体图和对应三视图，其中有的三视图上有错误，请把它们找出来。

从三视图到立体图

这里有四组三视图，请你在下面的立体图中找出对应的图形，并用线连起来。

立方体与展开图

1. 这里的展开图，能折叠成周围的哪一个立方体？

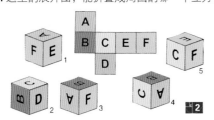

2. 这里的立方体，它的展开图是哪一个？

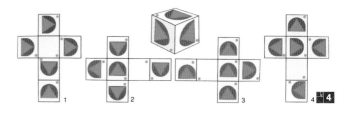

寻找正确视图

1. 有16个物体，看红色面，呈现4种不同的视图；看黄色面，也呈现4种不同的视图。这里的表格排列了这两种颜色的视图，请对号入座，把物体的号码填在表格里。

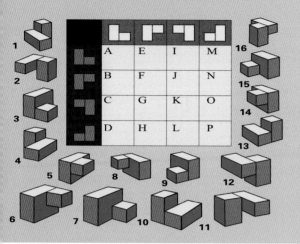

2. 这里有6幢大楼的模型，还有8幅大楼模型的俯视图。你能找出与这6幢大楼模型对应的俯视图吗？

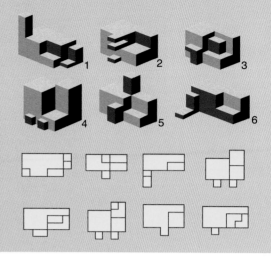

立体图配对

1. 在周围的6个锯齿形的模型中，请找出一个与中间的红色模型配对，使它们合并后能完全吻合的。

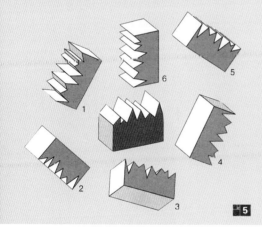

2. 这里的10个由立方体合成的模型，只有5种不同的组合结构，每种各有1对，只是呈现的角度不同，请把这5对模型找出来。

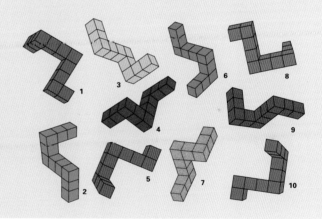

三孔一塞

两块木板上各有三个孔洞，请你各设计一个立体的非常规的塞子，能够分别塞住这三个孔洞。

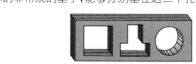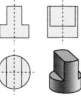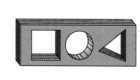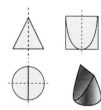

广角
Wide-angle

飞机模型的三视图

这里有两种飞机模型的三视图，它们分别是莱特号飞机和水上飞机。看了三视图，你能想象出这两种飞机的立体形象吗？说一说莱特号飞机机翼的特点。想一想，水上飞机靠哪一部分浮在水面上？

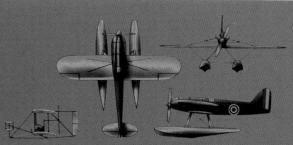

错视图形

如果一个关于自然界事物的命题是真实的,我们便称之为事实。然而,如果人们单凭直观感觉进行判断,很可能会产生错觉。看上去的情况和事实有偏差的图形,我们称之为错视图形。

面积错视　比较下列各图中蓝、绿色图形的面积。

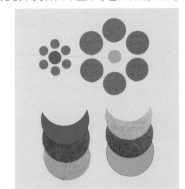

长短错视　比较下列各图中蓝、绿色线条的长短。

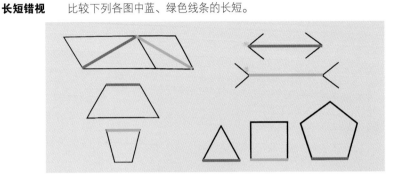

色块错视

黑色收缩,看起来小,
白色扩张,看起来大。

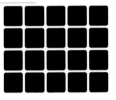

看起来白线条相交处有灰色。

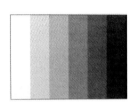

两个色块交接处看起来深一点。

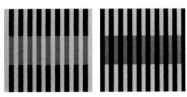

两幅图中间的绿色块一样深。

左下角的白线与谁相对?

A、B两色块,谁深?谁浅?

A、B两色块,谁深?谁浅?

方向错视　这些图形里有平行线存在吗?

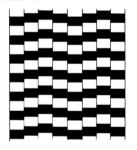

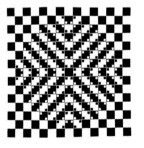

扭曲错视　这些图形中的粗线圆圈和方形看上去都有点扭曲变形,它们是真正的圆和正方形吗?

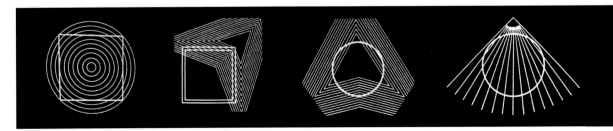

垂直的文字和人物图线条显得扭曲。

会转动的圆盘

彩色图看起来好像在波动。

乍看似乎是黑白曲线组成的螺旋线，其实是若干个圆形套在一起。

这些扭曲的线框其实是一个个正方形。

将书晃动，这两幅图中间的圆也会抖动。

起伏错视

平面线条构成锥形立体

平面线条构成立体曲面

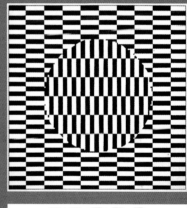

透视错视

下面两幅图中的卡通形象其实离我们一样近，但在有透视的背景内，显得差距如此之大。

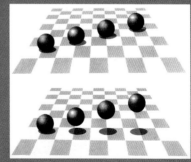

投影使我们感到下面的小球逐渐升起来。

当心错视

人们的正确思维依靠两点，一是事实，二是推理。事实是推理的依据，推理则是连接事实与结论的纽带。然而错觉常常使人们的思维陷入困境。因此当我们判断事物的真实性并作逻辑推理时，千万不要忘记我们有可能产生错觉。

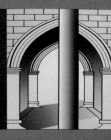

柱子一挡，使我们感到拱门的右边好像建矮了。

隐藏图形

巧妙地运用图形与图形之间、图形与背景之间的一些特殊关系，使看上去的和实际的情况产生奇妙的错觉现象。一些没有的图形，却能让人感觉到它们的存在。或者相互借用，相互依存，一幅图里隐藏着另一幅图。

隐藏的几何形体

利用透叠关系将一些几何图形组合在一起，凭感觉，凭想象，却能找到仿佛没有的图形。

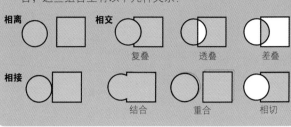

相离　　相交　　复叠　　透叠　　差叠

相接　　结合　　重合　　相切

看到粗白线三角形了吗？

看到黑色的三角形了吗？

从这两幅图中，你又能看到什么几何形体呢？

零散的组合

乍看是一些零散的互不关连的点、块。当你启动联想，就会自动地弥补它们的残缺和差异，很快便有惊奇的发现，这里面有动物，还有人与动物的组合，猜一猜，这些是什么？

这里藏着一个五角星，你能把它找出来吗？

几匹杂色马？

经典的画谜

早在17世纪的欧洲，就已经出现许多作为游戏的"画谜"，即隐藏了动物、人物形象的图画。

少女？吹号手？

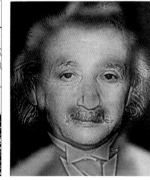

兔？鸭？

树林里藏着多少动物？

花瓶？英国女王和她的丈夫？

少女？巫婆？

爱因斯坦？梦露？

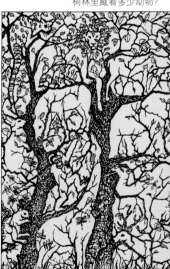

达利的作品

　　这幅是现代绘画大师达利的作品《奴隶市场和将要消失的伏尔泰胸像》。画面中央伏尔泰胸像的眼睛、鼻子和两个戴着头巾的修女微妙地交叠着，要辨认一方，必须依赖另一方的存在。这两个形象都充分利用了图形中的互用共享线条、块面及空间。他的另一作品《保姆背后的神秘嘴唇》也运用了相互借用、共享图形的手法。

《奴隶市场和将要消失的伏尔泰胸像》

《保姆背后的神秘嘴唇》

隐藏图形欣赏

《海上奇观》

《森林之眼》

《堂·吉诃德与塞万提斯》

《老人与抱孩子的妇女》

为了生存，动物也学会了隐藏自己。

颠倒图形

几何图形经过"对称操作"，变得那样丰富、奇妙，有水平对称、垂直对称、旋转对称等。镜面、水面反射的景物大家都习以为常。然而将一个不熟悉的画面颠倒过来，看上去便与原画大不相同，这就是利用人们的心理不能马上接受颠倒的景物而产生惊讶所致。

正看与倒看

广漠的原野上凸起一座平顶小山丘，真有点奇特。你把书倒过来再一看，原来是一个巨大的陨石坑，是天外来客留下的痕迹。

有情节的颠倒画

一只巨大的大鹏鸟正衔住女孩露金丝的裙子，她惊恐地喊爷爷米法尔来救命。颠倒过来一看，米法尔也正遭劫难，一条大黑鱼正用尾巴狠狠地撞击小船，也危险着呢！欲知完整故事，请看下面连环画《钓鱼遇险》。

正像、倒影相连

这幅深色的图片究竟是什么呢？一下子猜不出。原来水面太平静，连倒影都看不出来了，遮住下半幅，原来是一只凶险的鳄鱼潜水游来，正悄悄地浮在水面上。

《露金丝和米法尔历险记》 钓鱼遇险

1. 小渔船里躺着一条大鱼，那是露金丝和米法尔钓到的。

2. 米法尔又去钓鱼了，露金丝正设法把大鱼拖到岸来。

3. 危险！米法尔不幸钓到了一条凶狠的箭鱼。

4. 大箭鱼死命挣扎，它箭头一样锋利的尖嘴一下子划破了小渔船。

5. 米法尔破船快到岸时，另一条大鱼用它的尾巴狠狠地撞击小船。

6. 小船沉入海中，水面掀起波涛，米法尔爬上了岸。

颠倒人物像 我们对于人物面部形象的欣赏，习惯于正视观察，对于倒置的面部表情，却是比较迟钝的。这显然不如常年倒挂在树上的猴子，对它们来说倒着看却是司空见惯的事。

广告牌上的字

　　动物游泳池旁立着一个广告牌，这个牌子上的语句"NOW NO SWIMS ON MON"，正立着读与倒立着读都一样，真是巧妙之极！

《露金丝和米法尔历险记》

　　出版物中有许多有趣的颠倒画，然而将颠倒画提高到一个难以置信的高度，要数著名画家维尔比克的《露金丝和米法尔历险记》。它创作于1903～1904年，在美国《纽约先锋报》漫画版上连载。每组6幅画面，但实际上是12幅，当我们读完6幅画后，颠倒过来，第6幅变成了第7幅，仍然连续着前面的故事。

　　作一幅画能颠倒看，已不简单；而创作一组画能同时颠倒过来读，那就更为不易了。上述的组画真是颠倒图画中的极品。

主人公露金丝和爷爷米法尔

《露金丝和米法尔历险记》碰到老虎

1. 露金丝和米法尔正在高高兴兴地散步。

2. 突然，一只大老虎从乱石堆后面跳了出来。

3. 老虎穷追不舍，他俩只好跳入海中。

4. 幸亏不远处的水中有只小木筏，他们赶紧游过去，终于得救了。

5. 上岸后，他们飞快地躲入草丛中。

6. 没料到又碰到了一条大蛇。

魔术图形

神奇的魔术变幻莫测，令人叫绝。这里的魔术非常容易做，可揭开它们的秘密，原来还是数学在"欺骗"你。"眼见未必为实"，我们常受眼睛的欺骗。因此，细心观察，认真分析很重要。

魔术卡片

这里有两种古老的魔术卡片，它们都是美国数学科普大师萨姆·劳埃德（1841～1911）在19世纪设计创作的，当时广为流行，销售千万套。现在虽不多见，但仍是趣味数学中保留的精彩"节目"。

萨姆·劳埃德从小喜爱数学，14岁就发表了趣味数学谜题。他一生设计了一万多个谜题和益智游戏，在世界上有很大影响。

爱尔兰妖精 如上图，把一张古怪的漫画贴在厚卡片纸上，然后按图中的直线分割成三块，便做成了这套魔术卡片。通过不同的拼摆，这些爱尔兰妖精的人数会忽多忽少，一会儿14人，一会儿15人，好像变魔术一样。

离开地球 左图是一个能转动的地球活动圆盘，地球是块小圆盘，天空背景是块大圆盘。天地之间有13个手持利剑的中国武士。只要稍稍转动小圆盘，就有一个神奇武士离开地球消失了。哪一个武士失踪了？他去哪儿了？

人像魔术

变线条的魔术太简单，不妨增加点艺术性，变成人像魔术。

这里还有一个有悠久历史的人像魔术卡片，曾发表在1912年美国《纽约世界》上。

动手 线条失踪
Start work

为了揭开这位谜题大师的魔术卡片设计的奥秘，我们自己动手做一个线条失踪的简单魔术卡片。

在卡片上，画上12根等距离、等长的平行线，然后沿斜线切开，把两块卡片左右错开一点，这12根平行线转瞬间变成11根了。我们仔细观察，再用尺量一下，原来每根线条都增长了一点。其实移动前后这12根线条的总长度没有变，只是拼接上有所不同，这就是这套魔术卡片的"奥秘"。

用同样的原理做两个圆盘，画上等距离、放射形的线条。转动圆盘，圆盘上的线条也会玩起"失踪"来。

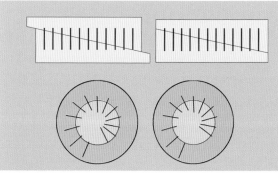

驴马拼图

萨姆·劳埃德还设计了一组驴马魔术拼图。这是他17岁时构思设计的，后来发表在报刊上并公开销售。

图形悖论

我们将图形剪剪拼拼，还可"证实"一些不可思议的事。

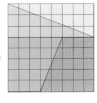
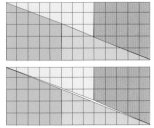

魔图证明 64＝65

8×8＝64 的正方形，分成四块，拼成 5×13＝65 的长方形，岂不是证明 64＝65 吗？

如果精确作图，不难发现长方形中有一条缝隙。

魔毯裁拼不变

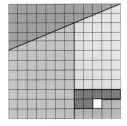
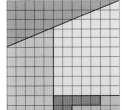
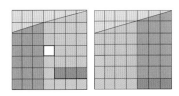

地毯上烧了一个大洞，经过裁剪粘合，可以使洞没有了，面积仍然不变。这可能吗？

上面的裁剪方案，其实也只是在图纸上画得不够精确而已。

精确作图，问题自解。

魔术拼图

多块拼图

100 多年前，法国流行"小白兔多块拼图"。它由 5 张正八边形镂空卡片组成，重叠之后可以形成一只小白兔。由于 5 张卡片正反歪斜颠倒均可以拼图，所以它的重叠组合竟多达 65536 种。看上去简单的拼图，实际操作起来难度可不小。

几何拼图

简化了的四块拼图，各有一个镂空的几何图形，将四块重叠拼成一个五角星，虽说重叠组合的方法只有 64 种，但拼起来也不像看上去那么简单。

折叠变图

按下图剪纸，再折叠，就可以自己做个魔术拼图了。如果正反面都画上画，就可以轻松地变出 4 个图。

折叠拼图

在第二次世界大战中，有一种"希特勒是笨猪"的折叠拼图，曾在欧洲盛行一时。这既是一个老幼皆宜的简单游戏，也是一个寓意明确的战地宣传品。

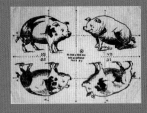

编织拼图

用 6 条长方形的纸条，用编织的方法，两次画上不同的图形，然后在纸条两端分别写上两组诗句。这样，就可以请人编拼了。聪明的人可以看两端的诗句，拼起来方便多了。

猜生肖卡

"不用开口，便知你的生肖。"魔术师让你看下面 4 张开了方洞的卡片，要你看到有自己生肖的便点点头。

魔术师将这些卡片正着反放；其他的卡片便倒着反放，4 张合起来只剩一个方洞，再放在十二生肖全图上，方洞里便显出你的生肖。

变形图形

人们观察形体后形成具体印象时，总要受到自身观察能力和周围环境的制约。如果一个形体产生变形，即拉长、压扁、扭曲、歪斜等，一些新奇的图形便呈现在人们眼前。这种变幻的创意，使人们获得意想不到的奇趣。

生物的变形

生物结构的和谐，是生物亿万年不断进化演变、去劣存优的结果。而数学则为它们找到了可靠的理论依据，并证明了这一点。

动物的头骨、鱼的外形，看上去似乎很有差异，其实它们不过是同一结构在不同坐标系下变形的结果，是生物在不同环境下演变进化的结果，也是大自然的生存规律。

这里我们为达尔文的"进化论"从数学上找到依据，动物头骨的结构与形状是亿万年生物进化中的最优选择。

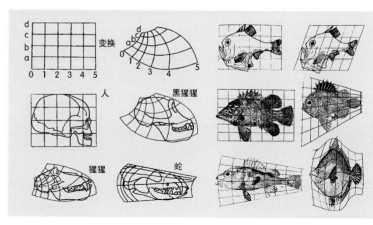

坐标变形

我们利用不同的坐标系，可以将图形较大幅度地变形。

A、B两个英文字母，通过坐标系的曲折变化，便产生了奇趣的视觉效果。

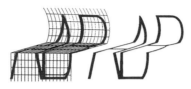

思考 Think **制作动物变形图**

在电脑里进行坐标变形，最简单的是将坐标拉长、压扁。这里的图形是在电脑中进行过坐标变形的。想一想从什么方向看可以看清它们的真面目。中间的红、蓝两色的图案，实际上是红、蓝两种不同的文字进行的坐标变形组合而成的。你能看出来吗？

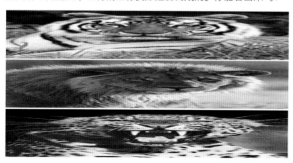

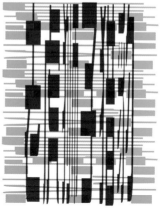

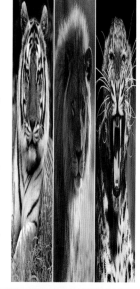

动手 Start work **弯曲变形动物画**

在你喜欢的动物画稿上作出方形坐标格子，并标上数字和字母编号。在另一张纸上画好半圆形坐标格，格子的数量与前者相同，再分别标上对应的数字和字母。这样我们便可以依据坐标格，准确地画出动物变形图。最后用电化铝的装饰纸做一个圆筒，我们就可以从圆筒形的镜面上又看到变形前的动物画。

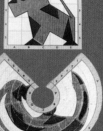

我们还可以把坐标格扩展至270°圆环。选择直线形的动物画，可以减少绘制难度。请仔细看一看，变形后的动物画有没有画颠倒了？如果在圆环处放上镜面圆筒，反射出来的动物会是什么效果？

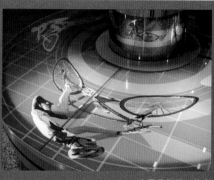

这里我们可以从金属圆柱上看到桌面上骑自行车运动员的变形画复原的图像。

变形画名作

《神秘的岛屿》

这是 19 世纪小说《神秘的岛屿》中的一幅插图。插图画家奥格兹在图中隐藏了小说作者的肖像。只要把圆筒镜放在太阳处，便可以看到小说作者朱力斯·华纳。

《达利》

这是荷兰画家汉姆格伦创作的一幅变形画，只要将一个圆锥体的镜面放在中央圆圈内，从正上方便可以看到西班牙现代艺术大师达利的头像。

《两位大使》

这是德国肖像画家小汉斯·荷尔拜因 1553 年创作的一幅蛋彩油画。除了画面上的两位大使的形象外，还隐藏一些图形信息。当你从左下方去侧看此画，可看出倾斜的画板上是个死者的头像。这表达了大使对死亡逼近的预感。

《球面镜中》

这是埃舍尔的自画像。球面镜能够以 360° 角反射最大限度的景物，同时整个世界都在其中扭曲变形。埃舍尔对此深深地着迷，创作了许多"球面镜"画。

《手持球面镜》

在埃舍尔的众多"球面镜"画中，这是最精彩的一幅。埃舍尔手持球面镜坐在房间中央，整个房间的陈设都变形了。埃舍尔的手和镜中的手紧密贴合，给人以异常真实的感觉。这双灵活有力的手，不禁使人产生"只手托起地球"的豪气。

马路的急转弯处也有类似的球面镜。

《画廊》

这是埃舍尔最为得意的作品。我们从右下角画廊入口走进去，看到左下角有位男士在观画，画面是船与港口。岸边房屋向右延伸，窗内有位女士在观看画廊。这种巧妙的变形，完全是依靠坐标体系的变化。从画家的草图和坐标格的设计，可以看出他独树一帜的构思。

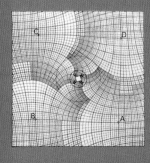
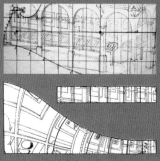

渐变图形

将点、线、面、体不同形态的基本图形重新加以组合，便构成了一个新的图形。基本图形逐渐地、有规律地循序演变，构成了新的图形，它们具有和谐的节奏感和韵律感。

渐变构成的形式

渐变的形式是多方面的，图形的大小、方向、位置、形状、色彩、明暗等方面的变化，都可以达到渐变的效果。

除了同形渐变外，还有异形渐变：在渐变的过程中，一个图形逐渐演变成另一个图形。这种演变的微妙部分是在两种图形变化的中间阶段。构成异形渐变，需要出色的联想能力与想象能力，图形将充满幽默和智慧。

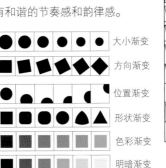

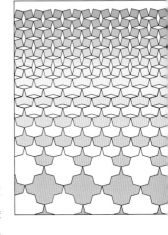

埃舍尔的迷人作品

埃舍尔在世界艺术中占有独一无二的位置。他的大量作品都带有数学意味，独具一格，人们称他为艺术家中的"数学家"。在他之前，从未有艺术家创作出同类的作品。数学是他的艺术之魂，他在数学的匀称、精确、规则、秩序等特性中发现了难以言喻的美，创作了广受欢迎的迷人作品。这里主要介绍埃舍尔渐变图形的创作。

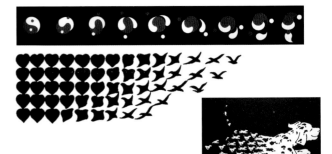

《漩涡》

这幅同形渐变的作品，通过两种颜色的鱼从大到小的渐变，构成对数螺线的构图形式，试图表现生命成长消亡的过程。

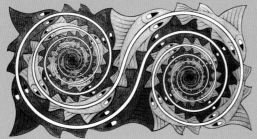

《循环》

从立方体图案的小屋里跑出一个小精灵，它边跑边渐变，立方体的环境也随之渐变，最终两者融合在一起。小精灵的造型决非随意为之，要符合渐变和镶嵌的规律，离不开数学计算。

《日与夜》

这是埃舍尔最受赞誉的作品。黑、白两队大鸟，飞越田野、河流的上空，跨过白昼、黑夜的时空。画面富有对称性的装饰美。

《天与水》

这幅作品充分运用了异形渐变的构成方法，使天上的鸟和水中的鱼有机地结合在一个空间中。画面中间黑鸟、白鱼两者竟毫无间隙地融和在一起。

《美洲鳄》

这幅作品中的美洲鳄从书本上的平面二维形象逐渐演变成立体的三维造型，经过精装书爬到了正十二面体上，又从香烟罐爬下来，回到了平面的书本图画中。这是多么有趣的渐变循环啊！

《阶梯宫》

这又是一个奇特的空间。埃舍尔运用了曲线透视法则结构墙面和台阶。仔细分析，他还采用了可无限延伸的正弦曲线。作品一稿为25厘米×50厘米，为了表明曲线周期性，作品二稿加长到近150厘米。为了适应这一奇特空间，埃舍尔特别设计了"小卷兽"，从而使作品增添了迷人的魅力。

《魔镜》

这真是一面魔镜，镜子后面的"小飞兽"能穿过镜面，跑到镜前，绕过圆球，当走到画面中央时，渐变成平面图案。然而镜后仍有相同数量的"小飞兽"想穿镜而出。

《变形》

这是埃舍尔最壮观的渐变镶嵌图案作品。这是第二稿，全长3.9米，包含了正方形、蜥蜴、正六边形、蜂巢、蜜蜂、鱼、鸟、正方体、房屋、灯塔、象棋、正方形的循环渐变。画幅正中上方为埃舍尔亲自雕刻的木刻印板的局部。1967年，海牙一所大邮电局决定用它来装饰营业厅墙壁，埃舍尔又创作了第三稿，全长6.8米。

变幻的图形

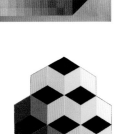

观察右边的图形,你有什么感觉?奇幻?多变?眼花缭乱?……当你选择不同的视点、视角去观察同一物体时,可能会得到不同的结果和体验,对同一实体或艺术品,甚至会产生变幻莫测的错觉。

变幻的正方体

正方体谁都会画,这里我们把正方体略加变化,就可以创造出种种变幻的空间。

你瞧,把正方体的侧面向左下方延伸,便出现一个变幻的正方体。你一会儿可以看到一个红紫色的正方体,一会儿又看到变成蓝紫色的正方体。

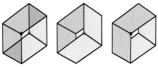

同样,我们观察这个方盒,分别注视方盒的红点、蓝点,方盒的开口将随之改变。这就是我们改变视角假想的结果。

采用这种绘图方法,我们可以创造出许多变幻的空间。

右图有一组正方体,数一数,一共有多少个?以黑色面为顶面,可以看到6个正方体;以黑色面为底面,可以看到7个正方体。

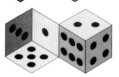

这里还有两个正方体,可以把它们并排放在一起吗?

变幻的空间

这里有一个由正方体组成的变幻空间,空间里还活跃着很多卡通小精灵。

注意观察,你会发现在这个变幻的空间里有两种小图形,一种是大正方体中挖了一个小正方体,另一种是大正方体旁加了三个小正方体。明明是同一个空间,为什么会看出两种不同的图形呢?

这里的正方体空间里又增加了台阶。我们可以顺着台阶直立往上走,可是过了一会儿,又要侧身横着走,然后还要倒立往下走,这简直是一个发了疯的变幻空间。

欣赏 Appreciate 变幻的正方体给现代画家们以灵感,他们创作了许多现代派美术作品。

广角 Wide-angle 运用变幻的图形设计的标志图案。

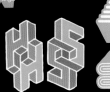

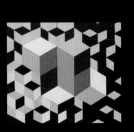

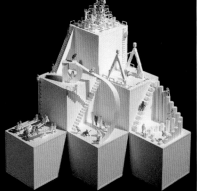

埃舍尔的创造

　　利用立方体及其台阶由于不同视角而产生的变幻空间，画家埃舍尔创作了几幅非常著名的石版画作品。

《凹与凸》

　　变幻的台阶构成了画面的主体。这里有一个像贝壳的图形，它到底是在地面上，还是在屋顶上？到底是凹进的还是凸起的？实在难以决定。在画面的右上角有一幅旗帜，上面有个变幻的立方体图形，点明了此画的主题：变幻的凹凸图形与空间。

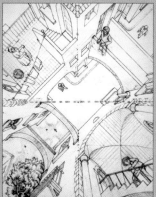

《上与下》

　　在这幅著名的作品中，画家埃舍尔运用了曲线透视法则，使画面空间的结构变幻莫测，令人惊奇。画面上下两个部分是两种不同视角所表现的空间，上下两部分联结处的方形图案，既可视为上部的地砖，又可看做下部的天花板，这种构思真可谓神来之笔。左边两幅小图是画家为这幅作品所作的研究草图。

《相对论》

　　这是一个变幻错乱了的世界。生活在其中的人们，你可以在我的墙壁上行走，我可以在你的天花板上读书。甚至，在同一段台阶上，两人同向而行，而你在向上，我却在向下。

　　研究这幅作品是一件非常有趣的事情。这是画家埃舍尔利用透视关系和光影效果创造的一个变幻神奇的空间。

不可能图形

古往今来，不可能图形刺激着艺术家和数学家们的创造性。早期的不可能图形大概是由于艺术家偶然的透视错误所生成的特殊效果，引起了他们故意创作这种奇特的艺术作品的激情。数学家们也介入不可能图形的创作与研究，使得这些图形具有富有魅力的数学解析，激励着人们的智力和想象。

彭罗斯三接棍

荷兰艺术家埃舍尔画了许多捉弄人的透视画法图，它们表现了"实际上不可能存在的事物"。英国数学家彭罗斯（1931～　）受到了这种画法的启发，在1958年发明了彭罗斯三接棍，它看上去像个立体三角形，却是由三个直角部分结合起来的，因此是造不出来的。这张图看上去仿佛真像这么回事，可用纸模型做出来，只能从某一视角看，从其他视角看就露馅了。埃舍尔受到彭罗斯的激励，后来又进行许多不可能图形的艺术创作。

不可能几何图形

这里的不可能几何图形都凝聚着许多艺术家、数学家的智慧，是他们故意不按常规精心设计出来的。请你指出各图的奇妙之处。

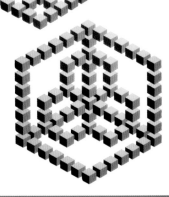

这里的狗、猫、鼠在捉迷藏，可仔细看看，游戏架就不可能存在，它们怎么玩得起来呢？

这些正方体倒是真实存在的，但它们组成的图形也能存在吗？

不可能的立体框架

这里几幅图画面的主体形象都是一个像六面体的框架，仔细观察，这些立体框架都是不可能图形，根本无法造出来。画纸却有无限的忍耐精神，听任艺术家、数学家们任意摆布，随意造型。

动手
Start
work

你想创作一幅不可能图形吗？教你一个最简单的画法。右边是一个正确的六面体框架图，只要稍加改动，就变成了一个不可能图形。

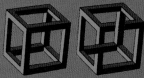

这里的几幅不可能图形的画面精美写实，使得这些不可能的事实隐蔽得如此富有艺术性。

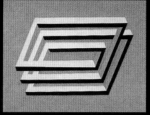

埃舍尔的精品

这是荷兰艺术家埃舍尔的一幅名作《互绘的手》，创作于1948年。

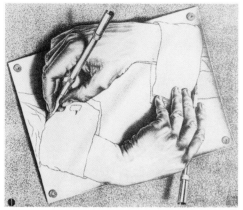

一块钉着的图板上，一只手被另一只手所描绘，同时被描绘的手又画着另一只手。平面的线描袖口贴在画板上，而主体的素描双手握着笔，凸现在画板上。这幅图充满了亦真亦幻的视觉魅力，使人过目难忘。

《互绘的手》

《棋盘》

《晒台》

瑞士艺术家普瑞特创作了两张相似的不可能图形的艺术作品，《棋盘》与《晒台》，一幅是正反棋盘的棋子们在激烈交战，一幅是地坪与晒台的工人们在协作施工。

《骑马的女子》

比利时画家马格里特1965年创作了这幅超现实主义的油画。画面中的马和骑马人的形象是不完整的，穿插在树木之中，构成了奇异的视觉效果，是一幅不可能图形的艺术名品。

这是埃舍尔1960年创作的石板画《升与降》。他在二维的画面上营造了一个不可能的三维图形，还不让你轻易看出其中的奥秘。这真是一种奇特的创造。

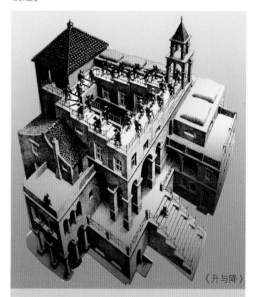

《升与降》

乍看上去，建筑物造得规矩、严谨、传统，没有异常。楼顶上有两队人相向而行，一队人在上台阶，另一队人在下台阶，仿佛可以无止境地上升与下降。

这里，我们移走栏杆和大部分人物，看看这连绵不断的台阶到底是怎么回事。

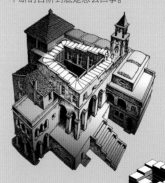

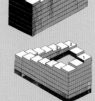

我们再把关键的部位"台阶"进一步简化，上图是从正面看的，好像没有问题；而下图是从背面看的，台阶的问题就暴露出来了。这就是埃舍尔给我们创造的不可能图形的绝妙之处。

解析几何的创立

从初等数学发展到近代数学,解析几何的诞生是一个伟大的里程碑。

解析几何是运用代数方法去处理几何问题的一个数学分支,它的创立归功于法国数学家笛卡尔和费马。

笛卡尔与解析几何

笛卡尔(1596～1650)是法国数学家和哲学家。他自幼酷爱思考,喜欢博览群书。他曾两次从军,后游历欧洲多年,更丰富了阅历,积累了资料,解放了思想。

笛卡尔认为,几何过分强调证明,依赖图形;而代数又过于抽象,缺乏直观。如果把两者联姻,产生数学的一个新分支,必定大有前途。对此,他昼思夜想,梦寐以求。

晨思的收获

笛卡尔养成了早晨躺在床上沉思的习惯。据说在一次"晨思"时,他看到蜘蛛在爬行,突然想到:如果利用它与墙壁拐角的两个距离,就可以确定它的位置了。从而,他引入了坐标系,创立了解析几何。

在坐标系中,点可以用坐标(x,y)来表示,线就可以用点(x,y)满足的方程用$f(x,y)=0$表示。这样,点与线的关系就转化成方程之间的关系,几何完全代数化了。

解析几何诞生

1637年,笛卡尔发表了著名的哲学著作《更好地指导推理和寻求科学真理的方法论》,通常简称《方法论》。《几何学》是书中三个附录之一。在这篇附录中,他首次明确地提出了点的坐标和变数的思想,并借助坐标系用含有变数的代数方程来表示和研究曲线。这篇《几何学》的问世,是解析几何诞生的重要标志。

费马与解析几何

解析几何的另一个创始人是法国数学家费马(1601～1665),他在著作《平面与立体轨迹·引论》中,明确指出方程可以描述曲线,并通过方程的研究推断曲线的性质。虽然他的职业是律师,数学只是他的业余爱好,但他对数学的贡献却是非常卓越的。除了解析几何外,他在数论、微积分及概率论等方面的研究工作也是非常突出的。

解析几何中最经典的就是这四种曲线。

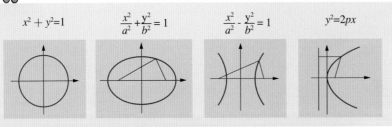

$$x^2+y^2=1 \qquad \frac{x^2}{a^2}+\frac{y^2}{b^2}=1 \qquad \frac{x^2}{a^2}-\frac{y^2}{b^2}=1 \qquad y^2=2px$$

游戏 Game **用坐标画图**

这里是有坐标方格的画纸,请确定右边18个点的坐标位置,并依次连接,看看画了什么。

点	坐标
	(x,y)
1	1 9
2	1 5
3	2 4
4	2 1
5	3 1
6	3 2
7	4 2
8	4 1
9	8 1
10	9 2
11	9 4
12	8 5
13	4 5
14	5 4
15	5 5
16	9 5
17	5 7
18	2 8

广角 Wide-angle 三维立体坐标

天文学家常用球坐标来确定夜空中任意一颗星星的位置,这比运用笛卡尔的立体坐标要容易得多。而球坐标的三个数据分别是距离、方位角、仰角。

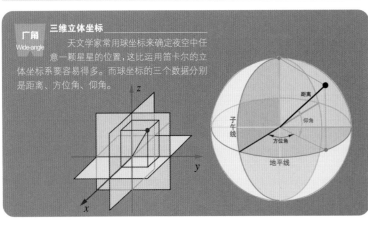

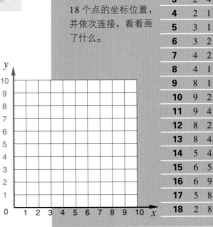

微积分的创立

微积分是微分学和积分学的简称。"无限细分，无限求和"的微积分思想，在古代中国和西方早就萌芽。解析几何把变量引入数学，使得人们借助数学对运动变化的规律进行定量的分析成为可能，为微积分的创立奠定了基础。

牛顿的微积分

文艺复兴以来，欧洲的科技蓬勃发展。远洋航行需要通过精密观测天体来确定船舶的方位。天文望远镜的光程设计需要研究透镜曲面的切线规律。火炮准确射击也需要研究炮弹飞行中不断变化的轨迹和速度。

英国科学家牛顿（1642~1727）在青年时代就密切关注着这些难题。在笛卡尔解析几何与沃利斯无穷算术的基础上，他努力寻找新的解决方法。1666年，他完成了第一篇微积分论文《流数简论》手稿。

科学巨人牛顿

牛顿是一位科学巨人，他不仅创立微积分，发现二项式定理，在物理上还发现了万有引力定律、力学三大定律、光谱分析等。许多人对他由衷地敬佩，可是他十分谦虚，他说："我不知道世人把我看成什么样的人，但是对我来说，就像一个在海边玩耍的孩子，有时找到了一块漂亮的贝壳，感到高兴，而我面前却是完全没有被发现的真理的海洋。""如果我比别人看得更远，那只是因为我站在了巨人的肩上。"

微分与积分

牛顿把变速运动物体在任意时刻的速度看成微小时间内速度的平均值，当微小时间缩到无限小时，就是微分概念。

牛顿把变速运动物体在一定时间内走过的路程，看成是许多微小时间间隔里匀速运动的路程之和，这就是积分概念。

1687年，牛顿的《自然哲学之数学原理》出版，第一次公开表述了他的微积分方法。

> 我站在数学大师的头顶上，我看得最远。

莱布尼兹的微积分

德国数学家莱布尼兹（1646~1716）也是微积分的创始人。与牛顿"流数论"的运动学背景不同，他是从对几何问题的思考创立微积分。1673年，他提出了微分三角形的理论，研究了求曲线切线和求曲线下面积这两类问题的互逆关系。

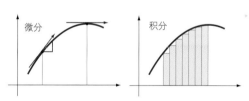

微分　积分

1684年，莱布尼兹发表了第一篇微积分论文《一种求极大与极小值和求切线的新方法》，文章中首次使用 dx，dy 等微分记号。两年后，他又发表了积分学论文，首次使用"$\int$"积分符号。这些符号一直沿用至今。

> 易经和二进制真的有关系吗？

莱布尼兹与中国

莱布尼兹对中国文化有特殊的情结。他曾经亲自主编《中国近况》，向西方介绍中国。据说他曾向康熙皇帝赠送过计算机，并建议成立"北京科学院"。当他成功地将自己的"二进制"发现与中国的"易卦"相联系后，莱布尼兹高兴地说："可以让我加入中国籍了吧！"

优先权之争

在微积分的发明上，牛顿和莱布尼兹应当共享荣誉。牛顿的理论发现于1665年，比莱布尼兹早8年。但牛顿最早发表的微积分文献是1687年，比莱布尼兹要晚3年。关于微积分的发明，1699年提出了优先权的问题。进行了多年激烈的争辩。有充分的材料证实两人都是各自独立完成微积分的发明。尽管发生了纠纷，两位大师却从未怀疑过对方的才能。

莱布尼兹微积分论文手稿

17世纪，由牛顿和莱布尼兹创立了微积分，为近代数学的研究和发展提供了强有力的工具。18世纪到19世纪上半叶，新一代的天才数学大师又开创了一些新的数学分支。

欧拉与复变函数

复变函数论，起源于18世纪，创立于19世纪，被认为是抽象科学中最和谐的理论之一。

1777年，欧拉首先使用 i 表示 $\sqrt{-1}$，现已成为标准的虚数符号。后来，欧拉在初等函数中引进了复变数，给出了著名的欧拉公式 $e^{ix}=\cos x+i\sin x$，令 $x=\pi$，则得 $e^{i\pi}+1=0$。

历史上最多产的数学家欧拉

瑞士数学家欧拉（1707~1783）是历史上最多产的数学家，发表著作与论文800多种。他遗留下大量的手稿，甚至在他去世80年后，他的遗作还被陆续刊登，估计他一生著有886部著作和大量论文，欧拉全集出齐约74卷。

欧拉具有惊人的记忆力，他能背诵前100个质数的前10次幂，能背诵当时全部的数学公式，直至晚年高等数学的计算仍可以用心算完成。但他一生命运坎坷，28岁右眼失明，56岁双目失明，他以惊人的毅力与命运抗争，被誉为"数学英雄"。他的专著《无穷小分析引论》是世界上第一部系统的分析学著作。

麦克斯韦电磁场方程

将四元数改造成物理学家所需要的工具，英国数学家、物理学家麦克斯韦（1831~1879）迈出了第一步。他将四元数结构区分为数量部分和向量部分，并创造了大量的向量分析。他把向量理论应用于电磁场等物理领域，于1864年推导出电磁场方程，成为19世纪数学物理最壮观的胜利。

柯西与分析学

19世纪是微积分严格理论的奠定时期，其中最具影响力的人物当推法国数学家柯西（1789~1857），他在分析方法方面完成了一系列著作。他是人们公认的分析学的奠基人，在数学分析和置换群理论方面做了开拓性工作。他有7部著作，800多篇论文，产量仅次于欧拉。其中最具代表性的《分析教程》和《无穷小计算概论》是数学史上划时代的著作。

伯努利与微分方程

微积分创建后，数学家们使用这一工具去解决物理上的问题。一门新的数学分支——微分方程就应运而生了。

钟摆问题、悬链线问题都可以用微分方程来反映，而弹性问题又促使了微分方程的迅速发展。在解决这些问题过程中，瑞士伯努利家族作出了重要贡献。其中数学家雅各布·伯努利（1654~1705）和约翰·伯努利（1667~1745）兄弟两最为著名。

雅各布 约翰

傅里叶热传导方程

随着物理学科的深入研究，微分方程又有了新的发展，法国数学家傅里叶（1768~1830）确立了热传导方程。1822年，他出版了专著《热的解析理论》，这是数学史上的经典文献之一。他有一句名言："对自然的深入研究，是数学发现最丰富的源泉。"

女孩子将来一样能当数学家。

女数学家

厂角 Wide-angle

俄国数学家科瓦列夫斯卡娅（1850~1891）是历史上为数不多的杰出女数学家之一。她从小受到良好的家庭教育，17岁就掌握了微积分。当时俄国大学拒收女生，她19岁时只好去德国求学，先后在海德堡大学、柏林大学学习。学习期间，她撰写了3篇重要论文。由于她数学成绩出色，被授予博士学位，她成为历史上第一位女数学博士。1889年，她当选俄国科学院通讯院士，成为历史上第一位荣获科学院院士称号的女科学家。

赌博与概率

自然界和人类社会中，存在大量的随机现象。最普通的例子是掷硬币和摸奖，对这些偶然现象的研究，就是对概率的研究。有趣的是，这样一门重要的数学分支，竟然起源于对赌博问题的研究。

分赌注问题

欧洲中世纪末期，赌博盛行，而且赌法复杂，赌注大。

1654 年，一位朋友向法国数学家帕斯卡请教如何合理分配赌注的问题。问题是，在一次赌博中，事先约定各押赌注 32 个金币，并以先赢了 3 分为胜。两赌徒在甲赢 2 分，乙赢 1 分的情况下，赌博因故中断，那么 64 个金币的赌注应该如何分配才合理呢？乙认为，根据现在赢的比例 2:1，他应该得 1/3；甲不同意，认为即使下次乙再赢 1 分，他也稳得其中的一半，而再下一次大家都有一半希望赢，他至少可分得 3/4。

> 概率论居然起源于赌博问题。

帕斯卡对此很感兴趣，并写信告诉友人数学家费马，他们之间便开始频繁通信，展开有关概率和组合数学的研究。

帕斯卡

费马

思考 Think 哪个更合理

帕斯卡遇到这个难题，你认为这两个方案哪个更合理些？ 1. 甲得 2/3，乙得 1/3。2. 甲得 3/4，乙得 1/4。（A. 1　B. 2）

掷币试验

广角 Wide-angle　历史上有不少著名数学家为了验证硬币抛落后，正面朝上的概率，做了成千上万次试验。

	抛掷	正面朝上	概率
德·摩根（1806～1871）	2048 次	1061 次	0.5181
布丰（1707～1788）	4040 次	2048 次	0.5069
费勒（1906～1970）	10000 次	4979 次	0.4979
皮尔逊（1857～1936）	24000 次	12012 次	0.5005
罗曼诺夫斯基（1879～1954）	80640 次	40173 次	0.4982

赌博中的计算

1655 年，荷兰数学家惠更斯（1629～1695）恰好也在巴黎，他了解了帕斯卡与费马研究的问题，也饶有兴趣地参加了他们的讨论。讨论的结果由惠更斯总结，写成《论赌博中的计算》一书，于 1657 年出版，这是目前已知的最早发表概率的著作。书中解决了许多赌博中可能出现的有趣的实际问题，引进了"数学期望"概念，证明了：如果 p 是一个人获得赌金 a 的概率，q 是他获得赌金 b 的概率，则他可以希望获得的赌金数为 $ap+bq$。

扑克牌中的概率

游戏 Game

1. 四条（四张同点数的牌）出现概率 ≈ 0.0002401
2. 同花（四张同花色的牌）出现概率 ≈ 0.001981
3. 顺子（五张连续点数的牌）出现概率 ≈ 0.00394
4. 同花顺（五张同花色的顺子）出现概率 ≈ 0.00001539
5. 葫芦（三张同点数，二张另同点数）出现概率 ≈ 0.00144

按照概率的大小，决定打牌的游戏规则：

同花顺 > 四条 > 葫芦 > 同花 > 顺子。

两个骰子的概率

总点数	2	3	4	5	6	7	8	9	10	11	12
搭配数	1	2	3	4	5	6	5	4	3	2	1
概率	$\frac{1}{36}$	$\frac{1}{18}$	$\frac{1}{12}$	$\frac{1}{9}$	$\frac{1}{7.2}$	$\frac{1}{6}$	$\frac{1}{7.2}$	$\frac{1}{9}$	$\frac{1}{12}$	$\frac{1}{18}$	$\frac{1}{36}$

B

布丰投针问题

1777 年的一天，法国数学家布丰（1707～1788）家里宾客满堂，大家都在看投针实验。

巧合圆周率

在布丰家客厅的桌上，只见一张纸上画了一条条等距的平行线。布丰抓了一大把小针，请大家随意地扔到纸上。然后布丰让大家数一数，与平行线相交的小针有多少。最后布丰宣布："投针实验共投针2212根，其中与平行线相交的有704根，这两数的比值为3.142。"大家异常惊奇，这投针的比例怎会与圆周率如此接近呢？布丰解释说："这就是概率的原理，因为针长恰好是平行线间距的一半，那针与线相交的概率为0.318，它的倒数就近似于圆周率。"

著名的布丰公式

后来，布丰又取出一些圆圈，它们的直径均等于平行线的间距。不管怎样扔下去，它们与平行线都有两个交点。布丰又把同样大小的一些圆圈拉直，将这些长针随意扔下去，那它们与平行线有多种相交情况，交点数或是4个，或是3个，或是2个，或是1个，有的甚至不相交。当投的长针数越多，针、线的交点总数就越接近针数的两倍。如果用不同长度的针去投掷，那针与线的交点数与针的长度成正比。这些就是著名的布丰公式。

保险业的兴起

18世纪的欧洲，因工商业的迅速发展，加之概率论的研究，兴起了一门崭新的行业——保险业。保险公司为了获取利润，必须先调查统计火灾、水灾、意外死亡等事件的概率，据此来确定保险的价格。

例如，要确定人寿保险的价格，先统计各年龄段死亡的人数，如右表。

年龄	正常人数	死亡人数
30	85441	720
40	78106	765
50	69804	962
60	57917	15426

然后算出死亡概率，如40岁，死亡概率为 $765 \div 78106 \approx 0.0098$，如有一万个40岁的人参加保险，每人付 A 元保险金，死亡可得 B 元人寿保险金，预期这1万个人中死亡数是9.8人，因此，保险公司需付出 $9.8 \times B$ 元人寿保险金，其收支差额 $10000 \times A - 9.8 \times B$（元）就是公司的利润。

概率的分析理论

法国数学家拉普拉斯（1749～1827）专注研究概率论多年，写了几本概率论的专著，其中1812年出版的《概率的分析理论》被誉为古典概率理论的经典之作。这部著作实现了概率论由单纯的组合计算到分析方法的过渡，将概率论推向一个新的发展阶段。

实践 Practice **概率论演示器**

这是"概率论演示器"。小黑球从贮球箱滚进入口，经过一个个由六边形组成的障碍阵，然后滚入分格收集箱。小黑球经过每一个六边形障碍时，有一半概率使它们滚向左侧，另一半概率使它们滚向右侧。小黑球落入收集箱将按贾宪三角的比例来分布（即正态分布）。

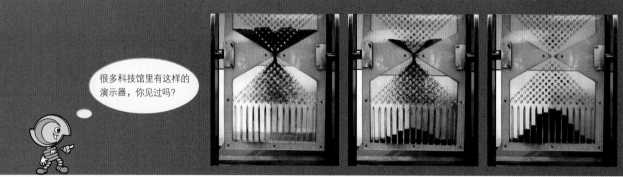

很多科技馆里有这样的演示器，你见过吗？

装错信封

装错信封问题由法国数学家蒙莫尔于1713年提出，并给出解法。后来瑞士数学家伯努利提出等价命题。大数学家欧拉称赞该问题是组合数学的妙题。

某人写了四封信，并在四只信封上写下四个收信人的地址与姓名。但匆忙之中，他把所有信笺装错了信封。问有几种可能的错装情况？

我们把信封记为 A、B、C、D，相应的信笺记为 a、b、c、d。

两封信装错的可能性只有一种：

Ab Ba

三封信装错的可能性只有两种：

Ab Bc Ca 和 Ac Ba Cb

四封信装错的可能性共有九种：

Ab Ba Cd Dc	Ac Ba Cd Db	Ad Ba Cb Dc
Ab Bc Cd Da	Ac Bd Ca Db	Ad Bc Ca Db
Ab Bd Ca Dc	Ac Bd Cb Da	Ad Bc Cb Da

睡美人的故事

这是根据法国童话故事《睡美人》编的一道概率趣题：

一位美丽的公主中了邪魔，昏睡不醒。国王想尽方法进行治疗，却毫无效果，只好将她安放在城堡的密室之中。若干年后，一群求婚者慕名而来，不但闯入了城堡，而且找到了一串相关的钥匙。他们询问看门老人，只知道有一把钥匙能打开密室，却不知是哪一把。恰好钥匙数与求婚者人数相等，每人只可任取一把试开。谁有机会进入密室，以真爱唤醒公主呢？求婚者争先恐后，唯恐落在后面，失去了机会。

问题是，每人取一把钥匙试开是 1. 先开的概率大？ 2. 后开的概率大？ 3. 各人的概率都一样大？

（A.1 B.2 C.3）

同学的生日会相同吗

如果我说："班上一定有两个同学的生日是相同的！"你肯定不相信。但是，我告诉你，这是极可能发生的事。为什么呢？我们可以分析，1号同学与你的生日不同，那他的生日只能在一年365天中的另外364天中，即生日选择可能性为 $\frac{364}{365}$；而2号同学与你和1号同学的生日不同，可能性为 $\frac{363}{365}$；3号同学不同，可能性为 $\frac{362}{365}$；如此类推，得到全班50名同学生日都不同的概率为 $365 \times 364 \times \cdots \times 316 \div 365^{50} \approx 0.0295$，而50人中有人生日相同的概率为 $1 - 0.0295 = 0.9705$。这一算，你会相信了，生日相同的把握有97%呢！

哇，我与谁的生日相同呢？

路边的骗局

路边有人"摆地摊"，摊主拿了黑白各8个围棋子放进袋子里，然后对围观者说，凡愿摸彩的，每人先交1元钱，然后一次从袋中摸出5个棋子。奖励办法是摸到5个白子奖20元，摸到4个白子奖2元，摸到3个白子得小纪念品。不少人都想拿1元钱去碰碰"运气"，结果均大失所望。其实这是一个低级的骗局，只要计算一下得奖的可能性，你就会明白。

5个白子的概率 = $\frac{8}{16} \times \frac{7}{15} \times \frac{6}{14} \times \frac{5}{13} \times \frac{4}{12} = 0.00128$

4个白子的概率 = $\frac{8}{16} \times \frac{7}{15} \times \frac{6}{14} \times \frac{5}{13} \times \frac{8}{12} \times 5 = 0.01282$

3个白子的概率 = $\frac{8}{16} \times \frac{7}{15} \times \frac{6}{14} \times \frac{8}{13} \times \frac{7}{12} \times 10 = 0.3589$

原来只有三分之一的人可能得个几角钱的纪念品，想得20元钱的奖可要千里挑一。

汽车与山羊

这是一个美国的电视有奖参与游戏节目，主持人是蒙帝·霍尔。如果你被选中参加竞猜，便有机会赢得一辆汽车。节目现场有三扇门，后面藏着一辆汽车和两头山羊。如果你选择1号门，此时主持人（他知道汽车藏在哪儿）会按规则打开另一扇门，让大家看到一头山羊。同时会给你改变刚才选择的机会。你说改变不改变？究竟哪一种情况概率大呢？

这个问题引起公众和学者的广泛关注，解答更是众说纷纭。

正确的举措是选择"改变"，理由是选择改变，赢得汽车的概率为 $\frac{2}{3}$，选择不改变，概率仅有 $\frac{1}{3}$。

统计与抽样

统计是研究数据的搜集、整理与分析方法的一门学科。灯泡的使用寿命、单株玉米的平均产量需要统计，高考分数线的确定、火箭发射日期的确定，也需要统计。

统计学的诞生

17世纪，英国和德国很偶然地同时发生了悲惨的事件，统计学也在这时诞生了。

英国60年的统计

英国在16世纪加入了西欧的大航海时代，不久就在世界各地设置了殖民地、附属国或通商国，世界上很多国家的物资都运到了伦敦，那是英国的鼎盛时代。但与此同时，世界各地的传染病也被带到了伦敦。每年年末，伦敦市会公布一张《死亡表》。商人约翰·格兰特看到这张表后，认为从中看不出什么。于是他收集了过去60年来的《死亡表》，对此进行了调查统计，并编写了专著，这就奠定了近代统计学的基础。

德国的国势统计学

德国由于新旧基督教的对立，宗教战争达到了最大规模。30年的战争把国家一分为二，并且，由于有邻国的参加，德国人口的 $\frac{1}{2}$、国家财产的 $\frac{2}{3}$ 以上都失去了，德国遭遇了一场巨大的灾难。为了恢复国家的建设，经济学家赫尔曼·克林对国家的综合情况进行量化整理，汇集编制了《国势学》，并做了讲演。

统计学（statistics）一词就是从国家（state）引申而来的，也可以叫做"国势统计学"，英国还把它叫做"社会统计学"。

抽样检查

苹果味道如何，先尝一个。火柴质量如何，先试一根。但我们不可能把所买的苹果都尝一下，所有的火柴都试一下，这就需要抽样检查。这是利用概率统计的原理摸清情况的常用方法。

例如，我们要检查一批灯泡的质量，1000只灯泡是总体，每一只灯泡是个体。随机抽取10只灯泡来检查，这10只灯泡叫做容量为10的一个子样。若按规定，灯泡的合格率低于90%，就要退货。那在抽查的子样中，不合格的灯泡超过几只就应当退货呢？

平均年龄

提到统计，就想到平均数，如平均工资、平均寿命、平均产量、平均收入等。不过，有时平均数会迷惑人。例如社区组织家庭篮球赛，有一个家庭大张旗鼓地宣传一支生龙活虎的平均年龄23岁的篮球队。谁知道，上场一看，原来是70岁的老人领了4个十一二岁的娃娃。

（70+12+11+11+11）÷5=23（岁）

可见平均数不一定能代表典型的情况。如果把各人的年龄与平均年龄的差的平方加起来，再求平均值的开方数，得出标准差23.5，这个数值太大了，超过了平均数。

而另一支球队5人的年龄是30、25、24、19、17，平均年龄也是23岁，而标准差却只有4.6，这才是一支年轻力壮的球队呢！

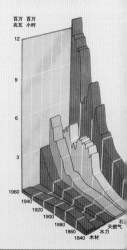

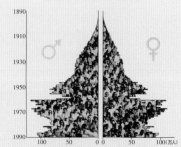

世界人口和粮食产量的统计图

欧洲 亚洲 北美洲 非洲 南美洲 大洋洲

【人口】约1.2亿人 【粮食产量】约3000万吨

中国人口年龄金字塔图表

1890 1910 1930 1950 1970 1990

100 50 0 50 100（万人）

美国能源消耗统计图

百万兆瓦 百万小时

12

9

6

3

1960 1940 1920 1900 1880 1860 1840

石油 天然气 水力 木材

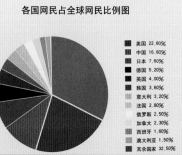

各国经济占世界经济比重统计图

按1990年的国际货币估算

40
30
20
10
0
-10

1000 1500 1600 1700 1820 1870 1913 1950 1973 2003 2030年

—— 西欧 —— 美国 —— 中国 —— 印度 —— 日本

各国网民占全球网民比例图

美国 22.60%
中国 16.60%
日本 7.60%
德国 5.20%
英国 4.00%
韩国 3.60%
意大利 3.20%
法国 2.80%
俄罗斯 2.50%
加拿大 2.30%
西班牙 1.60%
澳大利亚 1.50%
其余国家 32.50%

唱歌比赛计分

各种类型的歌手大赛上，亮分时，主持人总要说："去掉一个最高分，去掉一个最低分，歌手的最后得分是……"

为什么要去掉最高分和最低分呢？其目的是要删去评委评分时可能出现的异常值，使得一两个评委的个人好恶不至于影响参赛歌手的总成绩。因为平均值的缺点就是易受异常值的影响，也就是说如果在一组分数中有一两个很高或很低的分数，往往对平均分产生很大影响，从而不能体现歌手的真实水平。

电脑键盘排列

有人初学电脑时，抱怨电脑键盘字母为何不按英文字母的顺序排列。

在英文的26个字母中，各字母的使用频率大不相同。数学家沃尔辛厄姆分析了各字母的使用频率。

右上图反映了一段531个字母的文字中各字母出现的频率。我们用大小圆在键盘上区分出来。

从这两张频率统计图上，可以看出字母位置的排列，大致上是依据手指头的不同灵活程度作为设计上的考虑。

统计图的误导

统计图表是帮助我们理解大量数据和资料的重要工具。但往往由于绘制者（有意或无意）的疏忽，统计图容易产生视觉的误导，发生分析上的偏差。

例如，下两图是银行信用卡贷款的走势曲线图，从左图看升幅很大，其实该图的纵轴以1400百万元为起点。如果以0万元为起点，同样的数据，右图的升幅却不显著。

池塘养鱼估量

池塘养鱼，如何能估计出鱼的数量呢？

随机地打几网，打上100条鱼。在这些鱼身上做上记号，放回池塘中。过几天再打几网，打上80条鱼里有2条带有记号。这就可以估计出，池塘里鱼的数目大概有 100 × 80 ÷ 2 = 4000（条）。

这个估计方法准不准呢？如果鱼的数目比4000条少得多，那第二天打上的80条鱼里有记号的鱼一定比2条多。如果鱼的数目比4000条多得多，那80条鱼里有记号的鱼一定少于2条。

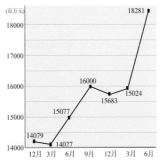

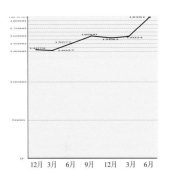

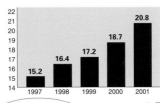

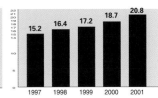

看图表，要动脑，别上当，要记牢。

上面的柱状图表是某工厂近几年产品的增长情况统计表，也出现了同样的问题。

中国健身APP活跃用户规模（单位：万人）

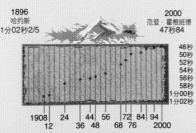

100米自由泳千年最高纪录统计图

1896
哈约斯
1分02秒2/5

2000
范登·霍根班德
47秒84

48秒
50秒
52秒
54秒
56秒
58秒
1分00秒
1分02秒

1908 24   44 56   72 84 94 2000
  12   36 48   68 76

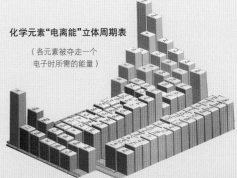

化学元素"电离能"立体周期表

（各元素被夺走一个
电子时所需的能量）

代数与数论

四次以下的代数方程分别可用公式求解。五次及五次以上的代数方程具有公式解吗？对这一问题的研究导致了代数的革命。而数论是数学王国中的女皇，许多数学家为她倾心。

让我们一起去数学王国寻宝探胜吧！

拉格朗日的猜测

求解多项式方程一直是代数学的主要内容。在16世纪，解三次和四次方程已成了最卓越的数学成就。然而解四次以上的高次方程却遇到难题。

法国数学家拉格朗日（1736～1813）首次提出"不可能用根式解四次以上方程"的猜测半个世纪之后，挪威的年轻数学家阿贝尔在1824年终于对此加以证实。

阿贝尔与五次方程

挪威数学家阿贝尔（1802~1829）在大学期间听老师讲到解五次方程的这个悬而未决的难题时，就下决心要攻克它。

正当阿贝尔发奋研究五次方程解法的时候，他父亲去世，家境更加贫穷。失败和贫困都没有动摇阿贝尔探索数学奥秘的决心。1824年，阿贝尔发表了论文《高于四次的一般方程的代数求解不可能性的证明》，结束了数学家200多年的苦苦探索。那时候，他才22岁。大学毕业后，他一直找不到工作，但仍然不屈不挠，刻苦钻研，发表论文22篇。由于奔波劳累，重病缠身，阿贝尔年仅26岁就过早地离开人世。在他去世后第三天，柏林大学聘任他为教授的信函才寄到。

伽罗瓦群

像阿贝尔一样，年轻的法国数学家伽罗瓦（1811～1832）也对代数方程论做出了突破性的贡献。他深入研究了代数方程能用根式求解所必须满足的条件，建立了方程的置换概念，并将置换集构成一个群，后人称之为"伽罗瓦群"。伽罗瓦将解代数方程问题转化成讨论与系数域有关的代数新结构——群的问题来研究，这一思想方法在近代数学研究中被广泛应用。

伽罗瓦在校时因支持革命而被开除，后被捕入狱。刚被释放，他又被迫接受一场有预谋的决斗。他意识到自己将被杀害，决斗前通宵达旦整理手稿，留下遗言，希望数学家们能对他的理论的重要性进行评价。他去世时年仅21岁。

两位年轻的数学奇才。

哈密顿和四元数

四元数的发现是继伽罗瓦提出群的概念后，19世纪代数学最重大的事件。它是由爱尔兰数学家哈密顿（1805～1865）于1843年在皇家科学院宣讲的。他的四元数形如 $a+bi+ej+dk$，其中 a、b、c、d 为实数，i、j、k 满足如下运算：$i^2=j^2=k^2=ijk=-1$，$ij=-ji=k$，$jk=-kj=i$，$ki=-ik=j$。

哈密顿环游世界玩具

Wide-angle

哈密顿在1859年发明了曾一度风靡全球的"环游世界"的玩具，使他的名声妇孺皆知。玩具是一个正十二面体，在各顶点旁标上世界著名城市的名字。玩时可从一个城市出发，沿着棱，不重复地游遍20个城市，最后仍回到出发地。这不仅是一个游戏，而且是运筹学中"寻找最短路线"的数学题，类同于"推销员问题"。这条最短的路线称为"哈密顿圈"。

布尔代数

19世纪中叶，代数学又开拓了一个新领域——布尔代数。英国数学家布尔（1815～1864）出生于鞋匠家庭，只读到小学毕业，完全靠自学成才，后来以出色的数学贡献成为大学教授。布尔代数，又称逻辑代数。逻辑常量只有0和1两个数值，逻辑变量可用字母表示。

以下是布尔代数三种最基本的逻辑运算：

① 逻辑加：$0+0=0$，$0+1=1+0=1$，$1+1=1$；

② 逻辑乘：$0 \cdot 0=0$，$0 \cdot 1=1 \cdot 0=0$，$1 \cdot 1=1$；

③ 逻辑非：$\overline{0}=1$，$\overline{1}=0$。

布尔代数在逻辑电路设计中起了作用，并成为100年后计算机理论的基础。

高斯与数论

在19世纪以前，数论只是一系列孤立的结果，但自从德国数学家高斯（1777～1855）在1801年发表了他的《算术研究》后，数论作为现代数学的一个重要分支得到了系统的发展。

高斯是历史上少见的"神童"数学家，少年时代就显示出卓越的数学才能。他10岁时，老师刚出题目，他就能答出从1连续加到100总和是多少。16岁，他发现了素数定理。19岁，他发现并证明了正十七边形作图法。24岁，他完成巨著《算术研究》，标志着现代数论的开端。他一生对数论最有兴趣，他说："数学，科学的女皇；数论，数学的女皇。"除此之外，高斯在纯粹数学和应用数学以及物理学、天文学的许多领域都做出了重要的贡献，被誉为"数学王子"。

两个难解的数学猜想。

费马大定理

$x^2+y^2=z^2$ 的正整数解叫做勾股数。

$x^3+y^3=z^3$，$x^4+y^4=z^4$ 有没有正整数解呢？

17世纪法国数学家费马对此很有兴趣，他在一本书的页边上批注说：当 $n>2$ 时，$x^n+y^n=z^n$ 没有正整数解，并说发现了绝妙的证明方法。可是在他病逝后，人们找遍遗物，也没有找到这个证明。数学家们把这个批注称为费马大定理。

350多年来，欧拉、高斯等许多数学家都在尝试解决这个难题。1994年，英国数学家怀尔斯终于证明了费马大定理。为了攀登这座高峰，人们创造了绝妙的数学方法和崭新的数学分支。

怀尔斯

哥德巴赫猜想

1742年，德国数学家哥德巴赫（1690~1764）提出著名的素数猜想：

每个大于5的奇数是3个素数的和。例如，35=5+7+23，37=7+7+23。

每个大于2的偶数是2个素数的和。例如，18=5+13，20=3+17。

1937年，俄国数学家维诺格拉多夫证明了每一个充分大的奇数都是3个素数的和。

关于偶数的哥德巴赫猜想的证明就要困难得多，至今还没最后成功。

我国数学家华罗庚带领青年数学家早就开始研究。1956年、1957年，数学家王元（1930~2021）先后证明了"3+4"、"2+3"，这是中国数学家在此领域首次在世界领先。1966年，数学家陈景润（1933~1996）证明了"1+2"，即"每个大偶数都是1个素数和不超过2个素数的乘积之和"，取得了哥德巴赫猜想的最佳成绩，至今在世界上仍保持领先。

王元

陈景润

华罗庚

华罗庚（1910～1985）是中国数学家中自学成才的典范。因家境贫寒，只上到初中毕业，他刻苦自修数学，后来到清华大学、剑桥大学深造。1941年，他完成了著作《堆垒素数论》，并用俄文出版，给他带来了国际声誉。1946年，他到苏、美讲学，后留在美国工作。1950年，他毅然回国，参与了中国科学院数学研究所的筹建工作，并继续解析数论、复变函数及应用数学的研究。

几何学的革命

几何学是数学科学中最古老、最成熟的一个分支，直到18世纪，还是由欧几里得几何一统天下，即使解析几何出现了，也未改变欧氏几何的实质内容。进入19世纪，一场几何学领域的革命悄然开始了。

第五公设的思考

古希腊数学家欧几里得的《几何原本》中给出了五个公设，其中第五个公设是"一直线与两直线相交，同侧的两内角之和小于两直角，则两直线在这一侧必相交。"它不像其他公设、公理那样简洁明了，因此很快就引起了人们的争议。2000多年来，许多数学家用不同的方法试图证明第五公设，都失败了。数学家们又尝试用反证法讨论第五公设。到了19世纪上半叶，数学家们认识到，应该否定第五公设，引入新的几何理念，这就是几何革命的开始，非欧几何也即将诞生。

非欧几何的诞生

德国数学家高斯从1813年开始，他否定第五公设，建立新的几何学，并定名为"非欧几何"。可惜他生前有关的信件和笔记一直没有发表，直到去世后才引起人们的注意。

匈牙利数学家波尔约（1802~1860）也独自研究非欧几何，写出了论文。1832年，这篇论文作为他父亲著作的附录出版，并由他父亲转寄给高斯。高斯阅后认为与他以前的思路完全相同，使得波尔约灰了心，放弃了一切数学研究。

罗巴切夫斯基的非欧几何

首先有系统著作发表的要算俄国数学家罗巴切夫斯基（1792~1856）。1826年，他在喀山大学宣读了关于几何原理概述的论文。1829年，他又在《喀山通报》上发表《论几何原理》，这成为世界上最早发表的非欧几何文献。新几何学公布后，遭到许多人的攻击，被指责为"荒唐的笑话"。但他却始终不妥协，表现出非凡的勇气。罗巴切夫斯基晚年双目失明，仍以口述的方式完成他最后的著作《泛几何学》，对非欧几何给出了全新的说明。因此，现在人们把由他发展的非欧几何称为罗巴切夫斯基几何，简称"罗氏几何"。

广角 Wide-angle
曳物线与伪球面

公园里，小孩拖着玩具车在林荫道上散步。开始时玩具车在路的左侧，小孩在路的右侧，随着小孩的行走，玩具车越来越靠近路的右侧。玩具车留下的运动轨迹，就称为"曳物线"。

"曳物线"又称"追逐曲线"，即大狗在路左侧跑，小狗在路右侧追，小狗追逐的路线，也是同样的曲线。

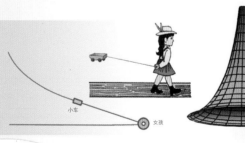

小车 女孩

要看小狗追大狗，请阅 p.102。

将曳物线绕它的渐进直线旋转一周，得到的曲面称为"伪球面"。这个形状很像乐队大喇叭的曲面在几何学的革命中起过特殊作用。1829年，俄国数学家罗巴切夫斯基在这个"伪球面"上过直线外的一点作出了多条平行的直线。他以这个"实践"替代欧几里得的第五公设，创建了"罗氏几何"。

黎曼的非欧几何

1854年，德国数学家黎曼（1826~1866）在哥廷根大学作了题为《关于几何基础的假设》的报告，提出了另一种既不是欧氏几何，又不是罗氏几何的新几何体系。现在人们称它为黎曼几何，简称"黎氏几何"。

黎曼是世界数学史上最具独创精神的数学家之一，为世界数学建立了丰功伟绩。他体弱多病，英年早逝。他一生中发表的论文著作虽然不多，却异常深刻，篇篇堪称经典。他是复变函数论的奠基人。在素数分布中，他提出的"黎曼猜想"，是数学中悬而未决的最重要的猜想。

蒙日

微分几何

微分几何是用微积分的概念和方法研究几何图形的学科。它主要研究空间（微分流形）的几何性质，例如光滑曲线和曲面在一点邻近的几何性质。它在力学和一些工程问题中有广泛的应用。

1736年，瑞士数学家欧拉首先引进平面曲线的内在坐标概念，开始了对曲线的内在几何研究。1795年，法国数学家蒙日（1746～1818）发表论文《分析的几何应用》，将微分几何的研究推向高峰。1827年，德国数学家高斯完成《曲面的一般研究》，奠定了曲面论的基础，巩固了微分几何作为数学一个分支的地位。1896年，意大利数学家比安基发表《微分几何教程》，这是第一本微分几何专著。从此，"微分几何"一词开始通行。

三种几何的比较

非欧几何的产生和发展，引起了人们对数学本质的深入探讨，影响着现代自然科学、现代数学和数学哲学的发展。

欧几里得几何	罗巴切夫斯基几何	黎曼几何
过直线外的一点，有且只有一条直线与已知直线平行	过直线外一点至少可以作两条直线与已知直线平行	过直线外一点的所有直线，都与这一直线相交
直线有 1 个无穷远点	直线有 2 个无穷远点	直线没有无穷远点
空间曲率 = 0　平面	空间曲率 < 0　负曲面	空间曲率 > 0　正曲面
抛物几何	双曲几何	椭圆几何
三角形内角和 = 180°	三角形内角和 < 180°	三角形内角和 > 180°
三角形的面积与它的内角和无关	三角形的面积与它的角欠（180° − 内角和）成正比	三角形面积与它的余角（内角和 −180°）成正比
勾² + 股² = 弦²	勾² + 股² < 弦²	勾² + 股² > 弦²
圆周长 = 2πr　圆面积 = πr²	圆周长 > 2πr　圆面积 > πr²	圆周长 < 2πr　圆面积 < πr²
两三角形对应角相等，则对应边成比例	两三角形对应角相等，则对应边相等，两三角形合同	两三角形对应角相等，则对应边相等，两三角形合同

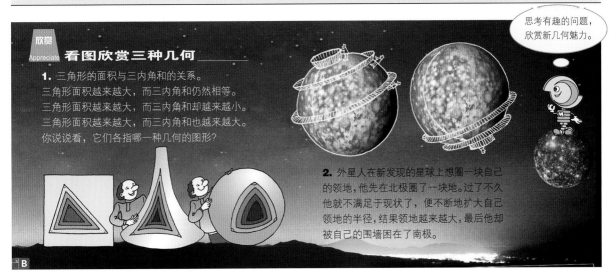

思考有趣的问题，欣赏新几何魅力。

欣赏 Appreciate **看图欣赏三种几何**

1. 三角形的面积与三内角和的关系。
三角形面积越来越大，而三内角和仍然相等。
三角形面积越来越大，而三内角和却越来越小。
三角形面积越来越大，而三内角和也越来越大。
你说说看，它们各指哪一种几何的图形？

2. 外星人在新发现的星球上想圈一块自己的领地，他先在北极圈了一块地。过了不久他就不满足于现状了，便不断地扩大自己领地的半径，结果领地越来越大，最后他却被自己的围墙困在了南极。

3. 假想球面上的等边三角形是用橡皮筋做的。把它不断拉长，一直拉到球面的赤道上，那每个角从60°一直扩大到180°。过了赤道，再让它不断缩短，一直缩到和原来一样，那每个角从180°继续扩大变成了300°。因此球面上三角形的内角之和可以从180°一直到900°。

4. 海边上三种几何的图形大聚会。请你数一数这里面的三角形属于欧氏几何的有几个，属于罗氏几何的有几个，属于黎氏几何的有几个。

（A. 3、6、5　B. 4、5、5）

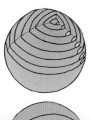

集合初步

集合是数学中的最基本的概念。因为它太基本了，就不能用更基本的东西来定义它。集合是一个抽象的概念，下面尽量直观形象地来说明它的基本内容。

集合论的创立

集合论的创立者是德国数学家康托尔（1845~1918）。从1872年起，康托尔发表了一系列论文，摆脱了"数"的限制，提出了集合的基本概念。最初，康托尔遭到了许多数学家的怀疑，可他力排众议，坚持集合论的研究。

集合论是现代数学中重要的基础知识，它的概念和方法已经渗透到代数、拓扑和分析等许多数学分支。集合论不仅影响了现代数学，而且也深深影响了现代哲学、逻辑等其他学科。

图形表示集合

用图形表示集合，是瑞士数学家欧拉首创的。19世纪末，英国逻辑学家韦恩重新采用了这种图形表示法（这种图形人们称做韦恩图），使集合研究更加形象直观。

交集

$A \cap B$

在这个韦恩图中，
集合A是红色积木块，
集合B是方形积木块，
交集$A \cap B$是红色方形积木块。

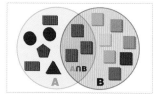

并集

$A \cup B$

在这个韦恩图中，
集合A是冷色圆形积木块，
集合B是暖色圆形积木块，
并集$A \cup B$是各色圆形积木块。

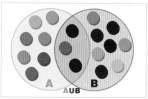

子集

在这个韦恩图中，
集合A是四边形积木块，
集合B是多边形积木块，
集合A是集合B的子集$A \subset B$。

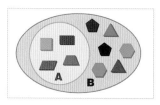

全集

在这个韦恩图中，
集合A是红四边形积木块，
集合B是方形积木块，
交集$A \cap B$是红方形积木块，
并集$A \cup B$红四边形和方形积木块，
圆圈外是既不是红四边形、又不是方形的积木块。

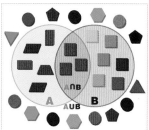

集合的交

集合A和集合B的公共元素组成的集合C，叫做集合A与集合B的交集，记作$C = A \cap B$。这个交运算"$\cap$"满足交换律和结合律。

交的用处很多。代数里解二元一次联立方程，就是求两个方程解集合的交。几何作图里的交轨法，是利用两个轨迹的交。语言中有时连用几个形容词，也是在作交集。

侦破案件常常根据线索排出几个集合的交集来进行突破。如有几个线索：罪犯是男性，罪犯是光头，罪犯是近视眼，那我们就在这三者的交集内进行排查。

集合的并

把集合A和集合B的元素放到一起组成集合C，集合C就叫做集合A和B的并集，记作$C = A \cup B$。并集，也就是集合的加法。它满足交换律和结合律。

在算术中，不同名数不能相加。3支铅笔与2把三角尺不能相加。可是并集是宽宏大量的，允许把任何两个集合并成一个集合。

一个元素，它属于集合A，又属于集合B，在并集中它算几个元素呢？只能算一个。例如一个家庭里爱看电视剧的有4人，爱看足球赛的有3人，这就不能简单做加法，因为其中可能有2人既爱看电视剧，又爱看足球赛。

中国的世界遗产

世界遗产包括文化遗产、自然遗产以及文化与自然双重遗产。如果用韦恩图表示，可以看出"文化与自然双重遗产"是交集，而"世界遗产"是这些遗产的并集。

中国历史悠久，文化灿烂，自然景观丰富多样。中国可列入《世界遗产名录》的数量堪称世界第一。这里列举部分（长城、莫高窟、布达拉宫、故宫、兵马俑坑、云岗石窟、泰山、黄山、乐山大佛、武陵源、九寨沟、黄龙）。你去过哪几处？你能看图说出其名称及分类吗？

文化遗产　　　　文化与自然双重遗产　　　　自然遗产

集合运算

集合的运算很有趣，集合运算包含两种运算律。

$$A \cap (B \cup C) = (A \cap B) \cup (A \cap C) \qquad A \cup (B \cap C) = (A \cup B) \cap (A \cup C)$$

在集合运算中，将交集 $\cap$ 用 $\times$ 代替，并集 $\cup$ 用 $+$ 代替。这样，这两个等式就成立了。

$$A \times (B + C) = (A \times B) + (A \times C) \qquad A + (B \times C) = (A + B) \times (A + C)$$

"小花狗"就是"小狗"集合与"花狗"集合的交集。

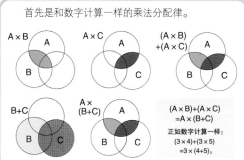

首先是和数字计算一样的乘法分配律。

$A \times B$ / $A \times C$ / $(A \times B) + (A \times C)$ / $B + C$ / $A \times (B + C)$

$(A \times B) + (A \times C)$
$= A \times (B + C)$

正如数字计算一样：
$(3 \times 4) + (3 \times 5)$
$= 3 \times (4 + 5)$。

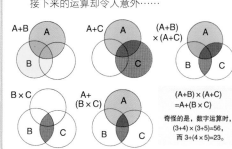

接下来的运算却令人意外……

$A + B$ / $A + C$ / $(A + B) \times (A + C)$ / $B \times C$ / $A + (B \times C)$

$(A + B) \times (A + C)$
$= A + (B \times C)$

奇怪的是，数字运算时，
$(3 + 4) \times (3 + 5) = 56$，
而 $3 + (4 \times 5) = 23$。

集合趣题

喜爱运动的同学

旅游、溜冰、踢球三项活动中，我们班的同学每人至少喜欢一项。

随机调查了19名男生和17名女生，其中，

只喜爱踢球的男生8名，
只喜爱踢球的女生7名，
喜爱溜冰的男生8名，
喜爱旅游的男生5名，
只喜爱旅游的男女生7名，
只喜爱溜冰的男女生9名，
喜爱旅游和溜冰的男生2名。

请问：

只喜爱旅游的女生有几名？
只喜爱溜冰的女生有几名？
喜爱旅游和溜冰的女生有几名？

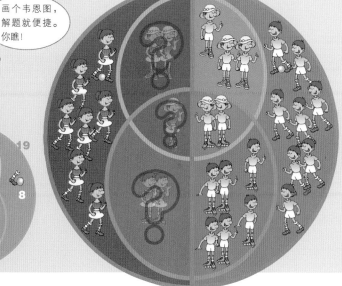

画个韦恩图，解题就便捷。你瞧！

可爱的卡通玩具

这里是卡通绒毛玩具的天地，可爱的小兔、小熊，迷人的小猫、小狗，琳琅满目，令人目不暇接。有位卡通迷作了个统计，卡通兔共有4种9只，卡通熊有3种4只，卡通猫有2种6只，卡通狗有2种6只。

其中白毛族有3种8只，红毛族有2种4只，红白毛族1种4只。其中每种只有1只的有兔八哥、泰迪熊和维尼熊。请问其他8种卡通玩具各有多少只？

答案只要数一数右边的大图。

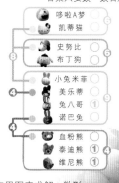

哆啦A梦 ⑥
凯蒂猫
史努比
布丁狗 ⑥
⑧
小兔米菲
美乐蒂
兔八哥 ①
诺巴兔 ⑨
④
血粉兔
泰迪熊 ①
维尼熊 ① ④

解答抽象集合问题，一般借助于韦恩图来求解。数形结合，以"形"助"数"，形象，直观，方便快捷。

排列组合趣题

朋友聚会，互致问候，该握多少次手？同学合影，站成几排，能有多少种排法？这里许多有趣的问题中，都蕴含着排列组合的数学知识。

聚会握手

乔迁新居，男女主人邀请了 4 对夫妇聚会。见面后大家互相握手，男主人作了一个小调查，问各位与几个人握了手，结果真巧了，分别是 8、7、6、5、4、3、2、1、0，男主人自己握手 4 次。假定夫妇两人不握手，任何人也不重复握手。那你能猜出女主人握了多少次手吗？

绘图有助解题，淡蓝色为丈夫，粉红色为妻子，分别连线表示握手，然后逐一分析判断，E 为男主人，F 为女主人，女主人握手 4 次。

抽屉原理

1837 年，德国数学家狄利克雷（1805~1859）提出了"抽屉原理"，也称"鸽笼原理"。

三只鸽子出外觅食，晚上归巢栖息，两个巢里必有一个巢至少住两只鸽子。把三个苹果按任意的方式放入两个抽屉中，那么一定有一个抽屉里放有两个或两个以上的苹果。

运用同样的推理可以得到：$n+1$ 件物品放到 n 个抽屉里，那么至少有 1 个抽屉里有 2 个或 2 个以上的物品。

1. 布袋里有 10 种不同颜色的袜子，请问至少要从中摸出多少只（不许看），可以保证配出 1 双同色的袜子？（A. 10　B. 11）

2. 布袋里有 80 只红袜子，60 只黄袜子，40 只绿袜子，20 只蓝袜子，请问至少要从中摸出多少只，才可以保证配出 10 双袜子（同色的两只即可配成一双）？（A. 41　B. 23）

台阶	上 台 阶 方 式	方式
1		1
2		2
3		3
4		5
...	...	...

上台阶的方式

上台阶，可以跨一步上一个台阶，也可以跨一步上两个台阶，按这种方法，说出上 8 个台阶共有多少方式。

图形小组合

1. 这里有一组三角形，数一数，一共有多少个三角形？

2. 这里有一组正方形，数一数，一共有多少个正方形？

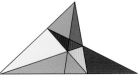

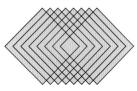

约瑟夫问题

早在公元 4 世纪，意大利的《犹太战争史》中就有约瑟夫的故事：约瑟夫等 15 个基督教徒与 15 个异教徒同乘一船渡海，途中遇大风浪，船又出故障，船长决定，必须牺牲 15 人才行。于是约瑟夫将大家按下图所示排成圆圈，其中白色为基督教徒，灰色为异教徒。从 A 点起，数至第 9 人，便将此人投海。照此继续，直至 15 人全被扔进大海，剩下的 15 人全部都是基督教徒。

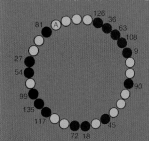

西方不少国家都有类似的问题，要设计好这个圆圈的排列，的确是个难题。

答案：按排列间隔人数的数字顺序为：4，5，2，1，3，1，1，2，2，3，1，2，2，1。

继子立问题

1687 年，日本数学家关孝和在《算脱之法》中记载了"继子立"问题：某富人的前妻、后妻各生了 15 个孩子。后妻图谋让自己的孩子继承家业，便出主意将 30 个孩子围成一圈，从 A 开始顺时针数到 10，就淘汰一人。当按这种方法将前妻所生的 14 个孩子淘汰时，富人制止了这一数法，改从最后一个前妻之子 B 开始逆时针再数，结果 15 个后妻之子均被淘汰，只剩下最后一个前妻之子继承家业。

这个富有戏剧性的故事的背后，其实还是一个排列组合问题。

答案：按排列间隔人数的数字顺序为：2，1，3，5，2，2，4，1，1，3，1，2，2，1。

右图是日本原版插图，请指出穿白衣的孩子是前妻所生，还是后妻所生？是从何人开始数起的？

柯克曼女生问题

1850年，英国数学家柯克曼（1806～1895）提出了"15个女生问题"：一位女教师带领15名女生，每天都要散步一次。每次散步，她总把女生们平均分成5组，试问能否制定一个分组计划，使每个星期内，每个女生和其他任何一个同学只有一次同组的机会？

下面是柯克曼给出的一个解答：

星期一	星期二	星期三	星期四	星期五	星期六	星期日
1 2 3	1 4 5	1 6 7	1 8 9	1 10 11	1 12 13	1 14 15
4 8 12	2 8 10	2 9 11	2 12 14	2 13 15	2 4 6	2 5 7
5 10 15	3 13 14	3 12 15	3 5 6	3 4 7	3 9 10	3 8 11
6 11 13	6 9 15	4 10 13	4 11 15	6 9 12	5 11 14	4 9 13
7 9 14	7 11 12	5 8 14	7 10 13	6 8 14	7 8 15	6 10 12

这个问题是近代组合数学中的一个课题。它本身还不算太难，但推广到一般情况就十分困难了。这个著名难题直到100多年后才被我国数学家陆家羲解决。

吕卡夫妻围坐问题

1891年，法国数学家吕卡（1842~1891）提出这个组合数学中的著名问题：有4对夫妻一起围坐圆桌共进午餐。入席时，有人建议，为了增进交流，男女间隔而坐，夫妻不坐在一起，大家十分赞同。请问，按此想法，座位安排有多少种？

《拾穗者》米勒

米勒断链

法国画家米勒从农村来到里昂，参加一个美术沙龙，身上仅带了一条共23环的金项链。他来到旅店，拿出这条金项链来付住宿费。老板说："你每天付1个环，但最多只能切断这条项链中的4环。"米勒说："我只切断2环就可以了。"老板认为这是不可能的，便说："如果真能这样，到时候我把这条项链仍旧还给你。"住满23天后，米勒果然又把金项链取了回来。你知道米勒是如何切项链的呢？

先安排女士就座。如果座位编号，女士可坐奇数号座，也可坐偶数号座，有两种安排法。先计算女士就座时的可能选择，为 $4 \times 3 \times 2 \times 1 = 24$（种），再乘以2，就有48种。

男士就座，按图所示，只有两种坐法。这样，4对夫妻间隔围坐有 $48 \times 2 = 96$（种）方法。

杜德尼标尺

1910年，英国数学家杜德尼设计了一种标尺，标尺上任意两个刻度所测量的距离均不相等。这样尽量减少刻度，有效地标记刻度，避免在刻度之间产生多余的距离。

例如，一把6个单位长的标尺，上面只有2个刻度，却可以测量从1~6的各段距离。我们把这个标尺称为"完美标尺"。当然，最小的一把"完美标尺"是3个单位长、1个刻度的标尺。

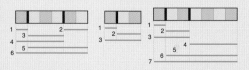

那我们看看长一点的标尺，一把7个单位长、2个刻度的标尺，它除了距离5没法测量外，其他6段距离都可测量，这不是一把完美标尺。

这里有一把11个单位长、3个刻度的标尺，它是不是完美标尺？

这两把13个单位长、4个刻度的标尺（刻度位置在1，4，5，11和1，2，6，10），它们是不是完美标尺？

杜德尼还研究出22个单位长、6个刻度的完美标尺（刻度位置在1，2，3，8，13，18和1，4，5，12，14，20）。

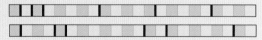

后来，日本数学家研究了23个单位长、6个刻度（1，4，10，16，18，21）的完美标尺；俄罗斯数学家研究了40单位长、9个刻度（1，2，3，4，10，17，24，29，35）的完美标尺。

随着每种标尺的长度和刻度数的增长，寻找和证明最优标尺的工作变得越来越困难。目前最多已研究到21个刻度，至于22、23个刻度还在探索之中。可以说杜德尼标尺是趣味数学中最绝妙的难题之一。

八皇后问题

在国际象棋中，皇后是一个威力很大的棋子。她可以横冲直撞，斜刺冲杀。在 8×8 的棋盘上，要布局互不受攻击的皇后（即每一横行、竖列及斜线上不能同时布 2 个皇后），最多只能布 8 个，如何布局？这就是著名的八皇后问题。

92 种布局

八皇后问题，首先是由德国数学家拜泽尔在 1848 年提出的。1850 年，诺克发表了 12 个不同的解。高斯看到后很感兴趣，研究出了 72 个解，显示出非凡的数学才华。1874 年，英国数学家格雷歌证明八皇后问题共有 92 个解。不过这几十个解实际上是由诺克的 12 个基本解通过棋盘旋转与镜像获得的。

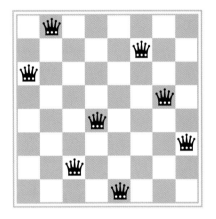

你能不能指出上图对应右图的哪一个基本解？试着变换这个基本解，看看能得到哪些解。

Ⅰ -7263 1485	Ⅱ -6152 8374
Ⅲ -5841 7263	Ⅳ -3584 1726
Ⅴ -6824 1753	Ⅵ -5726 3148
Ⅶ -1683 7425	Ⅷ -5726 3184
Ⅸ -4815 726	Ⅹ -5146 8273
Ⅺ -4275 1863	Ⅻ -3528 1746

这是 12 个基本解的缩图，每个解下方的 8 位数编号分别是各列皇后所处的行号。下表为 92 个解的编号。现在我们以基本解 Ⅶ -1683 7425 为例，在下表中找出是第 2 号解，将此解的棋盘顺时针旋转 90°、180°、270°，便得到第 90、42、15 号解，将此四个解进行棋盘镜像，便得到第 51、78、91、3 号的解。

八皇后问题的 92 个解

1 1586 3724	11 2758 1463	21 3641 8572	33 4273 6851	45 4815 7263	57 5713 8642	69 6318 2475	81 7138 6425
		22 3642 8571	34 4273 1863	46 4853 1726	58 5714 2863	70 6318 5247	82 7241 8536
2 1683 7425	12 2861 3574	23 3681 4752	35 4285 7136	47 5146 8246	59 5724 8136	71 6357 1428	83 7263 1485
3 1746 8253	13 3175 8246	24 3681 5724	36 4286 1357	48 5184 2736	60 5726 3148	72 6358 1427	84 7316 8524
4 1758 2463	14 3528 1746	25 3628 4175	37 4615 2837	49 5186 3724	61 5726 3184	73 6374 4815	85 7382 5164
5 2468 3175	15 3528 6471	26 3728 5146	38 4682 7135	50 5246 8317	62 5741 3862	74 6372 8514	86 7425 8136
6 2571 3864	16 3571 4286	27 3728 6415	39 4683 1752	51 5247 3861	63 5841 3627	75 6374 1825	87 7428 6135
7 2574 1863	17 3584 1726	28 3847 1625	40 4718 5263	52 5261 7483	64 5841 7263	76 6415 8273	88 7531 6824
8 2617 4835	18 3625 8174	29 4158 2736	41 4738 2516	53 5218 4736	65 6152 8374	77 6428 5713	89 8241 7536
9 2683 1475	19 3627 1485	30 4158 6372	42 4752 6138	54 5316 8247	66 6271 3584	78 6471 3528	90 8253 1746
10 2736 8514	20 3627 5184	31 4258 6137	43 4753 1682	55 5317 2864	67 6271 4853	79 6471 8253	91 8316 2574
		32 4273 6815	44 4813 6275	56 5384 7162	68 5317 5824	80 6824 1753	92 8413 6275

精美的棋子

国际象棋如此迷人，棋子也被各国作为精品加以设计，左图是不同国家制作的八个精美皇后。

传统棋子有木制的、骨制的以及象牙的，现代也有用金属、水晶等制作的抽象风格的棋子。

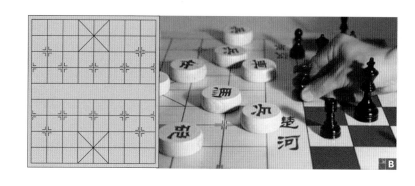

小棋盘的皇后问题

实践 Practice

如果把棋盘缩小，那么小棋盘上的皇后问题情况又会怎么样呢？

在 4×4 的棋盘上，如何布局 4 个皇后？
在 5×5 的棋盘上，如何布局 5 个皇后？
在 6×6 的棋盘上，如何布局 6 个皇后？
在 7×7 的棋盘上，如何布局 7 个皇后？

答案：分别是 1、2、1、6 个基本解。

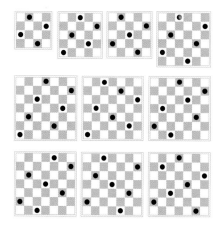

中国象棋与国际象棋

广角 Wide-angle

棋类活动，是一种竞智谋、赛技巧、比胆识的智力型体育活动。

中国象棋历史久远，棋制几度变迁，现行棋制定型于宋代。如今，中国象棋已走向世界。

国际象棋源于古印度，公元7世纪传入阿拉伯，15世纪传入欧洲，经几次改进，逐渐形成现今的棋制。

中国象棋	将 1	士 2	象 2	马 2	车 2	炮 2	兵 5	9×10＝90 交叉点
国际象棋	王 1	后 1	象 2	马 2	车 2		兵 8	8×8＝64 方格

象棋，象棋，知多少？
多少棋子？几多格？

马走棋盘问题

在象棋中，"马"的走法与众不同，中国象棋中马走 ，国际象棋中马走 。因此在与象棋有关的趣味数学智力问题中，马走棋盘是最常见、最有趣的问题。

1. 国际象棋的"马"从棋盘的任一格出发，不重复地走遍棋盘上的每一格后，再回到出发点，可能吗？

数学大师欧拉早在18世纪就曾研究过这类问题，答案是肯定可以。数学家们把不重复地走遍各点的路线，称为哈密顿圈。

54	49	40	35	56	47	42	33
39	36	55	48	41	34	59	46
50	53	38	57	62	45	32	43
37	12	29	52	31	58	19	60
28	51	26	63	20	61	44	5
11	64	13	30	25	6	21	18
14	27	2	9	16	23	4	7
1	10	15	24	3	8	17	22

2. 中国象棋的"马"从棋盘的某一点出发，不重复地走遍棋盘，再回到出发点，可能吗？

这里只画了半个棋盘的走法，另一半请你从棋盘的对称性去考虑。

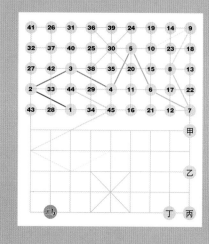

中国象棋的"马"从起点出发走到甲、乙、丙、丁各点，至少要走几步？
（A. 5、4、5、4
B. 5、5、5、4）

七桥问题

1736年，著名数学家欧拉发表了论文《哥尼斯堡七桥问题》。他认为这个问题对于数学颇有启发性。但他没有想到这个问题最终导致了拓扑学的创立。

七桥问题

俄国的加里宁格勒，18世纪称为哥尼斯堡，是一座历史名域。城中有条河，两条支流环抱着的一座美丽的小岛，是城市的商业中心。河上共建有七座桥，方便了居民购物、散步，也吸引了众多游客观光。一天，有人提出了一个问题：能不能一次不重复地走遍所有七座桥，最后仍回到出发点？

这个既简单又有趣的问题吸引了很多人，他们尝试了各种各样的走法，但谁也不能一次不重复地走遍。有人计算过，如果对7座桥沿任何可能的路线都走一下的话，共有5040种走法，而这么多的走法中是否存在一条不重复走遍7座桥的路线呢？这个问题谁也回答不了。这就是著名的"七桥问题"。

欧拉的解答

当时，瑞士著名数学家欧拉正在哥尼斯堡，这个问题引起了他的兴趣，他决定用数学的方法进行研究。他想到了德国数学家莱布尼兹提出的"位置几何"，研究七桥问题可以不考虑各部分的尺寸，只考虑各部分的位置间的相互关系。

他把小岛和陆地看成A、B、C、D四个点，把每座桥都看成一条线，这样一来，七桥问题就变成抽象的四点七线组成的几何图形了，这种几何图形数学上叫做网络。"七桥问题"就变成了网络里的"一笔画"问题。

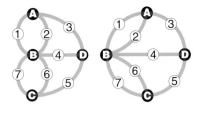

一笔画的关键

一个连通网络能否一笔画出来，关键在于网络中的点。欧拉把点分为两类，引出的线是奇数条的点称为奇点；引出的线是偶数条的点称为偶点。通过研究，欧拉找到了规律：一个网络中如果奇点的个数是0或是2，那就能"一笔画"；否则，都不能"一笔画"。

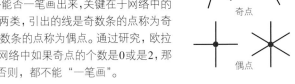

奇点

偶点

由于七桥问题中的四个点都是奇点，因此可以判断它是无法一笔画出来的，也就是说根本不存在能不重复地走遍七座桥的路线。

位置几何学

1736年，欧拉研究解决了七桥问题，他认为这是一种全新的数学研究方法，决定把这种只研究图形各部分相互位置的规律而不考虑其大小的数学分支，取名为"位置几何学"，后来叫做"拓扑学"。

一笔画判断题

先仅凭眼睛看，找出下面图形中哪几幅可以一笔画，哪几幅不能一笔画。

根据欧拉找到的规律，判断一下，哪些图形不能够一笔画，哪些图形能够一笔画。请你用笔画出来。

注意： 1. 凡是图形中没有奇点的，可以从任一点出发完成一笔画。
2. 凡是图形中只有2个奇点的，必须从一奇点出发开始一笔画，到另一奇点结束。
3. 凡是图形中有2个以上奇点的，不能完成一笔画。

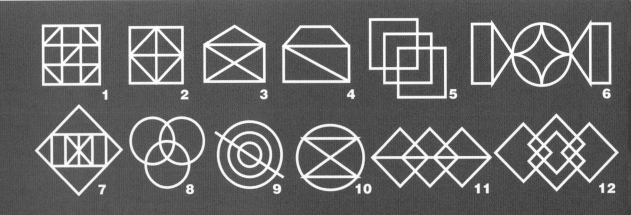

邮递员难题

某邮递员每天早晨去邮局取邮件,然后走遍他所投递的街道社区,最后回家,问他按何路线投递,可以使他走的路程最短?

这似乎是个"一笔画"问题,但它实际上无法一笔画出,图中有6个奇点。遇到这样的难题我们只有添加一些线路,使奇点的个数变为0或2即可。然而,为了使总程最短,要选择在较短的线路上添加,使往返重复的路线最短。

这里还有两个邮递线路图,如果起点和终点都在红点住处,怎样添加一些看似重复的最短线路,使它们成为路程最短的"一笔画"图形?

添重复走的路,但要找最短的。

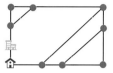 

货郎担问题

某货郎家住在B镇,想去A、C、D、E四镇去卖货,这些小镇之间的相互距离已表明在图上,请你帮他找一条最短的路线。

有一种巧妙的方法叫做"最近邻法",当你到达某个小镇,总是先选择那个最近的未去过的小镇。找出较好的路线,最后通过比较,确定最佳路线。

只要能去各个镇,不必走遍每条路。

动物园出入口

某动物园的动物参观点分布图如下,为方便游客不走重复的路就能看到全部动物,打算开出两个出入口,使游客从进口入园,游玩后从出口离开。这两个出入口应设在何处? (看到全部动物,不必走遍所有道路)

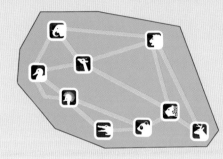

古镇游览

这里有两张旅游古镇的示意图,由于古镇街道较窄,只能让车辆单向行驶。请你设计游遍古镇各景点并符合单向行驶路线的线路图。

 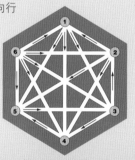

城市游览

有一个城市,街道整齐,横平竖直。这里提供了一个游览城市的网格地图,亮起红灯的地方表示阻塞的路口。请设计一条游览整个城市(除亮红灯处外)的观光路线,并且从哪里开始,最后仍回到那里结束。

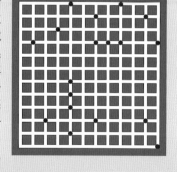

答案

四色问题

绘制地图，除了要求保证其准确性外，如何给地图着色，从而能明显地区分地图上的各个区域，也是十分重要的。很早以前，绘图员就发现，只要配置几种颜色就可以给任何地图着色。究竟最少要用几种颜色呢？这倒变成数学家们十分感兴趣的问题了。

四色问题的提出

相传，四色问题是由英国青年数学家格思里提出来的。1852年，他在绘制地图时发现，给相邻地区涂上不同颜色，只要四种颜色就足够了。他把这个发现先告诉在大学读书的弟弟。他的弟弟便向自己的老师英国数学家摩根请教，摩根又向著名数学家哈密顿请教，但是，问题仍然没有办法解决……

凯莱

1878年，英国数学家凯莱正式向伦敦数学学会提出这个问题，这才引起了数学界的重视。

世界上许多数学家争相进行研究，其中有数学家肯普、希伍德、闵可夫斯基等，结果仍然一无所获。人们开始认识到，这貌似简单的题目，其实是一道超级数学难题。

四色问题的证明

伯克霍夫

一直到19世纪末，进入20世纪后，证明四色问题的研究逐渐取得了进展。

1913年，美国数学家伯克霍夫改进了肯普的方法，引进了一些新技巧，导致1939年美国数学家富兰克林证明了22国以下的地图可以只用四色着色。1950年温恩证明了35国，1968年奥尔又证明了39国，1975年有报道，已证明了52国。

为什么进展如此缓慢？主要是由于数学家提出的检验方法太复杂，工作量太繁重。一直到1976年，美国数学家阿佩尔和哈肯利用计算机工作了1200机时，作了100亿个判断，终于证明了四色问题是正确的。这是人类首次依靠计算机的帮助解决了著名的数学难题。

地图与拓扑

对于地图着色问题来说，各个区域的实际形状与大小都不重要，重要的仅仅是它们的相对位置。下面四幅图，有地图，有从地图演变过来的图，这些图对于着色来说都是等价的，每幅图5个区域之间的相互位置是一样的，也就是说，它们之间在拓扑上是没有区别的。按数学家的说法，它们具有拓扑的等价性。

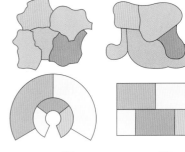

按照拓扑的方法，我们人为制作了几张"数学"地图，看看它们是不是只用四色就可完成着色任务。

用两、三种颜色行吗

任何平面地图都可用至多四种颜色着色，使具有相同边界线的任何两个区域的颜色不同。那么只用两种或三种颜色能满足上面的要求吗？

这里介绍两种特殊的地图。

1. 只需要两种颜色的地图。

2. 只需要三种颜色的地图。

这里还有一张很难的复杂的"数学"地图，这是1975年4月1日《科学美国人》杂志在愚人节开玩笑的一张图，它是著名数学家加德纳创作的。它也只需要四种颜色。

点、线、面的关系

随意画曲线的涂鸦之作也能体现数学的趣味性。

右边有一条随意画的连续曲线，起点和终点分开，我们可以用三种颜色，把它们的各个区域涂上不同的颜色。下面我们先动手把这张地图填上颜色。再研究一下几个数量：

1. 顶点与交叉点的个数（V）；
2. 连接两点的曲线段的数量（E）；
3. 包括底图在内的所有大小区域的数量（F）。

看看这三个数量之间有什么关系？

统计结果是：点数为10，线数为17，面数为9，10+9=17+2。

如果我们再分析下面两张特殊的地图：

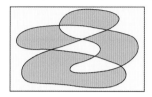
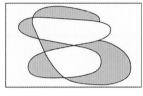

点数为6，线数为12，
面数为8，6+8=12+2。

点数为7，线数为13，
面数为8，7+8=13+2。

它们之间都满足这样的关系，即点数＋面数＝线数＋2，即 $V+F=E+2$，这个关系式称为欧拉公式。

给点涂色

这里有一个图形，上面有若干个顶点（交叉点）。如果我们给这些点涂色，并要求任何一根线的两个顶点的颜色不同，最少需要多少种颜色？

涂色的方案有多种，看来只要三种颜色就足够了。

给线涂色

如果我们给这里的图形和线段涂色，并要求相邻的线段的颜色不同，最少需要多少种颜色？

给多面体涂色

为了给5个正多面体涂色，我们可以把它们想象成有弹性的立体，揭开一个面，再把它们变形压成一个个平面。许多问题在这平面上思考，就方便多了。看看给每个正多面体着色需要几种颜色？注意别忘了开始揭掉的那一个面。

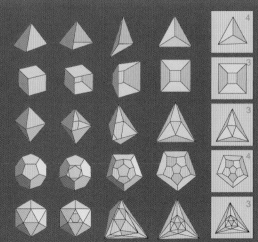

最后这幅地图，我们动手用三种颜色加以涂色。然后我们数一下点数和面数，就很容易计算出线数。

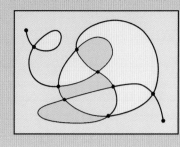

环面地图需要七色

环面地图是什么样子呢？这里我们借用一个游泳圈，在游泳圈的环面上画上地图。这就是环面地图。那么环面地图需要几种颜色，才能使任何相邻的地区都可用不同的颜色区分开来呢？

经过研究证明：环面地图只要七种颜色就可以了。

其实平面与环面有很多不同，平面可以向四面延伸，而环面是弯曲的，有限的。无论你向哪个方向走去，都会回到原来的地方。平面剪一刀，可以分成两部分，而环面剪两刀，它还能连在一起。平面的连接数是"1"，而环面的连接数是"3"。连接数大，需要的颜色就多。下面这个就是环面地图七色示意图及其环面剪两刀后的展开图。

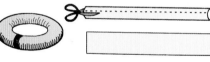

这里有一个对称图形，每个交叉点都有4条线段。游戏要求：用4种颜色轮流给线段着色，但每个交叉点的4条线段要着不同的颜色，谁最后找不到可着色的线段谁就算输了。

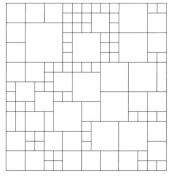

莫比乌斯圈

中国科学技术馆的大厅里，有一个巨大的抽象雕塑，蓝、白两色的彩灯沿着曲面不断地滚动，吸引人们驻足观看，流连忘返。这就是参照"莫比乌斯圈"设计的大型室内雕塑。

莫比乌斯的发现

19世纪中叶，德国数学家、天文学家莫比乌斯（1790～1868）在莱比锡大学任教授。有一天在课间休息的时候，两个学生正在争论任何物体是否都有正反面，这时莫比乌斯拿出一张彩色纸条，将它拧转180°，用胶水粘接起来，形成了一个扭曲的纸带圈，让学生分辨正反面。莫比乌斯说："这个纸圈只有一个面，是个特殊的面，叫单侧面。"

1858年，莫比乌斯在法国巴黎科学协会举办的数学论文比赛上，公布了他发现的这个奇异的曲面，立即吸引了与会数学家的注意，它被视为数学珍品。从此，这个曲面便以他的名字命名为"莫比乌斯圈"。

如果让一只蚂蚁在双侧面的纸带圈上爬行，它若想爬遍所有的表面，就必须经过两个面的边界。而让蚂蚁在单侧面的莫比乌斯圈上爬行，它就可以不经过边界而爬遍所有的表面。

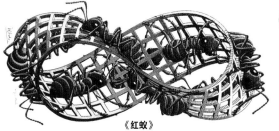

《红蚁》

埃舍尔作品

欣赏 Appreciate

这一幅版画《红蚁》是荷兰艺术家埃舍尔1963年的作品，是表现莫比乌斯圈的最生动形象、也最具震撼力的作品。

《咬尾小蛇》

埃舍尔的另一幅作品《咬尾小蛇》也是表现莫比乌斯圈的作品。3条首尾相咬的小蛇构成了不会断开的单侧面，保持画面的完整性与完美性。

《骑士》

埃舍尔还有一幅作品《骑士》，他用红色和灰色的带子，将一端旋转360°，粘贴起来（旋转180°就是莫比乌斯圈），得到了"8"字环圈。在"8"字的中央，他红、灰色骑士相间交融在一起，构成极其巧妙的图案。

奇妙之处

我们用剪刀把莫比乌斯圈沿中线剪开，可能有人担心纸带圈会被一剪为二。不过只要试一试，你就会惊奇地发现，得到的是一个两倍长的纸圈，只不过它不再是单侧曲面了，而是一个双侧曲面。

我们再把这个双侧曲面的长纸圈，再一次沿中线剪开，这次可真的一分为二了，得到两个互相套着的纸圈。

我们将莫比乌斯圈按圈上所画的两根红线剪开，它将变成两个套在一起的圈。

如果我们准备两根纸条，一根向外翻转180°粘贴起来，另一根向内翻转180°粘贴起来。这两个莫比乌斯圈是不是一样呢？它们是不一样的。随便你怎样放置，两者都不可能变形为另一种形状，但是，我们从镜子看其中一条，倒是挺像另一条的，这两条是互成镜像的莫比乌斯带。

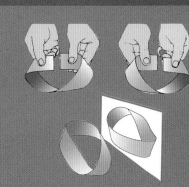

克莱因瓶

英国伦敦科学博物馆陈列着一件玻璃制品，它是英国贝德福德的一位玻璃吹制工的作品。这位技工不仅技艺精湛，而且对拓扑学特感兴趣。这件克莱因瓶就是这位技工将智慧凝结在玻璃中的数学珍品。

克莱因的发明

1882年，德国数学家克莱因（1849~1925）设计发明了一个著名的瓶子。这是一个像球面那样封闭的曲面，但它却只有一个面，也是个单侧面的"瓶体"。虽说它是一个瓶子，但是它没有瓶底，它的瓶颈被拉长，似乎还穿过瓶壁，然后与瓶底连在一起。如果瓶颈不穿过瓶壁而从另一边和瓶底圈相连的话，我们就会得到一个轮胎面。

想象中的制作

克莱因瓶不像莫比乌斯圈那样容易制作，只能在想象之中做出来。假设我们有一个透明的、能拉伸收缩的环面内胎。1. 在环面上开一个圆洞；2. 把内胎剪断；3. 将内胎下端拉伸变大变粗；4. 将内胎上端收缩变小变细；5. 把细端穿进洞内；6. 将细端口部拉伸变粗，与原下端相连接并密合。这就构成了一个克莱因瓶。

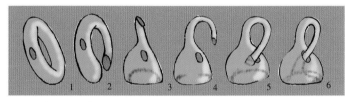

当我们把克莱因瓶切成两半，通过拉伸与收缩，半个克莱因瓶可以变成一个莫比乌斯圈。

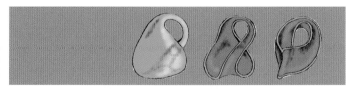

同样，我们可以把两条莫比乌斯圈沿着它们唯一的边粘合起来，就得到一个克莱因瓶。

不过，我们必须在四维空间中才能真正有可能完成这个粘合。

克莱因瓶的奥秘

橡皮球和游泳圈都有两个面：外面与里面。如果一只蚂蚁在它们的外表上爬行，那么这蚂蚁不在表面上咬一个洞，就无法爬到里面去。克莱因瓶却不同，我们很容易想象，一只爬在"瓶外"的蚂蚁，可以轻松地通过"瓶颈"而爬到"瓶内"去。事实上克莱因瓶并无内外之分。

在四维空间里

我们观察克莱因瓶的图片，似乎令人困惑，怎么克莱因瓶的瓶颈和瓶身是相交的呢？好像瓶颈上的某些点和瓶壁上的某些点占据了三维空间中同一位置。其实并非如此。事实上克莱因瓶是一个在四维空间中才能真正表现出来的曲面。如果一定要让它表现在我们习以为常的三维空间中，也只好马虎一点，把它表现得似乎自己与自己相交。实际上，克莱因瓶的瓶颈是穿过了第四维

克莱因瓶

实践 Practic 类似的模型

下面我们用卡纸板做一个类似于克莱因瓶的模型。先做一个大的立方体，再做个"L"型的"管道"。然后在立方体上开出三个与管道等粗的"方洞"，最后像下图那样安装好，并将管道与方洞连接密封好，这个模型就做好了。

我也能做成。

欣赏 Appreciate 克莱因瓶变形

1. 能竖立陈列的克莱因瓶。
2. 有三个瓶颈的克莱因瓶。
3. 套中套的克莱因瓶。
4、5. 螺旋形的克莱因瓶。

空间再和瓶底圈连起来的，并不穿过瓶壁。

在我们这个三维空间中，即使是最高明的能工巧匠，也不得不把它做成自身相交的模样，就好像最高明的画家，在纸上画纽结时，也不得不把它们画成自身相交的模样。

橡皮几何

我们见识了一些"稀奇古怪"的问题和图形，如哥尼斯堡七桥问题、地图四色问题、单侧面的莫比乌斯圈、无内外之分的克莱因瓶，这些都是现代几何学中一个最年轻最富有弹性的分支——拓扑学中研究的内容之一。

什么是拓扑学

拓扑学研究的是几何图形经过任意不撕破、不黏合的扭曲、拉伸或收缩后，仍然保持不变的性质。对于拓扑学来说，一个正方形和一个三角形或一个圆形是没什么两样的，因为如果我们设想这个正方形是用橡皮膜做成的，我们就很容易把这个橡皮膜拉成一个三角形或一个圆形。

早在瑞士数学家欧拉以及在比他更早的年代，就已有拓扑学的萌芽。1895年，法国数学家庞加莱（1854~1912）发表的著作《位置分析》开始了对拓扑学的系统研究。由于他的奠基性的工作，拓扑学走上了宽广的道路，成为20世纪最丰富多彩的一个数学分支。

庞加莱

捏橡皮泥

一块橡皮泥只要不撕裂、不切割、不叠合、不穿孔，便能捏出立方体、球、苹果、泥娃娃及各种动物，甚至可捏出其他更复杂的东西。但是我们却无法捏出一个茶壶、游泳圈，因为它们的中间有空洞，而空洞是怎么拉、怎么捏也做不出来的。

拉橡皮膜

拓扑学中，人们感兴趣的只是图形的位置，而不是图形的大小。有人把拓扑学说成是橡皮膜上的几何学，因为橡皮膜上的图形随着橡皮膜的拉动，会发生各种各样的变化。但图形的封闭、相交等性质却保持不变。

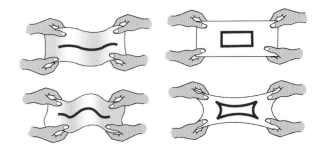

我们把几何体在不被割破的情况下，进行任意伸缩、扭曲变形而保持不变的性质，称为"拓扑性质"。这些运用拓扑性质变换的不同的几何形体，从拓扑观点看是相同的，是等价的。

拓扑变换

左图有两个几何体，看上去差异很大，一个是两环相连，另一个是两环分离。能不能运用拓扑性质把它们进行拓扑变换呢？我们可以把它们想象成是用橡皮泥做的，那么在不割破它们的前提下，实施下面这一系列变换，便可以将它们互相变化。

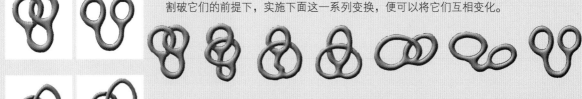

左图有两种色彩的几何体，一个是大蓝环穿过两个小红环，另一个是大蓝环只穿过一个小红环。请你仍旧用捏橡皮泥的办法，实现两种形体的相互变化。

拓扑分类

既然拓扑学中允许一个几何形体可以像橡皮泥那样来捏去，那么我们在生活的空间里，应该怎样对几何图形进行拓扑分类呢？

先举一个简单的例子，对于 26 个大写英文字母，用拓扑分类方法，可以成 3 类：

第一类：**A D O P Q R**

第二类：**B**

第三类：**C E F G H I J K L M N S T U V W X Y Z**

第一类都可以拓扑变换成 **O**，第三类则都可以拓扑变换成 **I**。

当然我们还可继续将第一类、第三类再进行分类。你不妨试试看，便可以发现其间的规律。

下面有 16 个图形，请进行拓扑分类，分成 4 组。

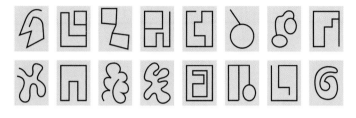

拓扑翻转

拓扑学研究的课题是极为有趣的。例如，右手戴的手套能否给左手戴呢？一副手套虽然极为相像，却有本质的不同。我们不可能将右手套贴切地戴到左手上去，也不能将左手套贴切地戴到右手上。

冬天的手套戴过之后，想把手套里面晒晒，我们都会翻转手套。其实，翻转也是拓扑学中的一种变换方法。

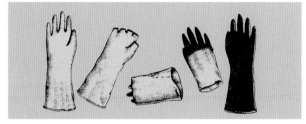

用薄橡皮制成的环面轮胎，在上面剪一个洞，便可以把它的里面翻到外面来。虽然翻转很困难，但看了这些示意图，相信你一定可以做到。

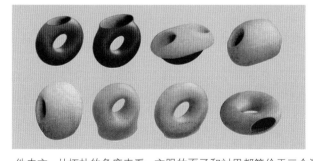

一件夹衣，从拓扑的角度来看，衣服的面子和衬里都等价于三个洞的图形，下面这个图形你能与夹衣看成是一回事吗？这里的三个洞，旁边的两个是袖子，中间的一个是领口。

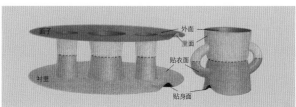

1904 年，法国数学家庞加莱提出一个猜想：任何一个封闭的三维空间，只要它里面所有的封闭曲线都可以连续收缩成一点，这个空间就一定是一个三维球体（即和三维球体拓扑等价）。

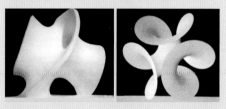

这个猜想是世界七大数学世纪难题之一，美国的克莱数学研究所曾悬赏百万美元求解。100 多年来，许多数学家力求证实这个猜想。

2006 年，在俄罗斯数学家佩雷尔曼等人工作的基础上，中国数学家完善了庞加莱猜想的证明。丘成桐说："这一项大成就，比哥德巴赫猜想重要得多。"

极小曲面

在国际雪雕竞赛中，有两件引人注目的作品《看不见的握手》和《白色狂想曲》，采用了纯数学的优美曲面，给人以现代抽象美的震撼。

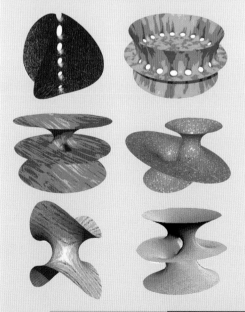

雪雕作品的曲面，都是极小曲面，它们是巴西数学家库斯塔 1983 年发现的。同年，美国数学家霍夫曼和米克斯，也用计算机图形学新软件绘制出一些极小曲面。我们把蒙在封闭曲线上的、面积最小的一个曲面，叫做极小曲面。

平时我们见到最普通的极小曲面，是铁丝框内肥皂膜的曲面。

极小曲面也是拓扑学研究的内容。这些优美的曲面受到了数学家和艺术家们的重视和青睐。

火柴构形

火柴虽小，但也能组成变幻莫测的构形。这里不提火柴拼移的趣题，而是接着拓扑的话题，继续探讨等价变换以及"树"的问题。

火柴拓扑谜题

这里有几根火柴，把它们平放在桌面上，每根火柴不能相交，只能在端点相接。请问不同根数的火柴各能排出多少个不同的构形。注意这里指不同的构形，是在拓扑学中所谓不等价的图形。

这里的4个图形，它们就是拓扑学中的等价图形。

等价图形

下面有12个都是由4根火柴组成的不同图形，其中有几种等价图形？你能把它们分别找出来吗？

答案：
共有 5 种等价图形。

接着我们给出22个由5根火柴组成的不同图形，请你再仔细区分一下，一共有多少种等价图形？

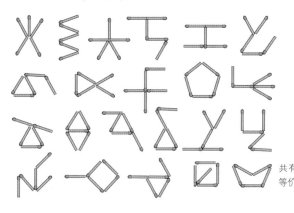

区分的窍门是看"交点的个数和线数"及"环的个数"。

答案：
共有 12 种等价图形。

不等价图形分类

我们可以把这些不等价的图形根据它们的特点进行分类。分类列举，既可防止遗漏，又可防止重复。图形的特点，不外乎有"交点的线数和个数"及"环状部分的个数"。我们把某交点引出了3根线，称为三折线，引出4根线，称为四折线，以此类推。

6根火柴共能排出 19 种不等价的图形，请你试着排一排，你能排出几种呢？

	三根火柴排出的图形		四根火柴排出的不等价图形		
	无交点	1个三折线	无交点	1个三折线	1个四折线
无环状部分					
1个环状部分					

	五根火柴排出的不等价图形					六根火柴排出的不等价图形						
	无交点	1个三折线	2个三折线	1个四折线	1个五折线	无交点	1个三折线	2个三折线	3个三折线	1个四折线	1个三折线1个四折线	1个五折线	1个六折线
无环状部分												
1个环状部分												
2个环状部分												

树和拓扑

小小火柴也可以搭成一棵棵"大树"。树的生命力旺盛，树的踪迹遍及全球，在人类生活中起着十分重要的作用。这里把树的话题引伸开来，是想借此谈谈"树"与拓扑的关系，谈谈数学的一个分支——图论中几乎无处不在的"树"。

所谓"树"是指这样的一种图形：它的任意两个顶点之间都有一条通路，就是说它是连通的图；同时，还要求图里没有回路，也就是图里任意两个顶点之间不能有两条不同的通路。

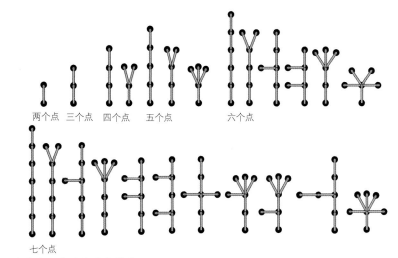

两个点　三个点　四个点　五个点　　　　六个点

七个点

图论里的"树"

在图论的"树"中，度数是1的点称为"树叶"；度数大于1的点，称为"分支点"；树中的边，有时也叫做"树枝"；如果把若干棵不相连的树放在一块，就组成了"森林"。

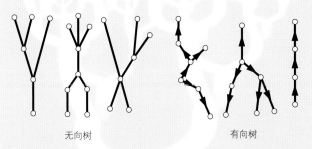

无向树　　　　　　　　　　有向树

图论里的树，如同大自然的树，形形色色，种类繁多。这里有由"无向图"形成的"无向树"，还有由"有向图"形成的"有向树"，在运用图论解决实际问题时还有"最优二元树""最小支撑树""概率树"等。

树的广泛应用

早在1857年，英国数学家凯莱就是运用图论里的"树"研究有机化学，得到了一组饱和碳氢化合物 C_nH_{2n+2} 和它们的同分异构物的结构式，从而把图论引进现代化学领域。

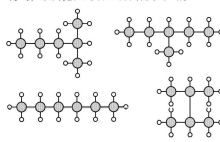

电脑中很多游戏的策略都是基于把游戏看成树的结构，如在国际象棋、跳棋等的计算机程序中，这种树结构起了关键作用。

我们可以在很多领域中建立决策树，决策树上的每个分叉代表可以做出的不同选择。人工智能领域里有一些方法可以让计算机建立自己的决策树，而无需人工的进一步干预。

思考 Think　等价图形

下面有20棵由火柴搭的"树"，它们是6组拓扑等价图形。请你指出各种树的等价图形。

用①~⑥把拓扑等价的树标出来。

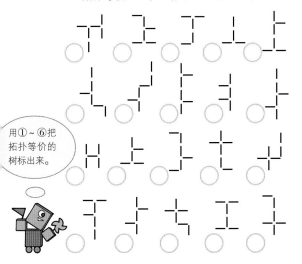

动手 Start work　连接方式

火柴构形是很有意思的问题。最后我们再动动手，用拓扑学上的不同方式，用火柴连接2个、3个、4个、5个点。各有多少种不同的连接方式？

两个点　　　　　　三个点

四个点

五个点

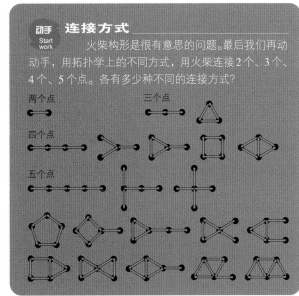

绳结问题

人类在创造数之前就是以绳结记数记事的。随着时间的流逝，绳结的历史已被渐渐遗忘。然而，近一百多年来，数学家在思考拓扑问题时，认识到绳结具有数学意义，从而把绳结作为拓扑学的一部分加以研究。

绳结的基础

两头接起来的绳子，如果在接起来之前没有打过结，那么就不会再有结了。反过来，如果起初打了一个结，那么只要不把绳子割断，结也不会消失。

三个绳圈

我们用三个绳环，相互穿套在一起（如下左图），如果你剪断其中的任何一个环，其余两个环仍然互相套着。我们将这三个绳环换一种形式套在一起（如下中图），你只要剪断其中的任意一个环，这三个环就都散开了。

如果我们将第二种形式的三个绳环不剪断，将其中的两个环用力向外拉，那第三个环就变成U形模样（如上右图）。

最简单的结叫单结。如果我们不把结绳拉紧，而把它的两端连结，构成封闭的环。无论怎样处理绳子，只要不把它割断就不可能把其中的一种变换成另一种。左结和右结是互为镜像的。

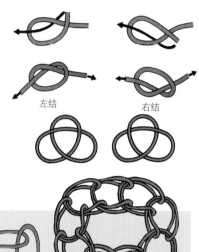

左结　　　　右结

如果我们用相似的方法将许多绳环连成一个长长的环状绳套链，我们只要随便剪断其中的一个绳环，所有绳环就全散开了。

广角
Wide-angle
常用的绳结

两根绳子交叉缠绕，可以结成一个平结，两个绳圈相互穿套在一起，也可以打成一个平结。这样可以将两者牢牢地系在一起。

捆行李，绑篱笆，常用正结（或反结），特点是易系难解。

扎礼品，做装饰，常用蝴蝶结，特点是易系易解。

B

思考
1
Think
五个绳环

五个相互穿套的绳环，剪断哪一个绳环，它们就全都分开了？（A.红绳　B.绿绳）

有几个结

这根粗绳子乱七八糟地堆放着，如果把它的两端拉紧，最后会形成几个结？（A. 3　B. 2）

绳环的交叉

数学家对绳结的兴趣不是研究它的实用价值，而是把绳结当做相隔不远的空间曲线，因为绳结的两头可以连接起来，形成一个封闭曲线。

对绳结分类自然按照绳结交叉的次数。如果结绳时左穿和右穿不加区别，最少的绳结交叉次数是三次，只有1种，四次交叉的绳结也只有1种，五次有2种，六次有3种，七次有7种，九次有49种，十次有165种……

绳的交叉次数越多，绳结变化的种类也越多。绳结的千变万化，给人们带来了丰富多彩的绳结艺术之美，也给数学家带来更多的研究课题。

三次交叉　　四次交叉　　五次交叉　　　六次交叉

七次交叉

单结的变换

绳结中最简单的单结，只有三次交叉，它有三重对称性。如果进行拓扑变换，它等价于连通纸条的边缘。

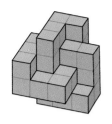

这个由一连串的正方体连结成的几何体，是最短的三次交叉的单结。它由多少个立方体组成？
（A. 23 B. 24）

牛皮头饰

这里的牛皮头饰也是拓扑学的一个奇观，六处交叉的牛皮头饰编织得如此巧妙，没有一点断裂。意味着编好的牛皮头饰与没编的牛皮块是拓扑等价的。

思考 Think 暗处绳影

在黑暗处发现一根绳子的影子，有没有打结呢？

如果绳子是完全随机放置的，各种可能都有，那打结的概率是多少？

游戏 Game 绳结游戏

1. 一个打好的结，怎么一下子就能解开了？

游戏开始，先按示意图打结，然后将绳子向左右慢慢地拉，看清结后猛一拉，结没有了，恢复成原来的样子。

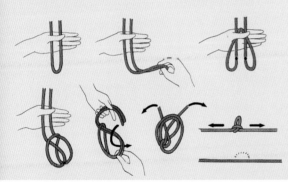

2. 仍然是一个打结拉开的游戏，这个假结的打法叫"契法格结"。打结的方法如图，先打一个左结，再打一个右结，然后串绕起来。最后抓住绳子的两端一拉，结就全解开了。

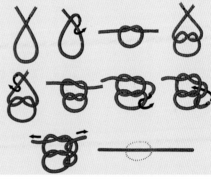

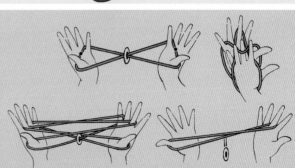

动手 Start work 解绳魔术

1. 准备一根绳子，一个圆环。

先把绳子结成圈，中间穿入圆环，用双手撑开绳圈，然后分别用中指相互挑起绳子。最后留下右手中指和左手拇指的绳子，脱其余手指上的绳子，圆环便自动脱落了。表演这个小魔术，要注意开始时双手套绳，绳子要交叉。

2. 准备一根绳子，一把剪刀。

先将绳子像示意图那样拴结在剪刀的一只把手上。准备好后，就可以变魔术了。

能不能在不剪断绳子的前提下，把绳子从剪刀上脱下来？

其实这个魔术很容易做，看了图以后，大家都会表演。

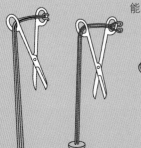

无穷与极限

自然数有多少个，这个问题怎么回答呢？反正很多很多，数不清，无论你怎么有耐心，也无法数完。数学家创造了一个符号"∞"，用来表示"无穷大"。这个"∞"如同魔术师手中的魔杖，常常产生一些令人难以置信的奇迹。

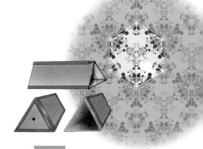

希尔伯特旅店

德国数学家希尔伯特讲了一个故事：他开了一家"希尔伯特旅店"，有无穷多个房间，可还是经常客满。一天晚上，店里来了一位新客人，店主微笑地说："对不起，所有房间都住满了，不过，我还是设法帮你腾出一个房间，稍等。"店主挨个房间与旅客商量请他们往后挪一个房间，终于将第一间房腾了出来，让新客人住下。

不一会儿，开来一辆"无限汽车"，走下无穷多个乘客，要安排住宿。店主仍然胸有成竹，与已住的旅客协商，请他们搬到偶数号的房间去住。这样一来，店主竟然空出了所有奇数号的房间，正好给这批"无限汽车"上的乘客住。

这个故事太"玄"了，旅店里偶数号的房间，居然能住得下原来住满了的全部旅客。偶数是部分，自然数是全体，难道部分可以和全体含有同样多的数吗？对！这个故事正是说明无限集合的这一奇特性质。

圆的周长

我们的祖先在研究圆的周长公式时，就是利用无穷大的概念。通过圆内接正多边形的周长的计算，发现随着多边形的边数增加，它的周长就越来越接近圆的周长。当边数趋于无限时，圆的周长是正多边形的周长的极限。

我们在圆的外面作外切正三角形，在正三角形外作外接圆，然后在其外作外切正方形，又再作外接圆，如右图所示，连续作外切正多边形以及外接圆。随着正多边形的边数的增加，你会看到外接圆的半径也会增大。但事实上，圆半径的增大是有一个极限的，不可能无限增大。

圆的周长是正多边形的周长的极限。

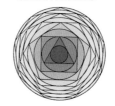

正多边形外接圆的增大有极限。

透视与射影几何

射影几何起源于透视画法。当画家在画布上画一个景物时，我们可以把画布设想成与视线相交的平面的一部分。我们通过透视画法，可以把无限大的空间表现在一幅画布上。而射影几何就是研究图形在射影变换下保持不变的特性，无穷大的概念也因此被引入到我们研究的范围。

透视和射影几何都把地平线看做一条既普通又特殊的无穷远线。若干条平行线的消失点也都落在地平线上的无穷远点上。

学绘画，也要懂点射影几何呀！

皮亚诺曲线

既然有能住无穷多人的旅店，那有没有能填满空间的曲线呢？

按照常规，一条曲线只有长度而没有宽度和厚度，因此任何一条曲线都不可能把一块面积填满。然而，意大利数学家皮亚诺（1858~1932）在1890年构造出一条连续的曲线，恰好能填满一整块正方形，使整个数学界为之震惊。

继皮亚诺之后，人们又发现了许多条也能填满整个正方形的连续曲线，现在我们把这一类曲线统称为皮亚诺曲线。

能填满空间的皮亚诺曲线，看来也是一根根无限长的曲线。

广角 Wide-angle

万花筒与镜面厅

古老的玩具万花筒利用三个长方形的镜面，将镜筒一端的彩色玻璃碎片反射成繁花似锦的图案。

我们用两面镜子，面对面平行放置在一个物体的前后，镜中便会出现这个物体的一个接一个的影像，仿佛会无限延续下去。

试想一下，如果你身处一间镜面厅里，即房子四周墙壁、天花、地板全都是镜子。你会有什么感觉？你会觉得像站在一个无底洞的边缘，随时都会被它吞噬。

《并木林道》 霍贝玛

《昂内出发》 洛兰

极限的版画

荷兰版画家埃舍尔创作了多幅表现无穷极限的作品。

《无穷》

红、白、黑三色蜥蜴首尾相聚，构成图案，从外到内逐渐地无限缩小，到中心处便达到了数学上的无穷小。

康托尔集

1883 年，康托尔构造的这个分形，称为康托尔集。从数轴上单位长度线段开始，取走中间的 $\frac{1}{3}$ 而达到第一阶段。然后从每一个余下的 $\frac{1}{3}$ 线段中取走其中间 $\frac{1}{3}$ 而达到第二阶段。无限地重复这一过程，余下的无穷点集就是康托尔集。这里是康托尔集的最初几个阶段。

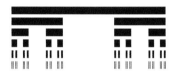

《圆形极限》

同一系列的鱼从内向外无限缩小，直到圆的边缘。然而它们永远游不到这个边缘，就像数学中所讲的极限。

《三蛇圆盘》

三条蛇盘绕在圆盘上。圆盘的圆环分别向中心和边缘无限缩小，构成内外双极限。

无限的时空

没有什么会像时间和空间那样显示出无穷的魅力。宇宙浩翰，加深了我们对无限时空的认识。然而我们能够观测到的宇宙范围也是有限的。

爱因斯坦广义相对论

伟大的科学家爱因斯坦（1879~1955）有一句名言："有两种无限。一是宇宙，一是人类的智慧，对于前者我也没有自信。"

霍金

霍金研究黑洞

英国两位数学物理学家彭罗斯（1931~ ）和霍金（1942~2018），从数学上证明了奇点定理。霍金是当代著名的科学家，他 20 岁时患肌肉萎缩症。多年来，他顽强地与病魔抗争，潜心研究"黑洞"等理论。

许多科学家对无限的研究，极大地推动了数学和物理的发展，揭开无限之谜的同时将导致新理论的诞生。科学向无限挑战，永无止境。

1905 年，爱因斯坦发表了狭义相对论。1915 年，他发表了广义相对论。广义相对论是现代宇宙论的基础，它也使得物理学发生革命性的变化。它还预言宇宙中存在着一些不可思议的天体——"黑洞"，黑洞的中心是一个物质密度为无限大的"奇点"。

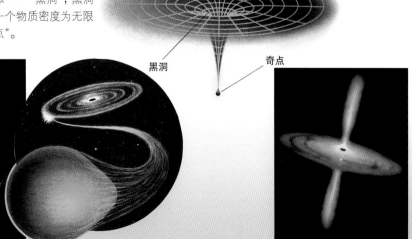

黑洞　　　　奇点

悖论与危机

数学进展到一定阶段，内部会产生一些矛盾，数学是在不断解决矛盾中向前发展的。在数学史上，这些矛盾曾不断地以一些颇为有趣的"怪问题"——数学悖论的形式出现。其中有过三次以悖论形式出现的较大的矛盾，一般称为三次数学危机。了解这些悖论的产生和解决，对更好地理解数学很有帮助。

数学悖论

悖论是指自相矛盾的命题，从表面上从可接受的前提推导出自相矛盾的论证。悖论在"荒诞"中蕴涵着哲理，可以给人以启迪，它是产生逻辑和语言中新概念的重要源泉。

数学中有许多经典的悖论。

二分法悖论

一个旅行者步行前往目的地，他必须先走完一半的距离，再走剩下距离的一半，永远还有剩下的一半要走，因此旅行者永远走不到目的地。（古希腊 芝诺）

阿基里斯追龟悖论

跑得最快的人阿基里斯永远追不上跑得最慢的乌龟。因为当阿基里斯赶上乌龟原来的出发点时，乌龟又往前爬了一段路程，所以，他永远也追不上乌龟。（古希腊 芝诺）

飞箭静止悖论

如果时间有不可分割的单元，那么在这个单元内，飞箭只能占据一个特定的位置，因此它是不动的。（古希腊 芝诺）

理发师悖论

有一位理发师说，他只给所有不给自己理发的人理发。试问，理发师自己的头发由谁来理呢？如果他自己理，就违背了自己的原则；如果他自己不理，那他就应该为这个"自己不理发"的人理发。他陷入了明显的进退两难。（英国 罗素）

讲假话绞死悖论

凡是进岛的人必须讲明进岛的理由，如果讲真话，将获得自由；如果讲假话，就要被绞死。有一个旅行者说："我是来被绞死的。"那该如何处置呢？如果算真话，那就该获得自由；如果算假话，他就被绞死，这话显然又变成真话了，那也不该被绞死。最后，守岛人无可奈何，只得放行。

轮子悖论

轮子上有两个同心圆，大圆滚动一周，移动的距离等于大圆的周长，同时小圆也滚了一周，难道小圆移动的距离也等于大圆的周长吗？（古希腊 亚里士多德）

硬币悖论

将一枚硬币绕下面的硬币移动半圈，由于它移动的距离只是硬币周长的一半，那移动的硬币应该颠倒过来吗？

代数悖论

代数悖论很多，其中有一些著名的悖论值得深思。

（1）若 $a=b$，则 $2=1$

证明：$a=b$

$a^2=ab$

$a^2-b^2=ab-b^2$

$\dfrac{a^2-b^2}{a-b}=\dfrac{ab-b^2}{a-b}$

$\dfrac{(a+b)(a-b)}{a-b}=\dfrac{b(a-b)}{a-b}$

$a+b=b$

$a+a=a$

$2a=a$

$2=1$

（2）$1=-1$

证明：$-1=(\sqrt{-1})^2$

$=\sqrt{-1}\cdot\sqrt{-1}$

$=\sqrt{(-1)\cdot(-1)}$

$=\sqrt{1}$

$=1$

还是中文语言精练！

思考 Think 中国的哲理

2400 多年前的战国时期，我国哲学名著《庄子》有以下这些发人深思的命题："飞鸟之影未尝动也""镞矢之疾而有不行不止之时""一尺之棰，日取其半，万世不竭"。想一想，这些命题与上述哪几个悖论相似？

绘画悖论

艺术家将悖论直观化、形象化。绘画悖论作品从局部看都很合理，从整体看却不可能存在。例如英国彭罗斯的三接棍图形，看每个角都很合理，整体看却不可能存在。

荷兰埃舍尔的《景观楼》也是一样。局部合理，整体不合理。日本福田繁雄还幽默地作了一次实践，结果从正面拍照，还像那么回事，可从侧面一看，矛盾就暴露无遗了。

下面是埃舍尔的《瀑布》，乍看渠道畅通，水流正常，但仔细审看，难道水可以永无休止地循环流动吗？

数学危机

在西方的数学史上有过三次大的数学危机，它们都是由数学悖论引起的。每次危机的出现及化解都推动了数学的发展。

无理数发现引起的第一次数学危机

公元前6世纪，古希腊有个著名的学派叫毕达哥拉斯学派，当时具有绝对的权威。他们认为"万物皆数"，也就是说宇宙万物的一切现象和规律都可以归结为整数或整数之比，除了整数和分数，再也没有别的什么数了。

毕达哥拉斯有一个学生叫希伯斯，他发现边长为1的正方形对角线的长度不能用分数来表示。这一发现否定了毕达哥拉斯的信条，动摇了该学派的基础，学派的忠实门徒竟把希伯斯抛入大海。非分数的发现，产生了第一次数学危机。

希伯斯发现的这个对角线长度后来用 $\sqrt{2}$ 表示，它是一个无理数。无理数和实数的理论产生，使数学向前迈进了一大步。

微积分基础引起的第二次数学危机

17世纪，牛顿和莱布尼兹初创微积分。当时微积分的理论基础较为薄弱，常常不能自圆其说。对无穷小量，有时认为是零，有时又不是零，是很小的量；关于极限的概念也十分含混。

当时颇具影响的红衣主教贝克莱大肆攻击，嘲笑无穷小量是"量的鬼魂"。格兰迪也提出怪论"从虚无创造万有"，来攻击微积分中的无穷级数。他举例说，

$$1-1+1-1+1-1+\cdots=(1-1)+(1-1)+(1-1)+\cdots$$
$$=0+0+\cdots=0,$$
$$1-1+1-1+1-\cdots=1-(1-1)-(1-1)-\cdots$$
$$=1-0-0-\cdots=1，因此 0=1，这是矛盾的。$$

对于微积分的攻击和指责，促使18世纪的许多数学家试图加以严密化，作了种种努力。直至19世纪，微积分的理论基础——极限论建立了起来，微积分的发展进入了新的阶段。这样第二次数学危机终于得以消除。

集合论悖论引起的第三次数学危机

19世纪下半叶，康托尔创立了集合论这一最基础的数学学科。1900年在巴黎召开的国际数学家大会上，庞加莱宣称"现在数学已经达到了绝对的严格"。

罗素

然而事隔两年，英国数学家罗素（1872~1970）发现了集合论的概念本身的矛盾，提出了著名悖论。举例说明，悖论"宇宙是不存在的"，说的是宇宙是由一切事物组成的集合。而宇宙本身也是一个事物，所以宇宙也应属于这个集合，而这是不可理解的。因为一个集合与组成这个集合的元素是有着本质区别的。也就是说，这个包罗万象的宇宙是不能存在的。因为若宇宙存在，就会引出矛盾。这个悖论涉及到集合论的最基础的概念，动摇了集合论的基础，因此称此为第三次数学危机。

一个多世纪以来，数学家们试图解决集合论悖论，提出了许多方案，尽管它们不尽完善，人们还是在承认数学自身存在矛盾的前提下，对集合论的思想和方法进行广泛的应用。

这三次数学危机，对中国数学发展几乎没有影响。在中国古代数学中无理数的产生极为自然，由开方术产生了无理数。极限的思想方法在中国也只是作为一种数学处理方法，并没有什么危机。

计算机的发展

在人类所有的发明中,计算机是最伟大的发明之一。计算机的诞生极大地改变了人类的生活。

机械计算机

用机器代替人工计算,是人类的长期追求。算盘是古代的计数器械。

1614年,英国数学家纳皮尔在发现对数方法的同时,还发明了一种算筹,用它可以进行乘、除及求平方根和立方根等运算。每根算筹都是它顶部数字的乘法表。

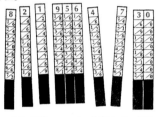

例如要算298×7,先将2、9、8三根算筹依次摆齐,然后从上往下数到第7行,将两组数错位相加即可求得乘积。

1617年,纳皮尔还发明了乘除器,旋转木棍,便可进行运算。这是最早发明的计数器之一。

1620年,英国数学家发明了一种计算尺,它可以把乘、除运算化作加、减运算。1632年,英国数学家奥特雷德发明了圆形计算尺及有滑尺的计算尺。

帕斯卡加减计算机

第一台能做加减运算的手摇机械计算机是由法国数学家帕斯卡于1642年发明的。这台计算机用一个个的齿轮表示数字,利用齿轮传动装置进行运算操作。

莱布尼兹乘除计算机

1673年,德国数学家莱布尼兹发明了能进行加减乘除四则运算的机械计算机。

巴贝奇差分机

1822年,英国数学家巴贝奇发明了一台称为"差分机"的高级机械计算机,它增加了程序控制功能,能按照设计者的安排,自动完成一连串的运算。这是向现代计算机过渡迈开的关键一步。

1834年,巴贝奇设计了"分析机",它能做任何数学运算,能运用自身的数据库中的表,能比较答案并按指令判断,执行结果能通过机械转换装置输出。由于技术难度太大,这一设计当时无法实现。百年之后,人们为了表达对巴贝奇的敬意,专门制造了一台分析机的工作模型。

电子计算机

20世纪,电子技术的发展为计算机的革命性飞跃提供了可能。

1934年,德国工程师楚泽开始研制电子计算机。1941年,他设计的采用继电器的"Z-3"计算机正式运转。这是世界上第一台通用程序控制计算机。

1944年,一台大型的"马克-1"计算机在美国诞生了。

它和"Z-3"计算机一样,仍采用继电器控制电流,依靠齿轮转动来操作。

图灵

1942年,英国数学家图灵(1912~1954)参与研制了世界上第一台全电子数字计算机"巨人号"。在第二次世界大战中,这台计算机被用于破译德军密码,

从而立下了赫赫战功。图灵也被誉为"现代计算机之父"。

冯·诺伊曼

匈牙利数学家冯·诺伊曼（1903～1957）在计算机发展史的关键时刻，作出了巨大的贡献。1945年，在他的参与和主持下，诞生了一个全新的离散变量自动电子计算机方案，通过采用二进制和存储程序的设计，使得运算全部实现了真正的自动化。因此，他成为"现代电子计算机之父"。

1946年，一台占地有10间房子的电子计算机"埃尼阿克"诞生了。它大量采用电子管代替继电器，运算速度比前者快1000多倍。

1947年，晶体管问世，它具有体积小、重量轻、寿命长、耗电少等优点。1956年，第一台晶体管计算机制成，1960年开始大批量生产。这种产品被称为"第二代计算机"。

电子管　晶体管

1958年，集成电路发明了。1964年，美国制成"IBM-360"系统计算机，是第一批半导体集成电路计算机，被称为"第三代计算机"。最大型号的主存容量达26万～104万字节，平均运算速度为每秒100万次。

集成电路

上图是一组大型的计算机系统FACOMM-382。在巨型机发展的同时，微型计算机也相继问世，并每隔一两年就更新换代一次。

1970年，大规模集成电路计算机出现了，人们称它为"第四代计算机"。

它是一种有知识、会学习、能推理的计算机。进一步，个人电脑问世，大大提高了工作效率。后来笔记本型电脑诞生，更方便了外出旅行的公司经理、技术人员和作家等的使用。与此同时，高速度的超级电子计算机也在迅速发展。

1982年，日本开始研制"第五代计算机"——人工智能计算机。

它模仿人的大脑的判断能力和适应能力，并具有可并行处理多种数据的功能。

后来科学家模拟人脑，研制"第六代计算机"——人工神经网络计算机。

计算机不断升级换代，小型个人计算机已经普及，微型机迅速崛起。计算机网络的普及更是极大地促进了计算机的发展。

计算机与数学

电子计算机是数学与工程技术结合的产物。数学为计算机提供了高效优化的计算方法，也为计算机的应用建立了数学模型。计算机也极大地扩展了数学的应用范围与能力。随着计算机的发展，数学家只用纸和笔的时代已经过去，计算机已进入越来越多的数学领域。1976年，美国数学家借助电子计算机证明了"四色定理"。1980年，法国数学家曼德尔布罗利用新型的电子计算机画出了第一批变幻无穷的分形几何图片。

计算机还可以帮助数学家猜测新事物，发现新定理。这方面最突出的有孤立波的发现和混沌理论的研究，它们都是20世纪数学的重大成就。

分形几何

传统几何学不能描述大自然中普遍存在的不规则形体，如云彩、闪电、山脉、树枝、蕨叶以及生物细胞等。怎样用数学来刻画这些自然形体，一直是数学家们探索的新课题。1975年，经法国数学家曼德尔布罗研究，产生了年轻的分形几何学。分形具有整体与部分的自相似性，描述具有或大或小的各种不同尺度结构的事物，反映它们的层次结构。

科克雪花曲线

1904年，瑞典数学家科克创造出了一种用几何图形描述雪花的方法。他先画一个正三角形，然后在每边再画一个边长为 $\frac{1}{3}$ 的小正三角形，接着再按上述方法，重复画出越来越小的正三角形，这样就画出了一个美丽的雪花图形。人们把它叫做"科克雪花曲线"，它具有无穷大的周长和有限的面积。

数学怪物

仔细观察，发现科克雪花曲线的每一部分经过放大，都和整体一模一样。大家把它称为"数学怪物"。

波兰数学家希尔宾斯基也用正三角形画出了一个"数学怪物"；他还用立方体绘制了另一个"数学怪物"。这些既复杂又漂亮的图形也有着严格的自相似性。

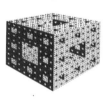

下面的"数学怪物"复制了5次，最后变成了多少个正三角形的图形？（A. 81　B. 243）

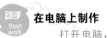

在电脑上制作

打开电脑，运用绘图软件，自己动手画一个"雪花曲线"或"数学怪物"。按照这里的步骤图，运用"复制""粘贴""缩小""复制""粘贴""缩小"……

海岸线有多长

1967年，数学家曼德尔布罗（1924~2010）在著名的《科学》杂志上发表了一篇奇怪的文章《英国的海岸线有多长》，使人们大吃一惊。原来海岸线长度不是一个固定不变的数值。海岸线的长短取决于人们所用的尺。如果用1千米的尺子测量，小于1千米的弯弯曲曲的海岸线便会被忽略；如果用1米的尺子测量，便会增加许多弯曲的细部，海岸线必然大大增长；如果让蜗牛来测量，海岸线必然长得惊人。

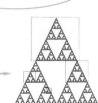

曼德尔布罗

波兰裔法国数学家曼德尔布罗是分形几何的创始人。他的科学兴趣极其广泛，具有极强的创造能力和形象思维能力，利用计算机开创了一门崭新的分形几何学。

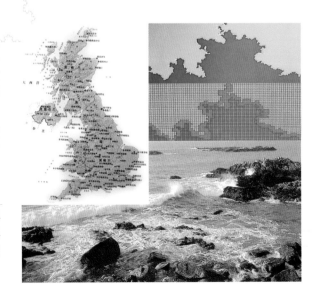

迷人的自相似性

下图是著名的曼德尔布罗集的边界区域局部放大巡游图。说明分形图形的任何一个部分的外形与整体的外形相似，这就是分形的最重要特征——自相似性。

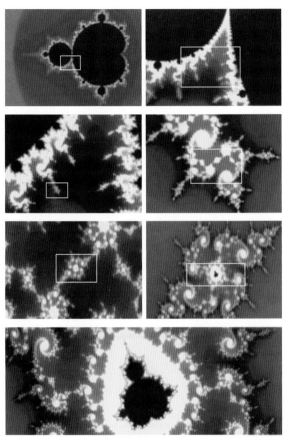

半岛国家海岸线

右边的地图是一个半岛国家的海岸线，将其正方形的局部逐级放大，不难发现海岸线被放大时，不断会出现复杂的曲折，海湾之内还有海湾，半岛之外还有半岛。但奇妙的是，它们都有迷人的重复，显示出自相似性。

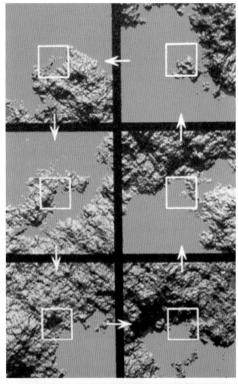

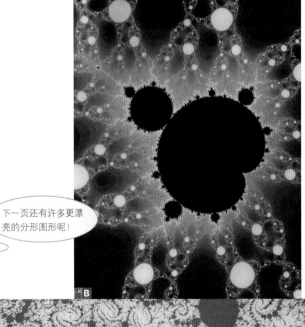

欣赏 Appreciate 分形几何图形

下面的图形都是运用分形几何原理在电脑里绘制的美丽图形。这些图形处处显示出分形的奇特之美，它们的魅力让人折服。

下一页还有许多更漂亮的分形图形呢！

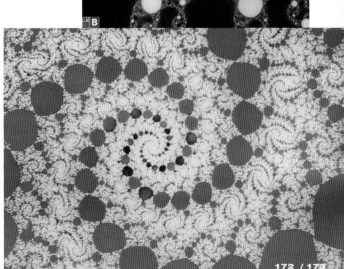

现在利用电脑绘制分形图形已作为一种新型艺术，受到了现代人的青睐。

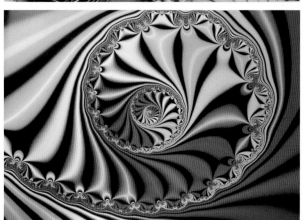

回顾数学发展历程，我们怎么也不能忘记数学大师们作出的巨大贡献。

在数学星空中，群星璀璨，这里是其中的十颗巨星：他们是毕达哥拉斯、欧几里得、阿基米德、费马、高斯、欧拉、庞加莱、希尔伯特、伽罗瓦、康托尔。

你能一一认出他们吗？

常用的图形设计软件

随着计算机技术的发展，计算机的功能越来越强大，利用计算机不仅能完成复杂的数学运算，还能有效地进行图形的设计创作。不妨自己动手进行图形的绘制实践，使数学和艺术实现完美的结合。

常用的图形设计软件有：

1. 基本数学软件：Mathematic 和 Maple 等；

2. 专用分形软件：Fractint 和 Iterations 等；

3. 图形处理软件：Photoshop 和 CorelDraw 等。

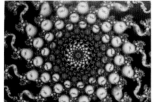

数学家的盛会

数学的发展不断地经历着深刻的变化，每个时代都有自己追求的主题。现代数学研究范围空前广阔，数学应用的场合无处不在，数学家的队伍空前壮大，数学正处在一个新的黄金时代。

国际数学家大会

数学家们为了交流、展示数学成果，研讨数学的发展，1897年，在瑞士首次举办国际数学家大会。从此，数学家的接触制度化了，每四年举办一次，其中由于世界大战中断过两次。

2002年，在北京举办了第24届国际数学家大会。这是我国几代数学家努力工作的结果，也是中国向数学强国奋进的新起点。我国数学家吴文俊（1919~2017）担任大会主席。吴文俊是当代中国数学界的领军人物。1970年以来，他汲取中国古代数学精髓，运用计算机解决了平面几何和初等微积分的机器证明。

吴文俊

近几届国际数学家大会都专门发行了纪念邮票，庆贺和纪念这四年一次的数学家的盛会。

数学的嘉奖

举世瞩目的一年一度的诺贝尔奖，只设物理学、化学、医学或生理学、文学、经济学、和平事业六个类别，没有数学这个学科，不能不说是一大憾事。为此，国际数学界先后设立了两个数学大奖：菲尔兹奖和沃尔夫奖。

还有其他一些国际数学盛事也上了纪念邮票，如第二届欧洲数学大会，2000年世界数学年。

菲尔兹奖

加拿大数学家菲尔兹（1863~1932）热心倡导数学的国际交流活动。他去世前，把自己的遗产捐献出来，建议设立一项数学奖。1932年第9届国际数学家大会上，数学家们为了赞许和缅怀菲尔兹的无私奉献，将该奖命名为"菲尔兹奖"。

菲尔兹奖专门用于奖励有突出成就的年轻数学家，年龄不超过40岁。每次获奖者不超过4人，奖励为一枚金质奖章和1500美元奖金。与诺贝尔奖相比，奖金虽少，但在人们心目中地位崇高。一是因为它是国际权威机构评出，威望高，二是获奖者要从青年数学家中选出，得奖人数又少，因此，获得菲尔兹奖的难度和荣誉并不亚于诺贝尔奖。

1982年，著名的华裔数学家丘成桐（1949~　），由于在微分几何与偏微分方程方面的突出贡献，荣获菲尔兹奖。

丘成桐

2006年，华裔数学家陶哲轩（1975~　）因在组合、分析方面的多项研究成就，荣获菲尔兹奖。

陶哲轩

华裔数学家陈省身荣获沃尔夫数学奖

沃尔夫奖

德国科学家沃尔夫（1887~1981）及其家族捐献巨款，成立沃尔夫基金，用于促进全世界科学和艺术的发展。沃而夫奖设数学、物理、化学、医学、农业和艺术奖。沃尔夫奖从1978年开始颁发，每年一次，每个奖项的奖金是10万美元。沃尔夫数学奖具有终身成就奖的性质，获奖者的成就在相当程度上代表了当代数学的水平和进展。

华裔数学家中的杰出代表陈省身（1911~2004）是国际数学界微分几何学方面的领袖人物，曾荣获美国国家科学奖和沃尔夫数学奖等多项崇高的荣誉。

陈省身

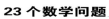

现代数学的发展

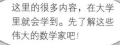

进入20世纪以后，数学进入了现代数学时期。数学领域不断扩展并相互交融，新的数学理论和方法层出不穷，数学应用的范围更加广泛。

23个数学问题

1900年，德国数学家希尔伯特（1862~1943）在巴黎国际数学家大会上做了题为《数学问题》的著名演讲，他根据19世纪数学研究的成果和发展趋势，提出了23个数学问题，揭开了20世纪数学发展的序幕。

实变函数论

实变函数主要指自变量（也包括多个自变量）取实数值的函数。它从连续性、可微性、可积性三个方面讨论一般的函数，是微积分学的发展和深入。法国数学家勒贝格（1875~1941）是实变函数论的创始人。

泛函分析

泛函分析是研究拓扑线性空间之间的满足各种拓扑和代数条件的映射的一个数学分支，是研究无穷维抽象空间及其分析的学科。波兰数学家巴拿赫（1892~1945）为泛函分析的创立和发展做出重大贡献。

拓扑学

拓扑学在20世纪蓬勃发展，产生了点集拓扑、组合拓扑、微分拓扑等分支。（参阅P.160橡皮几何）

抽象代数

法国数学家伽罗瓦提出的群概念使代数学研究的对象有所突破，并从具体向抽象过渡。一个新的数学分支抽象代数初现端倪。

抽象代数的主要奠基人是德国女数学家诺特（1882~1935）。她从小酷爱数学，在她通过博士考试后，希尔伯特很欣赏她，极力推荐她到大学任教。当时很多人反对妇女任教，由于希尔伯特、克莱因的力荐，她最后取得了无薪教师的资格。1921年，她发表的论文成了抽象代数发展的里程碑。

概率论公理化

公理化思想的影响，使概率论这门古老的学科焕发了青春，在理论和应用两方面都进入了崭新的发展阶段。

俄罗斯数学家科尔莫戈罗夫（1903~1987）建立了在测度论基础上的概率论的公理化体系，奠定了现代概率论的基础。

应用数学的崛起

数学是一门应用性很强的科学，许多数学思想和方法渗透和应用到其他学科。电子计算机的迅速发展，使应用数学得到了长足的发展。

数理统计学

数理统计学是研究怎样去有效地收集、整理和分析带有随机性的数据，以对所考察的问题做出推断或预测，并对决策提供依据的学科。

英国数学家皮尔逊（1857~1936）对现代数理统计学的建立起了重要作用。现代数理统计学作为一门独立学科的奠基人是英国数学家费希尔（1890~1962）。

费希尔

控制论

控制论是在第二次世界大战期间兴起的一门应用学科，它的创始人是美国数学家维纳（1894~1964）。维纳3岁能看书，7岁学完中学数学，11岁上大学，14岁获学士学位，18岁获哈佛大学博士学位。维纳是中国人民的好朋友，他曾向包括华罗庚在内的许多中国数学家伸出友谊之手。他曾领导过波士顿救援中国的一个组织，声援中国的抗日战争。

维纳广泛地利用调和分析与数理统计，建立了一套最优设计的方法，逐步形成系统的控制理论。

运筹学

在第二次世界大战之后，运筹学从原来作为作战方案的研究被转而引入民用部门，研究内容也不断扩充，形成了一门新兴的应用学科。目前它已包括博弈论、规划论、排队论、决策分析、图论等众多分支。

匈牙利数学家冯·诺伊曼将对策思想数量化，并进一步公理化、系统化，使古老的博弈论成为一门崭新的数学学科。

密码学

自古以来就有人研制密码，用来传递信息，以避免泄密。1837年，美国画家莫尔斯（1791~1872）发明了有线电报，利用敲键发出讯息，传递电码。

密码编制是将发出的电码赋予新的含义，只有掌握密码机密的人员才能破译这些电码。

20世纪，数学方法的引入和电子计算机的应用使密码学得到蓬勃发展。

广角 Wide-angle 简单的密码盘

这是个简单的密码盘，蓝环是电码字母，绿环是相对应的密码符号。比如收到一组密码"SVOK R ZN GIZKKVW"，只要查阅密码盘，便翻译出电码内容"HELP I AM TRAPPED"（处境危急，请求援救）。

不完全性定理

20世纪早期，公理化方法有了蓬勃的发展，人们期望数学的各分支都能建立完全的公设集。但是1931年，奥地利数学家哥德尔（1906~1978）提出不完全性定理，却出乎意料地揭示了形式主义方法的内在局限性，明白无误地指出形式系统的相容性在本系统内不能证明，通俗地说，就是自己不能评价自己正确。

不完全性定理指出，包含初等数论在内的任何一个数学分支都做不到完全的公理推演，而且不能保证自己内部没有矛盾。哥德尔定理是所有数学定理中最重要的定理之一。

模糊数学

模糊概念在日常生活中比比皆是，例如年轻、体胖、暖冬等，它们都没有明确的外延，无法准确地描述和判断。实际上，模糊性是事物复杂性表现的一个方面，随着计算机的发展以及它对日益复杂的系统的应用，处理模糊性问题便显得很重要。1965年，美国数学家扎德（1921~2017）发表了《模糊集合》，开辟了一门新的数学分支——模糊数学。其基础概念"模糊集合"是对经典集合概念的推广，为因外延模糊而导致的事物是非判断上的不确定性提供了数学描述。

混沌理论

巴西蝴蝶翅膀的一次颤动，可能会引起纽约的一场大雨。在高原雪山上的一声叫喊，可能会引起狂风呼啸、铺天盖地的雪崩。人类逐渐意识到现实世界中存在无序、混沌现象。有时一个小小的起伏可能会演变成巨大的波澜。

在天气预测里，这种现象称为"蝴蝶效应"。从技术上讲，所作的描述敏感地依赖于初始状态，一个微小变化的出现，在天气预报的总体图像中，都可能延续为全球性的效应。由于人们无法记录所有可能的变化，也无法关注到全部简单而微小的情形，这就使得准确预测成为不可能。因为信息的微小误差，经过不断加强，便可能导致混沌事件。

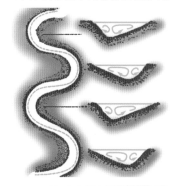

广角 **混沌现象无处不在**
Wide-angle

混沌现象在自然界和人们生活中无处不在。

河水沿河床的蜿蜒曲线流动而形成的环流

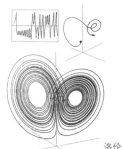

洛伦兹吸引子运动轨迹像蝴蝶翅膀

洛伦兹吸引子

20世纪60年代初，美国气象学家洛伦兹（1917~2008）用计算机探索热空气上升所引起的各种变化。当他把三维空间的实验结果描绘出来时，第一幅混沌理论的图画被创造了出来，结果是一种类似于三维螺线的曲线，决不自交或重复。这就是著名的洛伦兹吸引子。

到20世纪70年代，一些数学家也发现了类似的结果，并在更广阔的领域进行探索，形成和发展了混沌理论。

混沌理论要求科学家们在所有的领域施展高超的数学技巧，以使自己能更好地认识所获结果的内在意义。分形理论在20世纪创立，并得到重大发展和广泛应用，它帮助描述和解析了无定形和随意性的自然环境。至于现代的混沌理论，数学家们将深入揭示它的奥秘。

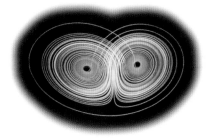

截面图形

奇怪吸引子运动绕成毛线圈状

生态中狮子与羚羊间数量增减的波动

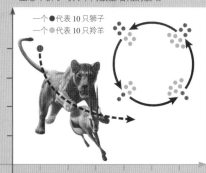

一个 ● 代表10只狮子
一个 ● 代表10只羚羊

当狮子的数量减少时，羚羊的数量就增多。
当羚羊的数量增多时，狮子的数量就增多。
当狮子的数量增多时，羚羊的数量就减少。
当羚羊的数量减少时，狮子的数量就减少。

副翼产生的涡流

熄灭的火柴和蜡烛上升的烟气形成不规则的湍流

水杯中墨水滴下落的随机变化

绘画与数学

绘画离不开点、线、面的组合，离不开透视、构图的运用，现代绘画也渗透着现代数学的元素，绘画与数学有着不可分割的联系。

名画中的数学

画家德·乔治的名画《阿基米德》，表现了数学家阿基米德在专注地研究数学问题，不让无知的罗马士兵影响他作图。

名画《帕乔利》，表现意大利数学家帕乔利（1445~1517）的形象，他手按《算术几何集成》，旁边的正十二面体、二十六面体反映了当时数学界的知识领域。

画家恩德所作名画《第谷和鲁道夫二世》，画中天文学家第谷（1546~1601）正在演示天球体的使用。

画家约翰内斯·弗美尔所作名画《天文学家》，表现天文学家利用望远镜在天空中发现了许多新的星体。天体仪和地球仪当时已被广泛应用于科研教学。

画家布莱克的名画《牛顿》，在作品里，牛顿全裸，蜷缩在海底，被自己所试图认识的空间和时间的大海所淹没。

画家迪梅尼尔的名作《瑞典女王与笛卡尔》，描绘了笛卡尔在清晨给瑞典女王和她的群臣们上课的情景。

透视与构图

西方绘画中宗教题材的作品是画家们倾心的题材。

意大利画家拉斐尔的名作《圣母的婚礼》，圣母玛丽亚和其夫约瑟的形象端庄文雅。背景是正十六边形古典风格的教堂，几根透视线把人们的思绪引向无限远处。

拉斐尔的另一名作《圣母子》，圣母端庄的坐姿和两个可爱的幼童构成了三角形稳定的构图形式，特别适合这类宗教题材内容的表现。

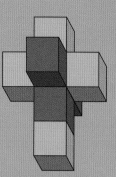

这里不是四维立方体在三维空间的展开吗？

意大利画家弗朗西斯卡的名画《耶稣受鞭图》是透视学的一幅珍品，透视体系的应用和透视消失点的选择，与院内外的人物紧密结合，使画中的人物、景物全都容纳在一个有限的空间里。

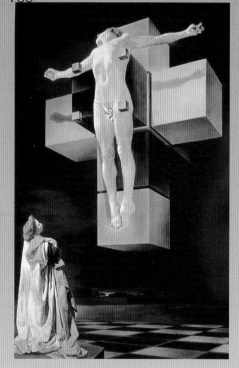

西班牙画家达利的名画《最后的晚餐》是20世纪中期的现代艺术作品，画家将最后的晚餐安排在一个象征整个宇宙的正十二面体之中，表现了画家卓越的超现实主义艺术风格。

哦，这顿晚餐安排在正十二面体的餐厅里。

达利的另一幅名画《耶稣受难》也是同一时期的超现实主义作品。画家将十字架描绘成一个超立方体，这种非常形状的十字架悬浮在空中，加上耶稣身躯的浮离效果，在绘画上营造出一个惊人的幻想世界。

尼德兰画家维登的名作《耶稣降架图》，表现被钉在十字架上的耶稣被门徒们解下入殓的情景。画面构图紧凑和谐，黄金分割的运用极其充分，三个圆内接正五边形巧妙地结合在一起。如此唯美的构图，使人们永远赞叹黄金比例的巨大魅力。

下楼梯与第四维

法国画家杜尚在探索自己的艺术发展方向时，受到了一张"连续摄影"下楼梯照片的启发，决心发展一套"暗示形象通过空间运动"的观念，在二维的画布上表现运动中的对象各个阶段的形象变化，即通过对运动的抽象表现，来表述时间与空间，表述时空第四维。杜尚在《下楼梯的裸女2号》中，把裸女下楼梯的动作分解处理、相互连接，前后重复的方形、圆弧等平面形态象征运动的进行，营造出一种富有动态感的速率之美。

点画法与集合论

19世纪，法国画家修拉擅长在画布上用色点表现形象与色彩的点画法，被人们称为点彩派画家。画面中的线条和块面都是由不同色彩的小点组成的。

这是修拉的点彩巨作《大碗岛的星期日下午》。要想看清精彩的笔触，还需欣赏大型画册。这里还有一幅点彩作品，是法国画家西涅克的《卡努比埃的松树》，可略见点画法的效果。

数学里点的集合是线，线的集合是面。研究元素的集合和运用点的集合作画，真有相通之处。

浪花与分形

这是日本画家北斋的名画《富士山景之一》。画家表现富士山前巨大的海浪，浪花中不断重复着相同的结构，这就是自然界中既复杂又简单的自相似性。这种极为精美的有序结构，艺术家们欣赏，数学家们探究，这就是分形的世界。分形几何，分形艺术，不追求模仿任何自然对象，但隐含严格确定的数学内容。

星空的螺旋

荷兰画家凡·高的名作《星空》，是画家后印象主义的代表作。他把对宇宙庄严与神秘的敬畏之心，前所未有地表现在夜空里。星、空、月的旋涡节奏，螺旋光环巧妙地席卷整个天空，银河的表现极具形式感。

毕加索的立体派

西班牙画家毕加索的艺术特色是立体主义画风，又称立体派。立体派观察、表现正六面体，不只是三个面，而是摆脱束缚，将不同角度看到的图像融合在一个平面里表现出来。

他的《女人肖像》将不同方位的双眼放在一个平面上，地板、天花板也不守透视规则，椅子的两个扶手也不是同一个视角。在新构的空间里，人物更加生动形象。

现代雕塑

20世纪初，现代抽象艺术影响到雕塑的创作中。现代雕塑以它与传统雕塑不同的艺术形式，表达了不同的精神情感，创造出不同的形式感，给人们以不同的审美享受。

现代雕塑观念

现代雕塑是对模仿自然的传统雕塑的反叛，它结合了现代人的审美、情感和设计需要，不断地发展和完善。

现代雕塑的种类很多，这里仅介绍与数学结合较紧的两类：一类是对自然对象的外观加以简约、提炼或重新组合；另一类则是完全舍弃自然对象，创作纯粹的形式构成。这后一类作品展现的是最单纯的几何形体，如正方形、三角形、立方体、正四面体等，以及富有节奏韵律的几何体组合构成。

现代雕塑造型

当你将一个几何模型转动，随着视角的变化，会呈现出不同的形状。因此在设计构思雕塑时，要通过不同角度去观察思考，将这些各异的印象统合成一个完整的立体造型，使其在变换观察角度的过程中都能给人以美的感受。

从不同的角度看莫比乌斯圈雕塑，呈现出四种不同形象：8字形代表无限大，水滴形代表水，卵形代表生命，气球形代表空气。整个雕塑象征着自然与科技的协调。

造型中的点

点的视觉效果活泼多变，有时能引起视觉集中注意，成为视觉中心；有时富有韵律的排列产生优美的节奏感。

造型中的线

直线的视觉效果平稳、刚毅，富有力度感。而曲线则轻快、柔美，富有旋律感。

造型中的体

体块的大小和质感，给人以强有力的视觉感受，几何体块具有秩序感和恒久的视觉感受。

造型中的面

规则的平面，如方形、三角形，相对严谨，富有理性。而不规则的面，贴近自然，洒脱自如。

几何原形体之美

几何原形体之美，主要取决于其外形的简约、肯定、匀称、稳定、端庄、大方。例如，立方体、正四面体、球体等都是现代雕塑中常用的基本形体。

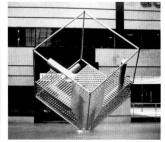
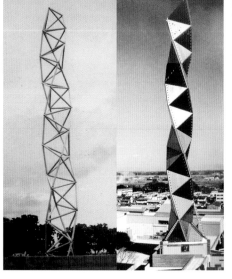

数学理念的运用

在现代雕塑的创作中，运用数学中美的理念、美的比例，即能产生优美的效果。

黄金分割比例　短边：长边 ＝ 长边：（短边 ＋ 长边）＝ 0.618

根号数列比　$1 : \sqrt{2} : \sqrt{3} : \sqrt{4} : \sqrt{5} \cdots$

等差数列比　$1 : 4 : 7 : 10 : 13 : 16 : 19 \cdots$

等比数列比　$1 : 2 : 4 : 8 : 16 : 32 : 64 \cdots$

斐波那契数列比　$1 : 1 : 2 : 3 : 5 : 8 : 13 : 21 \cdots$

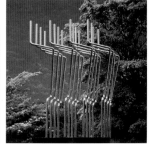

旋转渐变韵律之美

现代雕塑与优美的音乐一样，充满节奏，富有韵律。数学中的螺旋线本身便具有韵律美，按照数列大小排列的形体很有节奏感。现代雕塑中充分运用了这些数学美的元素。

考尔德的现代雕塑

20世纪30年代，兴起了一种新的现代雕塑——活动雕塑，它的发明人是美国的考尔德。这种活动雕塑随风飘动产生动态平衡，显示出几何形体的动态之美，它是大自然的敏感符号，更是数学性质的技术组合。爱因斯坦给了予了最高赞赏，感慨地说："它们是一个宇宙。"

考尔德的静态雕塑，也包含着运动，通过它们外形的弧线与曲线的投影而产生移动。当我们从不同角度观察，静态雕塑的形状和大小都会发生变化。

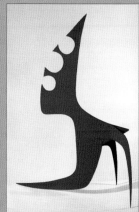

松尾光伸的椭圆雕塑

椭圆，太阳系行星们运行轨迹的图形。

日本现代雕塑家松尾光伸以椭圆为主题，从平面到主体的造型，表现椭圆无限的、独有的构造和关系，以象征生命存在的结构和运动形态，给人以无限的感悟。

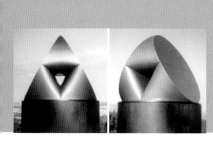

几何抽象艺术

数学中包含着美，几何图形就是美的使者。现代艺术、现代设计离不开数学，几何抽象艺术就是数学与艺术密切结合的一种现代艺术，它在现代设计中具有举足轻重的地位。

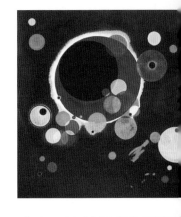

康定斯基

俄国画家康定斯基（1866~1944）是抽象主义最伟大的发起者和理论家。他的画面构成是不同于前人和同时代人的新命题。他运用与音乐类似的性质，发现了抽象表现主义的课题，那就是艺术家的意图要通过线条和色彩、空间和运动来表达，而不是参照自然界中任何可见的东西。他的绘画从自由抽象转变为几何抽象，但画面始终保持着强烈的节奏感。

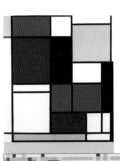

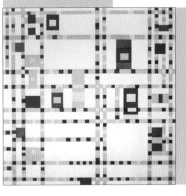

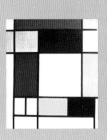

蒙德里安

荷兰画家蒙德里安（1872~1944）是客观抽象主义的代表人物。他认为自然的丰富多彩可以压缩为有一定关系的造型语言。艺术因此成为一种如同数学一样精确的表达宇宙基本特征的直觉手段。他利用平行线与垂直线的组合来表现一种抽象的旋律。他认为竖线和横线的十字形相交可以表现安宁与和谐。他常以黑线构成正方形或长方形的框子，再填上红、黄、蓝、白等鲜明的色彩，从而给人以单纯而强烈的感觉。

彼尔

瑞士画家彼尔（1908~1994）是一个形式理论家，运用数学方法进行艺术创作。他在创作中借助数学模式的力量，研究支配几何形态构造的秩序法则，运用逻辑秩序对节奏和关系的塑造形成数理的思考。

熟练准确的几何作图基本功是彼尔艺术创作的基础。

彼尔将大小、色彩、粗细不同的圆环，通过内切相互重叠，又构成美妙的圆的图形。

由中心的等边三角形，向外发展至正方形、正五边形……直至正八边形，最后形成一个螺旋图形，而图形的每个线段均相等。

将螺旋主图形的各个正多边形的顶点与其中心连线，并用加粗的彩线勾出各正多边形。

以螺旋主图形每条边为直径，作出若干细线的圆。

以螺旋为主图形，各正多边形内切圆的方式连结，构成两个相反的螺旋图形。

将螺旋主图形的各个正多边形的边加以封闭，并着色，构成美丽的图形。

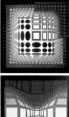

瓦萨雷利

　　法国画家瓦萨雷利（1908~1997）是法国欧普艺术杰出的代表人物。20世纪60年代之后，几何抽象艺术更加成熟，加上现代科技和电子计算机的运用，开拓了全新的视觉艺术领域。瓦萨雷利用节奏丰富的网格和互换变化的构成，使他的作品构图复杂，充满活力，刺激感官。他在几何形体有秩序渐变构架的区域中，塑造圆柱、球体凹凸不平的立体造型。

其他大师的作品

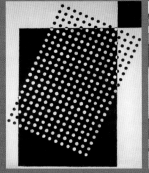

贝尔勒维的《机器发票》，以点构成面，点面结合的形式进行构图。

德穆思的《金色数字5》，以人们喜爱的幸运数字5联想扩展来组织画面。

胡查尔的《构图》，使用原色绘制矩形、正方形，恰当的位置和比例组成了特别的音乐。

库普卡的《新兵形象》，蓝色系列色块组成的矩形、梯形，构成立正受检的新兵形象。

布鲁斯的《构图》，以立体几何体（球、圆柱、棱柱等）的堆积来结构画面。

塞韦特的《男性劳动者》，在结构严谨的背景前，由简单化与几何的形象呈现男性劳动者。

诺兰德的《一半》，寻找尺寸、比例和颜色之间的关系，寻找最佳的视觉效果。

杜斯堡的《算术构成》，等比级数递增的黑色正方形，组成独具个性的构图。

恩斯特的《被非欧几何所扰的人》，点与曲线的奇特组合令人遐想。

米罗的《太阳前的人和狗》，以儿童般的纯真眼光看待万物世界，造型稚拙，线条优美。

多梅拉的《无题》，线面结合，运用了铜、塑料、玻璃、木材等材质。

马蒂斯的《大洋洲的记忆》，运用剪纸、拼贴、蜡笔画等多种画质组合。

工艺设计

在艺术设计领域内，人们发现非再现自然形象的几何抽象造型更具有特殊的表现力。设计家们认为：美感根本所在的平衡构成，与数学美感意识是一脉相承的。

平面设计中的几何形

受先进设计思想的影响，平面设计中的现代感、艺术性越来越得到重视。抽象的几何图形，将节奏与韵律、对比与调和、形象与空间、变化与统一等基本法则体现得更加现代，更加完美，产生了强烈的视觉结果，更能激发人们的阅读兴趣。这里精选的是世界设计大师优秀的平面设计作品。

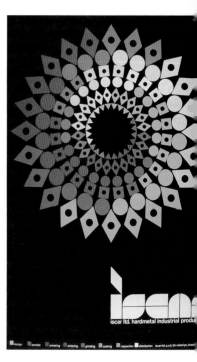

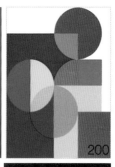

美的抽象

几何图形构成了艺术设计的重要元素和骨架。设计家们运用数学的几何形体元素，应用数学的规则、法则，形成一种思维方式、创作理念，启发和实践造型创作，使抽象的几何形体在各类设计艺术中注入了新的生命力。

简洁即美

这里的茶具、咖啡壶、水壶都是中规中矩的圆柱、棱台、圆台，背景是各种各样的旋转体等，正是符合"简洁即美"的思潮。

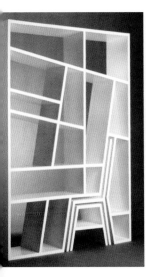

几何造型家具设计

现代家具设计崇尚简朴的设计风格,也充分地运用了几何形体造型。下面有两张摇椅将扶手和椅脚结合起来,运用圆形和等宽曲线,显得特别新颖、简洁。右边的球形椅也是一件精彩的作品。在左上方的装饰架的直线条的几何分割中,还隐藏着一张极简洁的椅子。

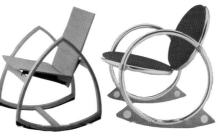

纯功能性的几何形体

现代的设计思潮认为,功能优于形式,也就是说,一件物品的外表应取决于其用途。因而,许多设计大胆地摈弃传统的设计元素和不必要的装饰,倾向于运用纯功能性的几何形体和新鲜明快的色彩。

现代工业设计往往充满了令人震惊的创意。这里的车辆概念设计,突破了传统的结构框架,大胆采用奇妙的几何形体和绚丽的色彩组合,令人叫绝。

现代建筑

现代文明带来生活方式和审美情趣的变化，现代科技为建筑提供了新材料、新技术，建筑大师们充分吸纳了新的数学思想，尽可能契合数学形体结构之美，创造了引人注目的现代建筑，激发人们建设和创造的自信。

大胆地运用几何形体

大胆地运用几何形体，使现代建筑更加简约、时尚，符合现代人的审美观念。

卢浮宫前的玻璃金字塔

在法国巴黎古老的卢浮宫广场，华人建筑大师贝聿铭设计的玻璃金字塔，是通往卢浮宫主庭的地面入口。这一建筑令人信服地证明，恰当地运用几何体造型，是能够将现代和古老两种风格交相辉映的。在当今的现代建筑中，还有直接运用圆锥、圆台、椭圆形旋转体等几何形体建筑的高楼，无不让人为之震惊。

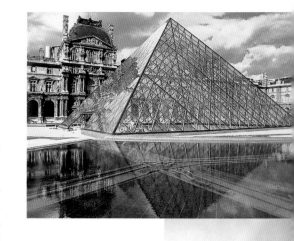

直接运用正方体、长方体

直接运用正方体、长方体的预制住宅单元，通过错落有致的不规则排列组合，建造出一种富有建筑新概念的组合公寓复合体。

蒙特利尔 67 公寓

1967年，在加拿大蒙特利尔举办的世界博览会上，70个国家的千万人参观了这一座特殊的"67公寓"的建造。这种新颖的建筑过程像是小孩在玩堆积木，实际上对预制住宅单元的设计要求极其严格，所有的楼梯、通道都必须事先考虑周密，计算精确。

这个能转动的新型建筑，通风、采光绝对一流。

中央电视台新大楼

中央电视台新大楼是一幢造型独特、结构新颖、高新技术含量大的现代建筑。主楼高234米。它的两座塔楼双双向内倾斜6度，并在163米以上由"L"形悬臂结构连为一体。建筑外表面的玻璃幕墙由醒目的不规则的几何图案组成。

多种变形几何体的组合

多种几何体及变形几何体的组合，极大地丰富了建筑语言，构成了雄伟的现代建筑艺术交响乐的独特乐章。

古根海姆博物馆

西班牙毕尔巴鄂古根海姆博物馆于1997年建成使用。它的外形由流畅多变的弯曲体块组成，上面覆盖着闪闪发光的钛金属饰面，配合玻璃幕墙和具有厚重质感的石炭岩，像是梦幻世界中的一座天外城堡，更像抽象派的巨型雕塑。组成建筑物的各个体块都经过拓扑变形，利用电子计算机进行复杂而精确的计算。

柏林国会大厦

德国柏林国会大厦，原建于1884年，1933年著名的国会纵火案发生于此，纳粹借此开始推行法西斯统治。1990年，德国重新统一后，在原址重新修建，保留原有建筑外形，将毁坏的穹顶改用全新钢结构玻璃穹顶，其内两条螺旋式人行通道，可到达50米高的瞭望平台，眺望柏林美景。

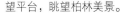

巴黎德方斯大门

法国巴黎德方斯大门于1989年建成。它是由两座百米大厦和一块底板、一块顶板组成巨型的方框，长、宽、高均为105米，里面容纳了各种各样的功能空间：办公、餐饮、娱乐、广场等。德方斯大门的设计延伸了巴黎城市历史轴线，并得以加强，同时又是新的城市布局的起点。

函数曲线图像，在这里可用上啦。

数字文化

以前的儿童习字帖一开始就有："一二三四五，金木水火土，天地分上下，日月同今古。"虽然只有 20 个字，却反映了数字对人们认识世界的重要性。

数字在中国已不仅是数学研究的对象，而且是一种特殊的文化基因，溶入中华民族的心灵血肉之中。

在这里，数字是创造美的语言，诗人用数量和数序创作了许多意境优美的诗句；

在这里，数字又是益智的语言，人们用数字及其笔画结构创造了许多有趣的谜语；

在这里，您可以发现数字文化中蕴含着无穷的奇趣和情趣，可以获得无穷的乐趣。

数字诗句

巧妙运用数词，描绘自然风光：

一去二三里，烟村四五家。
楼台六七座，八九十枝花。

两首咏雪诗，大同小异，但都运用了多个数字：

一片两片三四片，五六七八九十片，
千片万片无数片，飞入芦花皆不见。

一片一片又一片，两片三片四五片，
六片七片八九片，飞入梅花皆不见。

数字成语

一夫当关，万夫莫开　　七步之才，出口成章
二人同心，其利断金　　八仙过海，各显神通
三人之行，必有我帅　　九霄云外，无影无踪
四海为家，天下一统　　十年树木，百年树人
五谷丰登，万民乐业　　百花齐放，百家争鸣
六韬三略，博大胸怀　　千载难逢，百年不遇
　　　　　　　　　　　万紫千红，百花争艳

数学谜语

1. 打一个数学名词

余（斜边）　　　　　替身演员（补角）
手算（指数）　　　　齐头并进（平行）
盘点（对数）　　　　渡船规则（乘法）
斗羊（对顶角）　　　讨价还价（商数）
会议（集合论）　　　诊断以后（开方）
婚姻法（结合律）　　儿童不宜（无限大）
贸易法（交换律）　　货真价实（绝对值）
美术讲座（图论）　　会计辞职（无理数）
三言两语（数论）　　五四三二一（倒数）
众说纷纭（群论）　　午后清点（未知数）

2. 打一个字

2+6（积）　　　　　一尺一（寺）
20-8（共）　　　　七十九（轨）
18+1（杜）　　　　十三天（阳）
100-1（白）　　　　一万张纸（苓）
20：20（苹）　　　七十二小时（晶）

3. 打一个成语

33（靡靡之音）　　　1、2、5（丢三落四）
15（三五成群）　　　1、3、5、7（无奇不有）
6、9（七上八下）　　2、4、6、8（无独有偶）
9、4（三三两两）　　1 3 1 0 0 3（一了百了）
100-1（百里挑一）　　1 2 3 4 5 6 7（乐在其中）

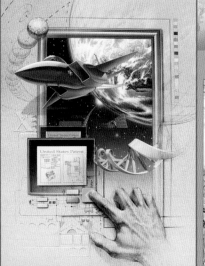

哇，这里是数学文化、数学之美的宣传画展吗？

英国数学家哈代说过：数学家的造型，同画家和诗人一样，也应该是美丽的；数学概念应该就像色彩和语词一样，以和谐优美的方式结合起来。

让我们一道欣赏画家们如何用色彩和造型表现数学之美吧！

运用数学鉴定文学作品

数学方法已被用来分析鉴定文学作品,对其作者写作特点作出判断。

《静静的顿河》

俄国文学家肖洛霍夫曾写了著名小说《静静的顿河》,但曾经有人对其著作权产生怀疑,引起很大争论。后来还是运用了数学中的统计方法,最终确认了肖洛霍夫为该书的作者。

《红楼梦》

《红楼梦》是我国的四大名著之一。按照多数红学家的说法,这部巨著的前80回的作者是曹雪芹,后40回的作者是高鹗。但在学术界有不同的意见,有些学者认为全部为曹雪芹所作。后来运用统计方法,通过计算著作中47个虚字出现的频率并进行分析,判断多数红学家的说法是正确的。这是我国运用数学方法研究文学的的范例。

《达·芬奇密码》

小说《达·芬奇密码》中从卢浮宫博物馆馆长被杀场面开始,凶杀现场留下了"13—3—2—21—1—1—8—5"这样神秘排列的数字。看起来似乎令人费解,实际上只是打破了斐波那契数列1,1,2,3,5,8,13,21,…的排列顺序。

数字特别的内涵

数字在我国传统文化中还有着特别的内涵。

一: 元始之意,万物的开端,由它派生了整个世界。

二: 宇宙界分的标识,天地、日月、阴阳、男女均为二元。

三: 物质有"三态"(气、液、固),天体有"三光"(日、月、星)。

四: 一年有四季(春、夏、秋、冬),大地有"四方"(东、南、西、北)。

五: 五行生百物(金、木、水、火、土),五音奏华章(宫、商、角、徵、羽)。

六: 时空和谐之数,上、下、左、右、前、后称为"六合";古有"六顺",君义、臣行、父慈、子孝、兄爱、弟敬的道德规范。

七: 神秘之数,为儒、道、佛家爱用共赏之数。光分七色(红、橙、黄、绿、青、蓝、紫),人有七情(喜、怒、哀、惧、爱、恶、欲)。

八: 易经有八卦(乾、兑、离、震、巽、坎、艮、坤),传说有八仙(汉钟离、张果老、韩湘子、铁拐李、曹国舅、吕洞宾、蓝采和、何仙姑)

九: 阳数之最,皇族至尊之数,皇家建筑、皇室事务皆同九数相连。天有"九重",地有"九州"。

十: 齐全、完美之数,传统次序,周而复始。甲、乙、丙、丁、戊、己、庚、辛、壬、癸,称为"天干"。

十二: 人有十二属相,日有十二时辰。子、丑、寅、卯、辰、巳、午、未、申、酉、戌、亥,称为"地支"。

算法世界

怎样在一些城市之间寻找一条最短路径经过所有城市？怎样铺设电话线最为节约？怎样向太空发射卫星使其无线电波覆盖地球表面最有效？怎样在一些限制条件下寻找目标函数的最大值？这些都是人们早就关注的大问题。为此，数学家们提出了很多理论和算法，如线性规划、整数规划、二次筛法、椭圆算法等。

计算机的灵魂

无论是军事、商业、管理，还是建筑、气象……算法设计都具有无比广泛的应用。但是，运筹学家还要关心计算的代价问题。尤其在计算机发明后，应用数学家设计出种种精巧的算法，成为计算机软件的核心。"0，1"好比是象棋规则，而有效地实现图像、声音等信息传输，则必须由好的算法加以实现，就像下棋策略。有人说，计算机计算和模拟成为理论、实验之后的第三种手段。

密码设置与算法

随着电子商务的发展，网上银行、网上合同等应用越来越广泛，这依赖于好的加密算法。数学家一方面研制各种密码算法，另一方面又竭力破解。密码算法主要有三种：公钥密码算法，如著名的依赖于大数分解的RSA等；对称密码算法，如DES、3DES等；单向密码算法，如MD5、SHA-1等。2005年，一直在国际上广泛应用的MD5、SHA-1被中国密码专家王小云团队破解，这一消息在国际密码学领域引起极大反响。

百度拥有超链分析技术

百度（Baidu）是拥有全球海量信息的中文网页库。1999年底，李彦宏毅然辞掉美国硅谷的高薪工作，2000年初，在中关村创建了百度公司。"百度"二字出自辛弃疾的词《青玉案·元夕》："众里寻他千百度"。百度，致力于运用数学和科技让复杂的世界更简单。创始人李彦宏拥有"超链分析"技术专利，使中国成为美国、俄罗斯和韩国之外，全球仅有的4个拥有搜索引擎核心技术的国家之一。所谓"超链分析"，就是通过数学分析链接网站的多少来评价被链接的网站质量，这保证了用户使用百度搜索时，越受用户欢迎的内容排名越靠前。

计算机下棋

1997年，世界国际象棋冠军卡斯帕罗夫以2.5比3.5负于IBM计算机"深蓝"。2006年12月，另一位世界冠军克拉姆尼克在与"深弗里茨"对垒中以2胜4负败北。显然计算机依靠的是巨量搜索，而人类棋手则依据经验和直觉。计算机是如何下棋的？原来，人们事先为它编制好下棋程序。这种程序包含全部走子规则、棋谱等，这样计算机就能选择最佳落子方案。此外，要让计算机懂得随机应变，必须研制一种具有学习功能的下棋程序，在下棋过程中，计算机会从失败中吸取教训，不断提高棋艺。

卡斯帕罗夫 GARRY KASPAROV

"深蓝" DEEP BLUE

魔方与跳棋

2007年夏，美国科学家利用代数方法结合计算机计算，证明魔方只需26步就能解开。几乎同时，加拿大科学家宣布，计算机"奇努克"花费18年时间彻底解决了西洋跳棋问题，获得了全部走法。当然，计算机还没有穷尽复杂的国际象棋（否则克拉姆尼克就不必步卡斯帕罗夫后尘了，这可能还要数个世纪），对于更加复杂的围棋，"计算机棋手"仍一筹莫展，这有赖于模式识别、人工智能的进一步发展。

生物信息学算法

人们发现，DNA、细胞、神经元、病毒、细菌乃至蚊子、蜜蜂等动物的工作机理都具有算法特征，这说明算法与生命科学有深刻关系。受此启发，人们提出DNA计算、遗传算法、蚁群算法、进化计算等概念。特别是人类基因组计划，旨在为30多亿个碱基对构成的人类基因组精确测序，发现所有人类基因并搞清其在染色体上的位置，破译人类全部遗传信息。这一计划于1990年开始启动，现已基本完成，但此后的路还很长。面对海量的生命信息，需设计出有效算法进行处理。与此几乎同时诞生的生物信息学就是研究这类算法的，算法设计对于生命科学的影响益加重要。

P对NP难题

人们发现，有些问题随着计算对象数量（比如n）的增大，计算时间会以多项式方式增加（比如计算量为n^2、n^3等），该形式的问题叫做"P问题"。显然多项式算法是好的算法，而以指数（如2^n、3^n）形式增加的算法则是"不好"的算法。引起数学家关注的是一批"NP问题"，即问题本身未找到多项式算法（或许根本就不存在），但验证一个解答是否正确是有多项式算法的。目前已知最小树问题、最短路问题、匹配问题等是P问题，而另一类问题如求哈密顿圈、单纯形法、大数因子分解等还是NP问题。显然所有P问题都是NP问题，反之NP问题是否就等于P问题？1971年库克证明，在NP中存在一类重要的NPC问题，只要其中一个是P问题，那么所有的NP问题都是P问题。

经济与数学

20世纪是经济学大放异彩的时期。它作为社会科学，不能像自然科学一样做大量实验，因此理论方法自然就更受到重视。最近几十年里，经济学应用数学非常充分、成功和深刻，比在生物学中还显著。

博弈论

博弈论是数学天才冯·诺伊曼在前人的基础上建立

的，他和摩根斯顿在1944年出版了巨著《博弈论与经济行为》。博弈论与信息经济学对经济学带来的冲击是很大的，博弈论大量使用数学，非常成功，涌现出许多大师。目前这一分支尚在迅猛发展中。

囚徒困境

囚徒困境是非合作博弈最著名的例子。假定两个共同作案的小偷甲、乙被警方抓获，带进警察局后分开审讯。

警察对他们采取这样的惩戒方式：

乙 ＼ 甲	不招认	招认
不招认	各判刑5个月	乙判刑10年 甲当场释放
招认	甲判刑10年 乙当场释放	

这时如假定两人都是追求自身利益最大化且处于非合作的状态（关在不同的屋子里），那么都应选"招认"的占优策略，从而在这个博弈中达到了均衡状态。

纳什均衡与非合作博弈

亚当·斯密认为，人人出于自己利益出发，可以对社会做出比道德人更大的贡献，因为有一只"看不见的手"在操纵市场。这一乐观结果遭到了现代经济学的挑

战。著名的纳什均衡指出，存在这样一种策略组合，这种策略组合由所有参与人的最优策略组成，即在给定别人策略的情况下，没有人有足够理由打破这种均衡。囚徒困境的解就是典型的纳什均衡。

进化对策

史密斯相信博弈论可应用于生物学。1973年，他引进了进化对策论中最为核心的概念——进化稳定策略（ESS）。

史密斯探求动物在打斗中为什么通常不置对方于死地。他假设在老鹰与鸽子之间进行一场比赛。老鹰可轻易击败一

只鸽子，但它却在与另一只鹰的撕打中遍体鳞伤，而鸽子在遇到另一只鸽子时则平安无事。在假定起初不知道对手是谁的前提下，老鹰以一定概率遇到鸽子，也以一定概率遇到另一只鹰。如反复进行上述游戏，鸽子的柔顺本性就会变得越来越有用，面对日益减少或伤病的老鹰群体可实施报复。

逆向选择

博弈论不仅气势如虹地改写了经济学，而且对生物进化、人类历史都可以做出最深刻的解释。博弈论中，博弈双方的行为互为因果，形成一个复杂的"因果链"。有可能形成这样一种格局，即"逆向选择"，劣的反而淘汰了优的。造成逆向选择的原因是大家都达到了一种策略均衡，即使人人都觉得现状不好，但维持现状却是最有利于自己的策略。

激励机制设计

市场竞争不是完全自由的，消费者没有得到全部信息。是否存在一个理想的机制来实现某种目标，例如社会福利或个人收益？政府如何进行最佳设计？这些问题都比较困难，由此发展了数十年来经济学中突出而精巧的领域——激励理论。激励机制的设计属于博弈论和信息经济学范围，其对数学逻辑的要求可想而知。赫维茨、马斯金、迈尔森因此获得了诺贝尔经济学奖。

阿罗不可能性定理

18世纪，孔多塞发现，利用少数服从多数的投票机制，将可能产生出不一个令人满意的结论，假设甲、乙、丙三人面对 a、b、c 三个备选方案，有如下偏好排序：甲（$a>b>c$）；乙（$b>c>a$）；丙（$c>a>b$），在这里"甲（$a>b>c$）"代表"甲偏好 a 胜于 b，又偏好 b 胜于 c"。

通过投票，结果显示了三个"社会偏好"：a 胜 b、b 胜 c、c 胜 a，显见含有

内在矛盾，这就是著名的"投票悖论"。而利用数学对其进行论证的则是阿罗。阿罗认为，有关社会选择的两个公理与民主主义所要求的诸条件不相适应，这就是著名的阿罗不可能性定理。

计量经济学

计量经济学，就是利用微积分、概率统计等数学工具，从大量统计数据中发现带有随机性质的经济变量之间的关系，以此检验理论和预测未来的经济学

分支。显然这是一个重要又很有用的学科。1969年，第一届诺贝尔经济学奖就是奖给两位计量经济学家弗里希和丁伯根的。后来，格兰杰等一大批经济学大家都因对计量经济学的贡献而获得诺贝尔经济学奖。

行为经济学

经济学家发现，在现实生活中人并不是绝对理性的，而且效用最大化似乎也应用"幸福最大化"替代，这话人人会说，但究竟人是怎样判断和决策的呢？请看以下试验：

一是有两个选择：(A)肯定赢1000元，(B)50%可能性赢2000元，50%可能什么也得不到。大部分人都选(A)，这说明人是风险规避的。二是这样两个选择：(A)肯定损失1000元，(B)50%可能损失2000元，50%可能什么都不损失。结果大部分人选(B)，这说明他们是风险偏好的。

仔细分析不难得出结论：人在面临获得时往往不愿冒险；而在面对损失时人人都成了冒险家。这就是卡尼曼"前景理论"的两大"定律"。

体育与数学

体育与数学，一"武"一"文"，似乎毫不相干。其实，体育器材和体育场馆的设计，运动员的科学训练，体育比赛的运筹布阵……无不显出数学的身影。

足球是几何体

足球是全世界影响最大的一项体育运动，你注意过足球的形状吗？其实它也是个几何体。足球是由若干块正五边形和正六边形缝合而成的阿基米德多面体。那这两种正多边形各有多少块呢？

我们用欧拉公式来求解。

设足球表面正五边形有 x 块，正六边形有 y 块，则

总面数（V）为 $x+y$，总棱数（E）为 $\frac{5x+6y}{2}$，顶点数（F）为 $\frac{5x+6y}{3}$。

根据欧拉公式 $V+F=E+2$，$x+y+\frac{5x+6y}{3}=\frac{5x+6y}{2}+2$，$x=12$，$y=\frac{5x}{3}=20$。

由于若干皮块交错缝合，并富有弹性，因此足球便更接近于球体。

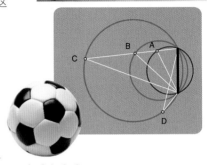

足球射门

2002年6月，中国足球队首次在世界杯决赛中亮相，中国球迷欢呼雀跃，多么希望他们能有"0"的突破。可惜，两次极好的射门机会，球都击中在门柱上……

为什么球这么难进？原因是多方面的。从数学的角度去研究射门的问题，应该是找准射门的最佳点。门角张角的大小与进球的概率有重要关系，张角越大，射门进球的概率越大。右上图中，对于 A、B、C 三点，显然，在点 A 射门最佳。以球门线为弦，作三个圆，由于在同一圆上，同（等）弦所对的圆周角相等，由这些圆周角顶点构成的大弧称为射门等效线。弧上各点称为射门等效点。图中点 D 虽然离球门很近，但它与点 C 的圆周角相等，射门进球的概率也相等。

打高尔夫球

打高尔夫球的优美身姿，是每个运动者的追求，这里高速摄影记录下这一旋转的瞬间，是那么灵巧、流畅、有力。

高尔夫球上有许多高度对称的凹点分布图案。凹点必须对称、均匀地分布，以确保球在飞行时的动力平衡。高尔夫球的凹点分布与晶体学的几何结构都蕴含着对称性的数学理论。

投篮高手

在篮球比赛中，投篮的命中率是关键之一。每个篮球运动员都得苦练投篮技术，但其中有一种被教练称为"手感"的神秘技巧在决定他们的技术高低。那如何找到"手感"呢？

假设一位运动员在距篮下4米处投篮，球出手时离地面2米，仰角为60°，球做斜上抛运动，篮圈离地3.05米，问出手速度为多少时，刚好投进去。我们借助物理的斜上抛运动知识，运用数学方程便可以求解。

预测成绩

在体育竞赛中，由已知的运动比赛成绩，就可以相当准确地预测其他相关比赛的成绩。

下面的表格中列出女子田径赛100~1500米的竞赛成绩。计算出每项比赛的平均速度，并绘成曲线图。图中只有红点是准确计算的数值。我们将这些点连成平滑的曲线之后，便可以利用这个曲线估算出其他距离的平均速度。

在这个曲线图上，我们可以估算出1000米赛跑的平均速度约为每秒6.75米，推算出所需时间为148.15秒（即 2′28″15），而运动员的实际成绩是 2′30″6，可以作个比较。

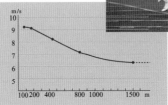

体育比赛的树

体育比赛中有8个参赛队参加，最后要决出冠军队。采用淘汰赛办法，要进行多少场比赛？

我们作出体育比赛的"树"图，借此安排比赛的场次、顺序。8个参赛队是8片"树叶"，图中有7个"分支点"，表示共要进行7场比赛。

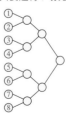
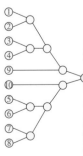

如果有10个参赛队进行比赛，其中有2个队是种子队，那么比赛的"树"图又是怎样的呢？

女子径赛世界纪录		
距离（m）	时间（s）	平均速度（m/s）
100	10.76	9.3
200	21.71	9.2
400	47.60	8.4
800	113.28	7.1
1 500	232.47	6.45

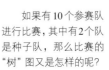

健美的运动者

古代奥林匹克竞技会以掷铁饼为五项全能运动之一。希腊雕刻家米隆雕刻了这件名为《掷铁饼者》的著名雕塑，抓住运动员投掷时的最佳状态。雕塑有一个轴心，S形的动势，可使身体自如地屈伸，旋转，既有强烈的动感，又具平衡的稳定性。身体各部分比例均符合黄金比例。

奥林匹克运动会

奥林匹克运动会是全世界最重要的体育盛会，每四年举行一次。

奥运会起源于古希腊，第一届古代奥运会于公元前776年举行。现代奥运会是由法国教育家顾拜旦倡导的。1896年在雅典举行了第1届现代奥运会。2008年，第29届奥运会在中国北京举行。

奥林匹克旗帜由五种颜色的圆环连结组成，分别代表欧洲（蓝色）、亚洲（黄色）、非洲（黑色）、澳洲（绿色）和美洲（红色），象征着五大洲的团结。

国家体育场 "鸟巢"

国家体育场是2008年北京奥运会的标志性建筑。它的外型像个巨大的"鸟巢"。这一建筑的结构与外观蕴含着中国文化艺术的内涵，渗透了现代抽象艺术、现代数学的观念。

"鸟巢"这个巨大的容器，透着中国古老陶罐和民间缠线团的灵感，与数学中的包络线也有着密切联系。中国红的碗型看台令人联想到起伏舒展的马鞍形。一系列辐射式门式钢桁架围绕着碗型看台旋转，构成一个庞大的现代抽象结构。新型的四氟乙烯膜结构实现了透光、遮雨、吸声的综合效果。

"鸟巢"这一国际上极富特色的巨型建筑，将为国际体育运动史、世界建筑史增添光彩的一页。

"鸟巢"和"水立方"刚柔相济

国家游泳中心 "水立方"

与"鸟巢"相映衬的是"水立方"——国家游泳中心。这又是一座新颖别致的体育建筑，它以冰晶状的亮丽身姿装点着景观优美的奥林匹克公园。

"水立方"的"方"源于中国古建筑的最基本形态。而"水"的创意来自于数学三重联结肥皂泡的构想。整个"水立方"的四周围墙及房顶是由3000多个以六边形为主、大小不一的多边形钢框架格结构组成，并用四氟乙烯膜透明气枕填充，看上去就像一块布满水泡的大冰块。

"水立方"是世界上跨度最大的钢结构建筑之一，以它独特的视觉效果和空间感受，给人们以一种神秘奇幻的美感。

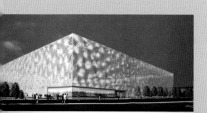

音乐与数学

自古以来，人们就发现音乐与数学就有着密切的联系。中古时期，音乐与算术、几何、天文同被列为必修的教育课程。

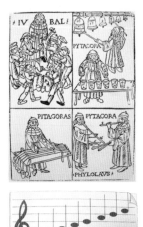

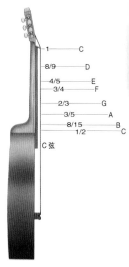

琴弦与乐谱

希腊数学家毕达哥拉斯最先用比例把音乐和数学结合起来。他发现拨动琴弦所产生的声音与琴弦长度有关，从而认识到和声与整数的关系，按整数比缩短琴弦的长度，就能产生整个音阶。例如，从产生音符 C 的弦开始，C 弦长度的 8/9 给出音符 D，C 弦长 4/5 给出 E，C 弦长 3/4 给出 F，C 弦长 2/3 给出 G，C 弦长 3/5 给出 A，C 弦长 8/15 给出 B，C 弦长 1/2 给出高音 C。

乐谱的书写是数学在音乐上显示其影响的最为明显的地方。在乐谱上，我们可以找到拍号（4/4 拍、3/4 拍、2/4 拍等）、全音符、二分音符、四分音符、八分音符、十六分音符等。谱写乐曲，要使它适合每个小节的拍子数，这相当于数学中求公分母的过程。在一个固定的拍子里，必须使不同长度的音符们凑成一个特定的节拍。作曲家书写出严格结构的乐谱，才能让人们准确地进行演奏，欣赏到美妙的乐曲。

钢琴与指数曲线

台式钢琴为什么制作成如此特别的形状？事实上，许多乐器的形状和结构都与指数函数和它的图像相关。

不论是弦乐器，还是由空气柱发声的管乐器，它们的结构造型设计都需要考虑相关的指数函数曲线的形状。右上角即为指数函数 $y=a^x$（$a>0$，$a \neq 1$）的图像。

傅里叶的研究

19 世纪，法国数学家傅里叶的著作使乐声性质的研究达到顶峰。他证明了所有乐声——器乐和声乐——都可以用数学式来描述。这些数学式却是一些简单的周期正弦函数的和。声音由三个性质来刻画，即音高、音量和音质，这三个性质都可在函数图像上清楚地表示出来。音高与曲线的频率有关，音量与曲线的振幅有关，音质与曲线的形状有关。

声音的波形曲线

音乐以声音为主要表现手段。所有的乐器都是由部件的振动发出声音的。不同乐器发出声音不同，它们的波形曲线也不相同。

十二平均律

将八度分成 12 个均等的部分——半音，这样的音律叫做十二平均律。

十二平均律早在古希腊就有人提出，但并未进行科学的计算。世界上最早根据数学方法来制定十二平均律的是我国明代大音乐家朱载堉。他运用数学中的等比级数来平均划分音律，构筑起精确的"十二平均律"。

音阶	1	2	3	4	5	6	7	i
纯律频率	520	585	650	693	780	867	975	1040
十二平均律频率	520	584	655	694	779	874	982	1040

钢琴、竖琴等按十二平均律设定音高，而铜管乐器按纯律设定音高。由于两者之间误差甚小，这些乐器在乐队中都能和平共处，演奏出美妙的乐曲。

音叉
音叉只发一个频率的纯音调，波形简单

长笛
长笛声音清纯流畅，波形平滑有规律

双簧管
双簧管声音很丰满，频率比长笛丰富

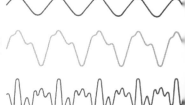

单簧管
单簧管声音圆润柔和，频率在长笛、双簧管之间

小提琴
小提琴声音明亮，多高频音，波形呈锯齿状

钹
钹撞击发出声音，波形呈不规则锯齿状

竖琴的弦

竖琴是管弦乐队中较大的一种乐器,它可以有46根弦之多,音域宽广,覆盖6个八度音以上。竖琴弦的长度和粗细,是完全按照数学的定理定律精确计算的,音质非常纯美。

在埃及古墓中,有一幅壁画里画着一架有9根弦和刻有人头共鸣箱的竖琴。这幅壁画绘于3000多年前,可见竖琴历史的悠久。

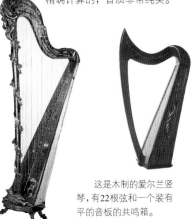

这是木制的爱尔兰竖琴,有22根弦和一个装有平的音板的共鸣箱。

三大男高音歌唱家

最基本的乐器其实就是人的声带。人的声音是靠声带的振动在胸腔和头颅内产生共鸣而发出的。世界著名的三大男高音歌唱家多明戈、卡雷拉斯和帕瓦罗蒂的美妙歌声传遍了全世界。

思考 Think 排箫与木琴

排箫是由一组共振长度不同的竖式管体,从长到短依次排列的木管乐器。

木琴是由一组经过精确计算切割的木块,从长到短依次排列的打击乐器。

想一想:1. 长管、长木块发出的音高。2. 短管、短木块发出的音高。(A. 1 B. 2)

长绸舞的优美曲线

音乐是听觉艺术,舞蹈是视觉艺术,它们都同样讲究韵律之美,是一对不可分离的孪生姐妹。长绸舞是我国流传已久的舞蹈形式。在我国汉代画像砖和敦煌壁画里,都有婀娜多姿的舞绸形象。

舞绸,短的几尺,长的数丈,舞者翩翩起舞时运用各种技巧,使长绸作螺旋形、圆环形、波浪形翻滚流动,许多数学上的优美曲线都被艺术家们搬上了舞台。

中国国家大剧院

中国国家大剧院是一座宏伟的音乐圣殿。银色的巨大建筑,浮在波光粼粼的湖面上。宏大的壳体由20000多块钛金属板和1000多块超白透明玻璃组成,是目前世界上最大的穹顶建筑。

巨大壳体内有歌剧院、音乐厅、戏剧场三大部分,它们相对独立,又可通过空中走廊和公共大厅相连通。

进入大剧院,首先经过80米长的水下廊道,玻璃天花板映出湖水的层层涟漪,让人们在奇幻美妙的氛围中步入音乐圣殿。

地理与数学

意大利著名科学家伽利略说："大自然这本书是用数学语言写成的……天地、日月星辰都是按照数学公式运行的。"

椭圆的轨道

我们居住的地球是一个椭球体。地球绕太阳运行的轨道是椭圆，太阳系的其他行星都是在椭圆轨道上运行。著名的哈雷彗星也是沿着一条很扁的椭圆轨道绕太阳运行的。不仅如此，人造卫星和宇宙飞船的运行轨道，绝大部分也都是椭圆形。

相交的大圆

为了研究的方便，人们把星空分成若干区域，每一个区域叫做一个星座。1928年，国际天文学联合会将整个天空统一划分为88个星座。地球公转轨道平面与天体相交的大圆，称为"黄道"。黄道带内有12个星座，称为"黄道十二宫"。它们是最早定名的星座。

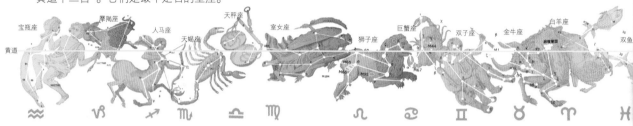

恒星的轨迹

因为地球的自转，天体中的恒星似乎以南北极点为中心不断地旋转。较长时间曝光，就有可能记录下恒星在夜空中运动的轨迹。

土星的光环

土星有美丽的光环，即使在地球上用望远镜也能观察到。可是光环每隔15年就会"消失"一次。这是因为这时光环的平面正好与地球上的人的视线处于同一平面，非常薄的光环变得几乎看不见了。

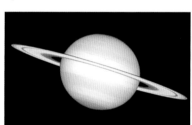

移动的地块

我们的地球是个美丽的星球，大约形成于46亿年前。直到40亿年前，海洋中才有了生命。3亿年前，地球上的大陆地块连成一片，叫做泛古陆。后来泛古陆逐渐漂移分离，分裂成两部分：劳亚古陆和冈瓦纳古陆。最右边的图是现在的世界各大陆地块的面貌。不过这些大陆地块仍在移动之中。

| 3亿年前 | 2亿年前 | 1.5亿年前 | 现在 |

卫星摄制地图

利用遥感卫星，拍摄地球表面的各个区域，然后把这些图像综合起来，就可以得到高分辨率的地图。遥感卫星发回的大量照片和信息，可广泛应用于国土普查、地质调查、水利建设等领域。

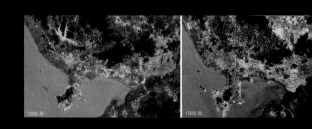

地理大发现

公元13世纪末，人类地理大发现的时代开始了，这个时代一直延续到16世纪初。人们启帆远航，开始制作航海图。

这些古老的地图反映了当时人们利用数学、天文进行测绘的水平。

1375年绘制的以地中海为中心的海图

1472年根据古希腊托勒密《地理学》绘制的地图

1500年绘制的北非地图

当年画这些地图，真不容易！

在欧洲发现的1513年绘制的世界地图

比利时墨卡托在1585年出版的《地图集》中的世界地图

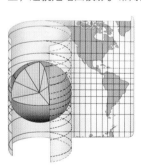

492年制成的地球仪

地图的绘制

地球表面是个不可展开的曲面，如果把这个曲面显示在平面上，必然会发生变形。要在平面上绘制地图，应设法把球面上的经纬线网恰当地投影在平面上，这就是地图投影。常用的地图投影有：圆柱投影、圆锥投影、方位投影。

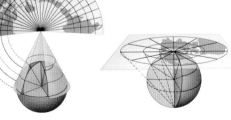

仔细瞧瞧，这些地图各有些什么特点？

欣赏 Appreciate 形形色色的地图

圆柱投影

把纸面呈圆柱形卷在地球周围，让接触点落在赤道上。这样的投影图的南北部分面积会失真。

圆锥投影

把纸面卷成圆锥形，沿着一条特定的纬线接触地球。这样绘制的地图面积失真程度最小。

方位投影

把纸面与地球某一点接触，如极点，那么两经线之间的角度与实际相应的角度相等。

理化与数学

伟人马克思说过,一门科学只有用上了数学,才能趋于完善。这在物理、化学等自然学科中尤为明显。这里仅从少数几个方面管中窥豹,了解一点数学在理化中的应用。

时间的计量

研究物质的运动,必须研究时间。时间表征物质运动的持续性,时间的计量是一个计数的过程。

太阳钟

人们最早利用太阳粗略地估计时间,后来运用"日晷",根据太阳的影子来判断时间。许多文明古国都有"日晷",但形态各异。

水钟

这是原始的水钟,在没有太阳时也能指示时间。水钟就是一个能缓慢漏水的壶,以水位的降低显示时间的流逝。

埃及水钟

中国水钟

我国宋代苏颂(1020~1101)于1088年制作水轮钟。当水滴满水桶后,水轮便停下,倒水报时。

星盘

星盘是中世纪的高科技产品。早在公元100年前后,阿拉伯人就发明了星盘。人们通过观察星盘上星座的位置来确定所处的纬度和当地的时间。

机械钟

早期的机械钟是以重力为动力的。

1583年伽利略设计了机械摆

1657年惠更斯制作出实用的摆钟

天文台钟

便携式钟表

卷屈的弹簧被运用到钟表的制造中,随身携带钟表才有了可能。

16世纪的便携式钟表

18世纪的航海表

19世纪铁路用精确表

19世纪高级怀表

21世纪新款手表

石英钟表

利用石英晶体的固有振动频率去控制电子电路,由于振动频率越高,时间的误差就越小,石英钟表比机械钟表走时更加准确。

石英钟表

原子钟

1957年,美国制成了一种铯原子束装置,发明了时间测量史上最精确的原子钟。1967年,利用原子振动频率计量时间,被确认为国际上时间的通用计量法。

原子

空间的拓展

望远镜是一种用来观察远距离物体的光学仪器。

光学望远镜主要有折射、反射和折反射三种类型。伽利略最早用于天文观测的便是折射望远镜。以凹面反射镜作物镜的反射望远镜是牛顿发明的。

有关透镜的成像定律都可以用数学公式来表示,用几何方法去研究。

射电望远镜利用旋转抛物面天线,对来自远方天体的射电波进行聚焦而观测天体。

哈勃太空望远镜利用2.4米口径的镜面收集来自太空的可见光和紫外线,并将它们聚焦。由于它在离地球500千米的高空运行,不受地球大气层的影响,影像清晰度为最大地面望远镜的10倍以上。

牛顿反射望远镜

伽利略折射望远镜

射电望远镜

哈勃太空望远镜及所拍摄的星云图

力学的经典

《自然哲学之数学原理》是英国物理学家牛顿的代表作，是力学的一部经典著作。牛顿仿照欧几里得的方法，首先提出了定义和公理，为建立力学的逻辑体系提供前提。然后他阐述了三大运动定律、万有引力定律及其应用，解决了行星运动、落体运动、声音和波、潮汐及地球扁球形等各种问题。牛顿是第一个大量运用数学方法来系统地研究物理理论的大科学家。牛顿的科学成就为近代自然科学的发展起了奠基作用，在科学史上占有重要的地位。

左图是激发牛顿灵感的苹果和《自然哲学之数学原理》，右图是牛顿的"万有引力定律"。

声音的储存

乐曲能够转换成音符保存在乐谱上。而要将声音储存起来，可通过三种形式：唱片、磁带、光盘来实现。

唱片

1877年，美国科学家爱迪生发明了留声机。

磁带

1898年，丹麦科学家浦耳生设计出第一台钢丝录音机。

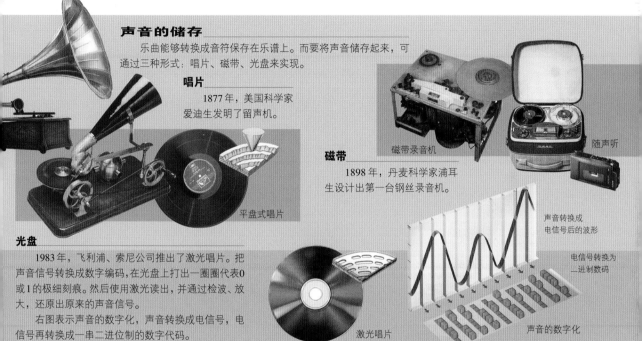

磁带录音机

随声听

平盘式唱片

声音转换成电信号后的波形

光盘

1983年，飞利浦、索尼公司推出了激光唱片。把声音信号转换成数字编码，在光盘上打出一圈圈代表0或1的极细刻痕。然后使用激光读出，并通过检波、放大，还原出原来的声音信号。

右图表示声音的数字化，声音转换成电信号，电信号再转换成一串二进位制的数字代码。

电信号转换为二进制数码

激光唱片

声音的数字化

二维条形码

商店里的各种商品，在它们的包装上都有一组平行排列的、宽窄不同的黑白条纹，这就是条形码。计算机通过扫描器将它输入，并转化为二进位制的信息，从而解读出商品的各种信息，如商品的名称、产地、货号、价格等。因此大型购物超市离不开条形码管理系统。随着计算机技术的发展，新一代二维条形码也开始使用，它将更优越于原来的技术水平。

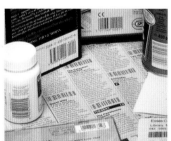

普通条形码　　二维条形码

量子论与数学美

当人们对物质世界的探索深入到原子及更小的微观世界时，经典物理不适应了，量子理论便应运而生。德国物理学家普朗克拉开了量子革命的序幕。量子论是现代物理学、化学和高科技的基础理论之一。

数学美在量子论的建立过程中起着重要的作用。数学的形式美，弥补了我们形象思维能力在微观世界中的局限，是我们通向微观世界美的王国必经之路。

普朗克

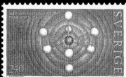

这里是表彰四位诺贝尔物理学奖获得者德布罗意、海森伯、狄拉克、薛定谔的纪念邮票，展示了数学和量子力学的美。

新材料液晶

1888年，奥地利科学家莱尼茨尔把胆甾醇苯甲酸脂加热到145.5℃时，结晶熔解成浑浊粘稠的液体，继续加热至178.5℃时，则变得清澈透明。后来德国科学家又发现这种液体具有与晶体类似的双折射性质。科学家们把这种介于液体和晶体之间的物质，称为"液晶"。

长期以来，液晶仅仅是实验室的珍品。直至1968年，科学家们发现，它是制造显示元件的绝好材料。如今，液晶显示屏的运用越来越普及，电子手表、电子玩具、电子计算器、广告记分牌、微型电脑、挂壁式电视等都应用了液晶电光显示效应。

思考 Think　液晶数字出了故障

电子手表的液晶显示屏的每个数字都是由7段电极组成的，通电后液晶就变得不透明，便能显示出十个数字。

如果液晶数字的电路出了故障，在下列情况下，还有可能判别数字吗？

若A坏了，无法区别1、7。

若B坏了，无法区别3、9。

若C坏了，无法区别5、9和6、8。

若D坏了，无法区别0、8。

若E坏了，无法区别5、6和8、9。

若F、G坏了，仍可推测各位数字。

结构美的碳球

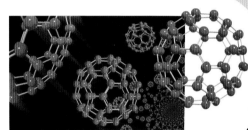

曾经，人们只知道碳有三种形态：金刚石、石墨和碳纤维。1985年，科学家用激光使石墨棒气化，结果得到一个由60个碳原子组成的空心球体的 C_{60} 分子。

它的形体正是阿基米德体中的"五六六式多面体"，与足球的形状相同，共有32个面，60个顶点，每个顶点上有一个碳原子。这是一个多么精致、美丽的球体啊！

美国建筑师富勒曾提出建造球面大圆弧屋顶的建筑设想，正是受这种形状的启发。因此科学家们把它称为"富勒碳球"。

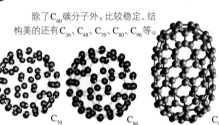

除了 C_{60} 碳分子外，比较稳定、结构美的还有 C_{36}、C_{48}、C_{70}、C_{80}、C_{96} 等。

C_{70}　C_{80}　C_{96}

运用"碳钟"考古

化学家们发现了一种"碳钟"，用它可以测定文物、古迹的年代。常用的碳钟是一种具有放射性的碳-14。科学研究发现，经过5730年，碳-14含量减少一半；再经过5730年，含量又减少一半。这个年代跨度就是碳-14的"半衰期"。所有放射性的元素都有类似的特性，都有自己的"半衰期"。通过测量放射性元素的含量，运用"半衰期"进行计算，就可以确定各种文物、古迹的年代。

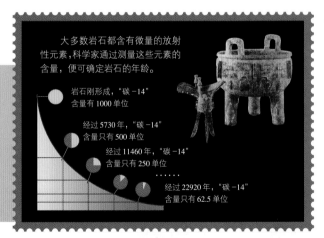

大多数岩石都含有微量的放射性元素，科学家通过测量这些元素的含量，便可确定岩石的年龄。

岩石刚形成，"碳-14"含量有1000单位

经过5730年，"碳-14"含量只有500单位

经过11460年，"碳-14"含量只有250单位

……

经过22920年，"碳-14"含量只有62.5单位

三维螺旋结构

1951年，美国化学家鲍林认为，蛋白质是由一条或多条多肽链（由多个氨基酸构成）聚合而成的，每一条多肽链都含有一个由碳原子和氮原子构成的链状结构，它们盘绕形成三维螺旋结构，从而增强了蛋白质分子的稳定性。鲍林的研究使人们对构成生命的最基本物质有了进一步认识。

鲍林

1953年，英国科学家克里克和美国科学家沃森发现了携带生命遗传信息物质的三维螺旋结构，即DNA结构，它是由两条碱基对互相缠绕的分子链。他们利用一定形状的金属片柱组装出DNA的双螺旋体模型，使化学结构更具直观性。

沃森　克里克

科技与数学

数学是人类文明的核心，是科学研究的前沿。正如俄国数学家罗巴切夫斯基所说："任何数学分支，无论怎样抽象，总有一天可被应用于现实世界的各种现象。"放眼现代科学技术，比如基因、纳米、机器人、网络通讯等技术，无不得益于数学的发展。

三峡大坝

雄伟的三峡工程，是我国历史上一个伟大的壮举。三峡大坝全长2309米，坝高185米，相当于60层楼高。那么每个闸门所受的压力有多大？应该如何设计呢？

设大坝泄洪孔闸门是矩形，高40米，宽10米，当水深为30米时，闸门所受压力是多少？

由于压强随水深而变化，运用常量数学无法求得其精确解，只能求出近似解。将闸门沿水深方向分 n 层，将各层压强近似看作是均匀的，计算各层压力的和。当 n 越大，所求的值误差越小。最后求得闸门所受的压力约是45000000牛。

精确计算出闸门所受的压力，就可以提高设计质量，确保工程安全。

优选法

经数学家华罗庚的倡导，优选法在20世纪70年代曾在我国广为应用并取得成果。

例如，为配制某种合金淬火用水溶液，应该放入多少氢氟酸才能达到最好效果呢？如用笨办法，从1到100毫升，逐次去做实验，要做上百次实验。能否少做实验，找出最佳方案呢？应用黄金分割比例数，先做两次实验：61.8毫升和100−61.8=38.2毫升，如果前者的效果较好，便在38.2至100毫升之间再选两个黄金分割点，继续做实验，比较优劣。这样依此类推，只需做几次实验，便能找到最佳方案。

华罗庚在推广应用优选法

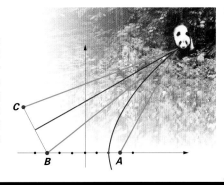

这是优选法实验的示意图，说明通过几次优选，便找到了十分理想的数据。

大熊猫观测

为定期对野生大熊猫进行观测，科学家在大熊猫脖子上安放电子信号发射圈。根据发回的电子信号，便能确定大熊猫的活动方位。

设 A、B、C 三位科学家在观测，A 在 B 的正东6千米处，C 在 B 北偏西30°的4千米处。当 A 收到大熊猫发出的信号4秒后，B、C 才同时收到这一信号。信号传播速度为1千米/秒。求大熊猫的活动方位。

透明服装

这是一种能"延伸现实"的隐身衣。透过衣服可以看到人身后的行人和汽车。这种衣服上铺满了很小的有反射性的珠子，将身后的图像投影转换到前面的衣服上。利用这种新型材料，可以为人、车辆和建筑物提供伪装。

建立直角坐标系，分析大熊猫在 BC 的垂直平分线上，也在以 A, B 为焦点的双曲线上。联立方程，求解得出大熊猫的活动方位是在 A 的北偏东30°。

纳米材料

纳米是一个极微小的计量单位，1米=1000毫米，1毫米=1000微米，1微米=1000纳米，即1纳米=10^{-9}米。大部分固体粉末的颗粒大小在微米级以上，如果把颗粒加工到纳米级大小，用它们制成的材料，就称为纳米材料。这些材料在电磁学、热学、光学、力学等方面显示出奇异的特性。

纳米技术出现于20世纪80年代，是一项应用范围很广的崭新的高科技。例如，用来生产以纳米为计量单位的微型机械设备，这些都是纳米机械的控制杆、轴承、管道等基本配件。

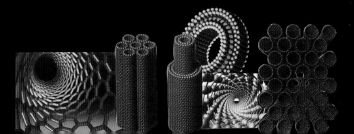

基因密码

　　基因是遗传信息的载体。生物的基因都存在于 DNA 分子中，并以相同的方式复制，使生物繁衍下去。

　　科学家们正将人类基因研究的成果应用于遗传病的治疗上。通过鉴别基因，可以更早地诊断疾病，设计更有效的治疗方案。

　　利用 DNA 可以判断谁是罪犯。如果发现案发现场头发中的 DNA 与犯罪嫌疑人的取样相符，那就可以迅速认定罪犯。因为任何两个人的 10 段 DNA 扫描，序列相同的概率微乎其微。

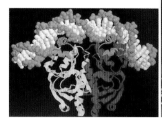

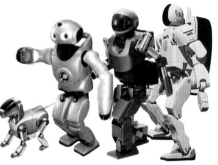

人工智能

　　人工智能研究人员一直在尝试编写能够像人脑一样思考的计算机程序。虽然目前的研究还没能实现，但是运用有些计算机程序已经能够从人群中辨认出某个人的面孔。

　　各种类型的机器人，在从事着危险环境中的工作和繁琐重复的劳动。它们的速度比人更快，精确度更高，也更安全。机器人的电脑程序及机械结构的设计，都离不开数学这一基本学科。

电影三维动画

　　三维动画能使得导演的许多奇想在银幕上成真。例如，不仅可以将演员的脸根据剧情需要加以变形，将演员变成一头狮子，还可以将一大捆炸药棒塞进变形人物的嘴里。三维动画将虚拟的恐龙世界、太空大战表现得栩栩如生。

虚拟世界

　　利用多媒体技术制作的三维图像、立体音响，便可营造出一个个"虚拟世界"。虚拟世界可用于高端技术训练，如航海模拟训练、飞行模拟训练、作战模拟训练系统等。

我到太空之前，就受过这样的模拟训练。

戴上特制的头盔和手套，最新的虚拟现实电脑游戏就会立即将你带进一个神奇的虚幻世界。

东方红 1 号卫星

中国飞天

我国的第一颗卫星"东方红1号"在1970年4月24日升上了太空。从此我国成为"太空俱乐部"的第五个成员。我国的"长征"运载火箭发射了许多科学探测和技术试验卫星。

神舟 5 号飞船返回舱

2003年10月15日，随着卫星发射中心指挥一声令下，"神舟5号"飞船载着我国第一位太空人杨利伟飞向太空。他在地球上空遨游了14圈后，于16日清晨安全降落。这次成功的飞行，开创了中国载人航天的新纪元。

2007年10月24日，我国又成功地发射了"嫦娥一号"绕月飞行的月球探测卫星，开展月球探测和深空探测活动。今后，我国还将着手建立太空实验室，建立永久性空间站，进一步将大型空间站发展成为太空探索的航天基地。

火箭升空，卫星上天，载人飞船，嫦娥探月……所有这些航天活动要求精心设计，精确计算，不得有一丝半毫之差，这些全得用精确、高效的数学计算来把关。

嫦娥一号升空

嫦娥一号卫星

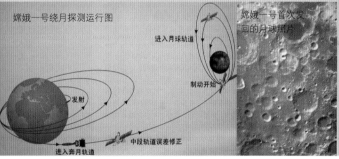

嫦娥一号绕月探测运行图

进入月球轨道

进入奔月轨道

发射

中段轨道误差修正

制动开始

嫦娥一号首次发回的月球照片

走向太空

随着宇宙飞船、航天飞机往返太空的技术的成熟，美国、俄罗斯、加拿大、日本、欧洲等国家和地区共同协作建造国际空间站。宇航员可在这里研究无重力条件下物质和生物习性变化，以及太空飞行对人类身体的影响等。

随着航天技术的发展，人类还设想将空间站扩大成飘浮在宇宙的太空城。太空城将缓慢旋转，靠旋转力形成与地球相同的重力。阳光将经过镜面反射，制造出昼夜与四季。如果能在太空城里建成美好的自然生态环境，作为人类的另一个全新的生活空间，那该多好啊！

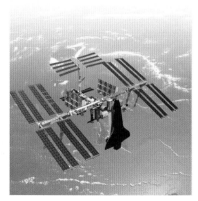

后 记

　　数学是一门美妙而有趣的学科。多年来，笔者一直想编一本将数学的美与趣结合起来的图书，让人们在欣赏精美图片的同时，了解数学发展，领略数学之美，品味数学文化。

　　今天，这本独特而精美的《趣味数学百科图典》终于呈现在你的面前。它借鉴了字典、词典、百科全书的特色，追求图片、信息总量的最大化，力求提高含金量。既可作为课外读物，开拓视野，激发灵感；也可当做休闲读本，随手翻阅，开卷有益；还可作为教学参考，启发学生，活跃课堂。相信不同的读者都会从中得到乐趣和裨益。

　　数学文化博大精深，数学之美简洁和谐。图典中采撷了一些美丽芬芳的经典数学之花，编织了数学思想及其发展史的花环，展现了数学与生活、科学、哲学、艺术交相辉映的广阔图景，力求最大可能地展现数学的"形"之美、"数"之美以及数学思维之美。

　　经典数学趣题、名题，是数学大花园里的奇葩。这里精选了其中最绚丽夺目的花朵，并按其开放的顺序排列在数学年表中。读读想想，开启心智，会觉得美不胜收，乐在其中。

　　拓宽现代数学视野也是本书的一种尝试。现代数学的一些有趣点、基本点，在此轻轻点击，让青少年略加接触，应当有益于今后的学习。

　　这本图典从选题到出版，经过了整整一年半时间。这里，首先要感谢江苏少年儿童出版社的领导和编辑的重视。

　　这一年多来，得到众多专家、教授的关心和支持，并给予具体的指导、审阅和修改。他们是江苏教育出版社沙国祥，上海教育出版社叶中豪，上海科技出版社田廷彦，江苏省教育学会陈志廉，南京师范大学杨泰良，南京财经大学王庚，江苏教育学院章飞等，在此表示衷心的感谢。

　　特别要感谢的还有中国科学院吴文俊院士、著名科普作家谈祥柏教授和华东师范大学张奠宙教授，他们热情地为本书题词作序。

　　在此还要感谢参与本书研讨，提供图片资料并协助工作的很多教师、朋友和亲人，他们是姚红、孙全民、王辛、邓薇、王瑞书、游建华、睢双祥、蔡立、李卫东、丁建华、郜建、王林、朱成梁、曹奇峡、毛晓剑、葛云、邓志勇、张磊、李秀玲、李枝叶、彭浩、田兰、徐琪、蔡向阳、金媛、陈秋生、司徒宁、卢秀莉、周建新、伏新、傅幼康、曹英义、王礼祥、陆长根、牛桂生、杜景茹、贺健、孙家祥、王汉卿、顾卫国、李焕岭、华基美、田德芳、朱可、田铁民、林克善、王战卫、王宇彤等。

　　目前，此类图典为数不多，限于本人学识和水平，本书权作抛砖引玉。如有不当之处，恳请广大读者提出宝贵意见。

田翔仁

2008年2月